JN026865

問題を解くことで学ぶ
ベクトル解析

—楽しみながら解くことを意識して—

博士（理学） 鈴木 岳人 著

コロナ社

まえがき

物理数学はそれ自体が一つの学問分野というより，幅広い物理分野の学問の基礎となるものである。つまりこれを学べばあらゆる物理分野の入り口に立てるし，逆にわかっていないと何もできないという分水嶺的なものである。そして一口に物理数学といってもその内容は多岐にわたるのであるが，ここではベクトル解析を取り上げたい。これについては，積分の仕方など技術力を身につけなければならないことに加え，同時にどのような問題を考えているのか，空間的な想像力を養う必要性も意識しなければならない。ある程度は問題を解いて経験を積む必要があるだろう。

ここで，そもそもなぜベクトル解析を学ぶのか，という根本的な問いに立ち返ってみたい。一義的には上に述べたように「物理数学」の一環なのだから，まずは物理学を学びたいという希望があることは間違いない。そして物理学は大変裾野の広い学問分野であるから，それの発展として化学や生命科学，あるいは地球科学といった分野を学びたいという理由もあるだろう。加えて工学分野の勉学を考えている人にとっては，学んだことを現実世界へ応用したいというモチベーションがあるかもしれない。そしてこのような考えは，社会学などの分野の学生ももっているかもしれない。そういった（一見文系の）分野でも，近年では数理的取扱いと無縁ではないからである。すなわち多分野において，現実的に「役立つ」から物理数学をやるのだ，ということはもちろん正しい。

しかしそれだけでもないのではないかとも思う。それとは別に，ただ面白い問題を解いてみたいという，ある意味では無意味な欲求に従って学ぶというのもよいのではなかろうか。物理数学の練習問題だと，例えば適当に曲面と関数を与えて面積分せよというような，若干無機質なものもあるだろう。もちろんこれでも十分練習にはなるのだが，面白み・楽しさには欠ける。しかしある意味遊び心をもった問題ならば，ただ楽しく解いてみるという動機づけが成立するだろう。つまり上述のように何かの役に立つという理念がなくとも構わない。見ようによっては「無駄」ともいえる考え方も重視し，力を抜いて楽しんでもらうような問題集があってもよいと思う。

ここに挙げた両者はある意味で真逆な考え方である。しかし，無意味でも楽しければ前者のように「何かの役に立つかもしれない」という発想が出てくるだろう。逆に応用を目指して学んでいても，進めているうちに物理数学そのものの楽しさに気づくかもしれない。両者は共存できる考え方なのである。パズルを解くような感覚が味わえる問題や，現実世界で見られるような設定の問題を通して，楽しみながらベクトル解析を学んでいただきたい。

本書はいろいろな分野に今後進んでいく学生のためということも考えて，例えばベクトル量の取扱いなど，基礎的な内容に重きを置いた面もある。また問題を解くことにも主眼を置いたため，定理の証明などを直観的な説明で終わらせて厳密性を若干犠牲にした部分もある。実際，それを使う上ではそれで十分という考えもある。ただ，やはりきちんとした説明を知りたいという人もあるだろう。そのような人はまた一歩踏み込んだ専門書を開いてもらいたい。

なお，本書の内容は著者が行った授業を基にしている。そしてその授業の構成には前任の先生方の資料を参考にさせていただいた。感謝の意を表したい。加えて末筆ながら，適切な助言により出版まで導いてくださったコロナ社にも深く感謝の意を表する。

2023 年 7 月

著　者

目　　次

1. ベクトルの基礎

2. 直線と平面の方程式

3. 曲線と曲面の方程式

4.　線積分・面積分・体積積分

5.　ガウスの発散定理とストークスの定理

6.　座 標 変 換 (1)

7. 座 標 変 換 (2)

1 ベクトルの基礎

ベクトル解析を学ぶにあたり，必要とされる数学的な準備から始める。基礎的なトピックの羅列になってしまうかもしれないが，ここからスタートだと思っていただきたい。一つひとつは簡単な内容ではあるが，しかしここが少しでもおろそかになると先にまったく進めなくなる。ある意味で最も重要な章かもしれないので，しっかり身につけてほしい。

1.1 一次独立・一次従属

n を自然数とし，n 個の非ゼロベクトル $\boldsymbol{A}_1, \boldsymbol{A}_2, \cdots, \boldsymbol{A}_n$ の**一次結合**，すなわち係数を掛けて足し合わせた $\lambda_1 \boldsymbol{A}_1 + \lambda_2 \boldsymbol{A}_2 + \cdots + \lambda_n \boldsymbol{A}_n$ が，$\lambda_1 = \lambda_2 = \cdots = \lambda_n = 0$ のときのみゼロとなるならば，$\boldsymbol{A}_1, \boldsymbol{A}_2, \cdots, \boldsymbol{A}_n$ は**一次独立**であり，そうでないとき**一次従属**であるという。

定義としてはこうなるが，具体例をイメージするとわかりやすい。例えば 2 次元平面に以下の三つのベクトルをとってみよう。

$$\boldsymbol{A}_1 = \begin{pmatrix} a_{11} \\ a_{12} \end{pmatrix}, \quad \boldsymbol{A}_2 = \begin{pmatrix} a_{21} \\ a_{22} \end{pmatrix}, \quad \boldsymbol{A}_3 = \begin{pmatrix} a_{31} \\ a_{32} \end{pmatrix} \tag{1.1}$$

そして

$$\lambda_1 a_{11} + \lambda_2 a_{21} + \lambda_3 a_{31} = 0 \tag{1.2}$$

$$\lambda_1 a_{12} + \lambda_2 a_{22} + \lambda_3 a_{32} = 0 \tag{1.3}$$

の 2 式が同時に成り立つ場合があるか考えてみよう。ここでは未知数が $\lambda_1, \lambda_2, \lambda_3$ の三つなのに対して式が 2 本であり，すべての未知数を決定することはできない。しかしそこが重要で，逆に式 (1.2), (1.3) を満たす非ゼロの $\lambda_1, \lambda_2, \lambda_3$ が「必ず」存在してしまうのである（もちろんすべてゼロが解なのは自明であるが)。すなわち 2 次元空間では 3 個以上のベクトルを独立にとることはできない。同様に，n 次元空間では $n+1$ 個以上のベクトルを独立にとれない。

例題 1.1

三つのベクトル

$$\boldsymbol{a}_1 = \begin{pmatrix} 3 \\ 0 \\ -1 \end{pmatrix}, \quad \boldsymbol{a}_2 = \begin{pmatrix} 2 \\ 1 \\ 1 \end{pmatrix}, \quad \boldsymbol{a}_3 = \begin{pmatrix} 1 \\ 2 \\ 3 \end{pmatrix} \tag{1.4}$$

は一次独立か，一次従属か調べよ。

【解答】　λ_1，λ_2，λ_3 を定数として $\lambda_1\boldsymbol{a}_1 + \lambda_2\boldsymbol{a}_2 + \lambda_3\boldsymbol{a}_3 = \boldsymbol{0}$ とすると

$$\begin{cases} 3\lambda_1 + 2\lambda_2 + \lambda_3 = 0 \\ \lambda_2 + 2\lambda_3 = 0 \\ -\lambda_1 + \lambda_2 + 3\lambda_3 = 0 \end{cases} \tag{1.5}$$

となる。式 (1.5) の（第 1 式 + 第 3 式 ×3）から $5\lambda_2+10\lambda_3 = 0$ を得るが，これは第 2 式 ×5 であって独立な方程式となっていない。すなわち三つの未知数を決めるための条件が足りず，複数の解が存在してしまう。具体的には，$\lambda_1 = t$, $\lambda_2 = -2t$, $\lambda_3 = t$（t はパラメータ）と書ける λ_1，λ_2，λ_3 はすべて式 (1.5) を満たす。すなわち $\boldsymbol{a}_1$，$\boldsymbol{a}_2$，$\boldsymbol{a}_3$ は一次従属である。

1.2　内　　　　積

二つのベクトル $\boldsymbol{A}$, $\boldsymbol{B}$ に対し，そのなす角を θ として，$|\boldsymbol{A}||\boldsymbol{B}|\cos\theta$ を $\boldsymbol{A}$, $\boldsymbol{B}$ の**内積**と呼び $\boldsymbol{A}\cdot\boldsymbol{B}$ と表す。定義より直交するベクトルの内積はゼロであり，同じベクトルの内積はその大きさの 2 乗（$\boldsymbol{A}\cdot\boldsymbol{A} = |A|^2$）になる。

$$\boldsymbol{A} = \begin{pmatrix} A_1 \\ A_2 \\ A_3 \end{pmatrix}, \quad \boldsymbol{B} = \begin{pmatrix} B_1 \\ B_2 \\ B_3 \end{pmatrix} \tag{1.6}$$

として成分で書けば

$$\boldsymbol{A} \cdot \boldsymbol{B} = A_1B_1 + A_2B_2 + A_3B_3 \tag{1.7}$$

である。

例題 1.2

1. 式 (1.7) を示せ。
2. 式 (1.7) の値が $|\boldsymbol{A}||\boldsymbol{B}|\cos\theta$ に等しいことを示せ。余弦定理は既知のものとして使ってよい。

【解答】

1. $|\boldsymbol{A}+\boldsymbol{B}|^2 = (\boldsymbol{A}+\boldsymbol{B})\cdot(\boldsymbol{A}+\boldsymbol{B}) = \boldsymbol{A}\cdot\boldsymbol{A} + 2\boldsymbol{A}\cdot\boldsymbol{B} + \boldsymbol{B}\cdot\boldsymbol{B} = |\boldsymbol{A}|^2 + 2\boldsymbol{A}\cdot\boldsymbol{B} + |\boldsymbol{B}|^2$ であり，ベクトルの大きさの 2 乗の定義も用いて

$$\begin{aligned}&(A_1+B_1)^2 + (A_2+B_2)^2 + (A_3+B_3)^2 \\ &\quad = A_1^2 + A_2^2 + A_3^2 + 2\boldsymbol{A}\cdot\boldsymbol{B} + B_1^2 + B_2^2 + B_3^2\end{aligned} \tag{1.8}$$

が得られ，これから式 (1.7) を得る。

2. $|\boldsymbol{A}|^2 = A_1^2+A_2^2+A_3^2$, $|\boldsymbol{B}|^2 = B_1^2+B_2^2+B_3^2$, $|\boldsymbol{A}-\boldsymbol{B}|^2 = (A_1-B_1)^2 + (A_2-B_2)^2 + (A_3-B_3)^2$ と余弦定理を用いて

$$\begin{aligned}\cos\theta &= \frac{|\boldsymbol{A}|^2 - |\boldsymbol{B}|^2 - 2|\boldsymbol{A}-\boldsymbol{B}|^2}{2|\boldsymbol{A}||\boldsymbol{B}|} \\ &= \frac{A_1B_1 + A_2B_2 + A_3B_3}{|\boldsymbol{A}||\boldsymbol{B}|}\end{aligned} \tag{1.9}$$

により示される。

◊

1.3 単位ベクトル

単位ベクトルとは，$|\boldsymbol{A}| = 1$，すなわち長さ 1 のベクトルである。任意のベクトル $\boldsymbol{F}$ に関して，$\dfrac{\boldsymbol{F}}{|\boldsymbol{F}|}$ が単位ベクトルになることは，当然だが重要なことである。すなわち，自分自身の大きさで割れば単位ベクトルになるのである（ゼロベクトルはもちろん例外である）。なお，今後は単位ベクトルには $\hat{\boldsymbol{n}}$ のようにハットを付けて表す。

単位ベクトルは「向きのみを指定したいとき」に大変便利である。単位系にもよらないというのもポイントである。

例題 1.3

ベクトル $\boldsymbol{a} = \begin{pmatrix} 3 \\ 2 \\ -1 \end{pmatrix}$ を $\boldsymbol{b} = \begin{pmatrix} 2 \\ 2 \\ 1 \end{pmatrix}$ に平行なベクトル $\boldsymbol{a}_1$ と $\boldsymbol{b}$ に垂直なベクトル $\boldsymbol{a}_2$ の和に分解せよ。

【解答】　まず $\boldsymbol{a}_1$ から考える。その方向は $\boldsymbol{b}$ 方向の単位ベクトル $\hat{\boldsymbol{e}}_1 = \dfrac{1}{3}\begin{pmatrix} 2 \\ 2 \\ 1 \end{pmatrix}$ で記述できる。あとはその大きさであるが，それは**図 1.1** からわかるように $\boldsymbol{a}\cdot\hat{\boldsymbol{e}}_1$ で与えられるのである。すなわち $\boldsymbol{a}_1 = (\boldsymbol{a}\cdot\hat{\boldsymbol{e}}_1)\hat{\boldsymbol{e}}_1 = 3\hat{\boldsymbol{e}}_1 = \begin{pmatrix} 2 \\ 2 \\ 1 \end{pmatrix}$ と書ける。

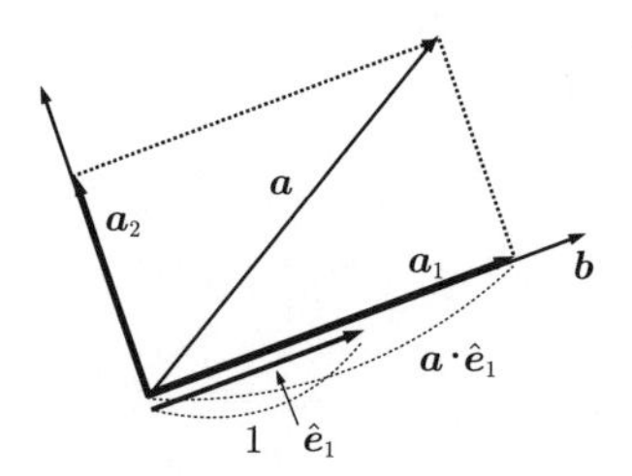

図 1.1　射　影

そしてそれがわかれば $\boldsymbol{a}_2 = \boldsymbol{a} - \boldsymbol{a}_1 = \begin{pmatrix} 1 \\ 0 \\ -2 \end{pmatrix}$ も容易に得られる。なお，$\boldsymbol{a}_1$ は $\boldsymbol{a}$ を $\boldsymbol{b}$ の方向に**射影**したものである，と表現する。加えて，ここで用いた考え方は 1.4 節で正規直交基底を扱う際にも重要である。

1.4 正規直交基底ベクトル

三つの単位ベクトル $\hat{\boldsymbol{i}}, \hat{\boldsymbol{j}}, \hat{\boldsymbol{k}}$ が，たがいに直交するとする。例えば**デカルト座標**表示で $\hat{\boldsymbol{i}} = \begin{pmatrix} 1 \\ 0 \\ 0 \end{pmatrix}, \hat{\boldsymbol{j}} = \begin{pmatrix} 0 \\ 1 \\ 0 \end{pmatrix}, \hat{\boldsymbol{k}} = \begin{pmatrix} 0 \\ 0 \\ 1 \end{pmatrix}$ [†]といったものが考えられる。このとき，任意のベクトル $\boldsymbol{A}$ はつぎのように一意に表すことができる。

$$\boldsymbol{A} = A_1 \hat{\boldsymbol{i}} + A_2 \hat{\boldsymbol{j}} + A_3 \hat{\boldsymbol{k}} = (\boldsymbol{A} \cdot \hat{\boldsymbol{i}})\,\hat{\boldsymbol{i}} + (\boldsymbol{A} \cdot \hat{\boldsymbol{j}})\,\hat{\boldsymbol{j}} + (\boldsymbol{A} \cdot \hat{\boldsymbol{k}})\,\hat{\boldsymbol{k}} \tag{1.10}$$

この書き方を，「$\boldsymbol{A}$ を展開した」と表現する。この性質をもつ $\hat{\boldsymbol{i}}, \hat{\boldsymbol{j}}, \hat{\boldsymbol{k}}$ を**正規直交基底ベクトル**という。ここでは基底が三つであるから 3 次元系である。上ですでに 3 次元という言葉を使ったが，本来はこのように独立な基底の数が重要である。実際には何次元系でもこの考え方は成り立つ。

特に N 次元系で正規直交基底系を $\hat{\boldsymbol{e}}_1, \hat{\boldsymbol{e}}_2, \cdots, \hat{\boldsymbol{e}}_N$ と書くと，$A_i\,(i = 1, 2, \cdots, N)$ の値は $A_i = \hat{\boldsymbol{e}}_i \cdot \boldsymbol{A}$ により求められることは大変重要である。実際

$$\begin{aligned} \hat{\boldsymbol{e}}_i \cdot \boldsymbol{A} &= \hat{\boldsymbol{e}}_i \cdot \sum_{j=1}^{N} A_j \hat{\boldsymbol{e}}_j \\ &= \sum_{j=1}^{N} \hat{\boldsymbol{e}}_i \cdot A_j \hat{\boldsymbol{e}}_j = \sum_{j=1}^{N} A_j \hat{\boldsymbol{e}}_i \cdot \hat{\boldsymbol{e}}_j = \sum_{j=1}^{N} A_j \delta_{ij} = A_i \end{aligned} \tag{1.11}$$

† この三つを基底とするのは当たり前だと思われるかもしれないが，実はそうでもない。これらを特別視する必要はない。

となる。ここで δ_{ij} は**クロネッカーのデルタ**であり，$i=j$ のとき 1，それ以外のときゼロというものである†。展開係数が簡単に求められている。

加えてであるが，二つのベクトル $\boldsymbol{A}$ と $\boldsymbol{B}$ が異なる正規直交基底系 $\{\hat{\boldsymbol{e}}_i\}$（$i=1,2,\cdots,N$）と $\{\hat{\boldsymbol{e}}'_j\}$（$j=1,2,\cdots,N$）を用いて展開されている，すなわち $\boldsymbol{A}=\sum_{i=1}^{N}A_i\hat{\boldsymbol{e}}_i$，$\boldsymbol{B}=\sum_{j=1}^{N}B_j\hat{\boldsymbol{e}}'_i$ と書けるとき

$$\boldsymbol{A}\cdot\boldsymbol{B}=\sum_{i=1}^{N}\sum_{j=1}^{N}A_iB_j\hat{\boldsymbol{e}}_i\cdot\hat{\boldsymbol{e}}'_j \tag{1.12}$$

と書けることは当然ではあるが重要である。基底どうしの内積がわかっていればそれらの線形結合で書けるベクトルどうしの内積も計算できるというわけである。特に同じ基底系ならば $\boldsymbol{A}\cdot\boldsymbol{B}=\sum_{i=1}^{N}\sum_{j=1}^{N}A_iB_j\delta_{ij}=\sum_{i=1}^{N}A_iB_i$ となり，（3 次元の表式であるが）式 (1.7) と一致する。

なお，上で簡単に書いたが「正規直交」基底系というのは重要な仮定である。例えば 3 次元系においてベクトル $\{\boldsymbol{e}_1,\ \boldsymbol{e}_2,\ \boldsymbol{e}_3\}$ がたがいに一次独立でありさえすれば，それぞれが直交しなくても，そして単位ベクトルでなくても基底にはなる。ただしその場合は式 (1.11) によって展開係数を求めることはできない。

例題 1.4

1. 三つのベクトル

$$\boldsymbol{a}_1=\frac{1}{\sqrt{2}}\begin{pmatrix}1\\0\\-1\end{pmatrix},\ \boldsymbol{a}_2=\frac{1}{\sqrt{3}}\begin{pmatrix}1\\1\\1\end{pmatrix},\ \boldsymbol{a}_3=\frac{1}{\sqrt{6}}\begin{pmatrix}1\\-2\\1\end{pmatrix}$$

を考える。

(a) $\{\boldsymbol{a}_1,\boldsymbol{a}_2,\boldsymbol{a}_3\}$ が正規直交基底系をなすことを示せ。

---

† これを使うと基底どうしの内積が $\hat{\boldsymbol{e}}_i\cdot\hat{\boldsymbol{e}}_j=\delta_{ij}$ とまとめられるので便利である。またこれが総和記号の中に入っているとき，添え字を一つ減らすことができるので大変見通しがよくなる。上では j で和をとっているが，$i=j$ のとき以外はゼロなので残るのは結局 A_i の項だけである。

(b)　ベクトル $\boldsymbol{c} = \begin{pmatrix} 12 \\ 5 \\ 10 \end{pmatrix}$ を $\{\boldsymbol{a}_1, \boldsymbol{a}_2, \boldsymbol{a}_3\}$ について展開せよ。

2.　ここで，正規直交規定系を作り出すのに便利な**グラム・シュミットの正規直交化法**を紹介しておこう。一次独立なベクトルの組 $\{\boldsymbol{a}_1, \boldsymbol{a}_2, \cdots, \boldsymbol{a}_n\}$（$n$ は 2 以上の自然数）に対して

$$\boldsymbol{e}_1 = (\boldsymbol{a}_1 \cdot \boldsymbol{a}_1)^{-\frac{1}{2}} \boldsymbol{a}_1 \tag{1.13}$$

$$\boldsymbol{f}_k = \boldsymbol{a}_k - \sum_{i=1}^{k-1} (\boldsymbol{e}_i \cdot \boldsymbol{a}_k) \boldsymbol{e}_i, \quad \boldsymbol{e}_k = (\boldsymbol{f}_k \cdot \boldsymbol{f}_k)^{-\frac{1}{2}} \boldsymbol{f}_k \quad (2 \leq k \leq n) \tag{1.14}$$

で定義されるベクトルの組 $\{\boldsymbol{e}_1, \boldsymbol{e}_2, \cdots, \boldsymbol{e}_n\}$ は正規直交基底系をなすのである。この方法で正規直交基底系が得られることを示せ。

【解答】

1.　(a) はほぼ自明であり，(b) については式 (1.11) の考え方を使うと速い。

(a)　計算すれば $|\boldsymbol{a}_1|^2 = |\boldsymbol{a}_2|^2 = |\boldsymbol{a}_3|^2 = 1$ および $\boldsymbol{a}_1 \cdot \boldsymbol{a}_2 = \boldsymbol{a}_2 \cdot \boldsymbol{a}_3 = \boldsymbol{a}_3 \cdot \boldsymbol{a}_1 = 0$ はすぐ示せる。

(b)　各成分について連立方程式を解いてもよいが，やはり少々面倒である。式 (1.11) の考え方を使うのがよい。具体的に $\boldsymbol{a}_1 \cdot \boldsymbol{c} = \sqrt{2}$, $\boldsymbol{a}_2 \cdot \boldsymbol{c} = 9\sqrt{3}$, $\boldsymbol{a}_3 \cdot \boldsymbol{c} = 2\sqrt{6}$ となるので $\boldsymbol{c} = \sqrt{2}\boldsymbol{a}_1 + 9\sqrt{3}\boldsymbol{a}_2 + 2\sqrt{6}\boldsymbol{a}_3$ を得る。三つの内積を計算するだけならすぐにできると思う。

2.　まず，任意の k に対して $|\boldsymbol{f}_k| \neq 0$ なのは，$\{\boldsymbol{a}_1, \boldsymbol{a}_2, \cdots, \boldsymbol{a}_n\}$ が一次独立であることから明らかである。そして定め方からすべての $\boldsymbol{e}_k$ の大きさが 1 であることも明らかである。ゆえに $j \neq k$ であれば $\boldsymbol{e}_j \cdot \boldsymbol{e}_k = 0$ であることを示す。ここで $j < k$ として一般性を失わないので，k に関する数学的帰納法で示す。まず $k = 2$ として $\boldsymbol{e}_2 = \dfrac{\boldsymbol{a}_2 - (\boldsymbol{e}_1 \cdot \boldsymbol{a}_2)\boldsymbol{e}_1}{|\boldsymbol{f}_2|}$ であるから $\boldsymbol{e}_1 \cdot \boldsymbol{e}_2 = \dfrac{\boldsymbol{e}_1 \cdot \boldsymbol{a}_2 - \boldsymbol{e}_1 \cdot \boldsymbol{a}_2}{|\boldsymbol{f}_2|} = 0$ が成り立つ（$\boldsymbol{e}_1 \cdot \boldsymbol{e}_1 = 1$ に注意せよ）。ゆえに $k = 2$ で題意は成り立つ。つぎに k を 2 以上の整数とし，2 から k まで題意が成り立っているとすると，任意の整数 $l \leq k$ および $j \leq l$ について $\boldsymbol{e}_j \cdot \boldsymbol{e}_l = \delta_{jl}$ である。すると $j < k + 1$ を満たす任意の j に対して

$$
\begin{aligned}
|\boldsymbol{f}_{k+1}|\boldsymbol{e}_j \cdot \boldsymbol{e}_{k+1} &= \boldsymbol{e}_j \cdot \boldsymbol{a}_{k+1} - \boldsymbol{e}_j \cdot \sum_{i=1}^{k} (\boldsymbol{e}_i \cdot \boldsymbol{a}_{k+1})\boldsymbol{e}_i \\
&= \boldsymbol{e}_j \cdot \boldsymbol{a}_{k+1} - \sum_{i=1}^{k} (\boldsymbol{e}_i \cdot \boldsymbol{a}_{k+1})\delta_{ij} \\
&= \boldsymbol{e}_j \cdot \boldsymbol{a}_{k+1} - \boldsymbol{e}_j \cdot \boldsymbol{a}_{k+1} = 0
\end{aligned} \tag{1.15}
$$

であるから，題意は示された。

この手法は，式だけだと複雑に見えるかもしれないが，ある整数 j に対して $\boldsymbol{a}_j$ から $\boldsymbol{a}_i$ $(i = 1, 2, \cdots, j-1)$ の方向の成分を取り除いていると考えるとわかりやすい。

1.5 行列と行列式

ベクトル解析においては行列を扱う機会が多々あるので重要な点を先にまとめておこう。n 個の n 次元ベクトル $\boldsymbol{a}_i$ $(i = 1, 2, \cdots, n)$ を並べてできる $n \times n$ **正方行列**（あるいは n 次正方行列とも書く）$A = (\boldsymbol{a}_1\ \boldsymbol{a}_2\ \cdots\ \boldsymbol{a}_n)$ を考えよう。この行列の**行列式**は

$$
\det A = |A| = \sum_{\sigma \in \{1,2,\cdots,n\} \text{ の並び替え}} \left(\mathrm{sgn}(\sigma) \prod_{i=1}^{n} a_{i,\sigma(i)} \right) \tag{1.16}
$$

と定義される。ここで $\mathrm{sgn}(\sigma)$ は σ が $\{1, 2, \cdots, n\}$ を奇数回並び替えたものであるとき -1，偶数回並び替えたものであるとき 1 である。和は $\{1, 2, \cdots, n\}$ のすべての並び替えについてとる。

定義を書いてしまえば 1 行だが，意味が見えにくい。これは $n!$ 個の項からなる足し算であるが[†]，実はそもそも行列式を考える理由として「複数のベクトルを並べ，行の入れ替え，あるいは列の入れ替えで符号が変わるようなスカ

† $\varepsilon_{i_1 i_2 \cdots i_n}$ を，$(i_1, i_2, \cdots, i_n)$ が $(1, 2, \cdots, n)$ の偶置換のとき 1，奇置換のとき -1，それ以外のとき 0 と定義し，A の i 列目の列ベクトルを $\boldsymbol{A}_i$ と書けば，$\det A = \det(\boldsymbol{A}_1\ \boldsymbol{A}_2\ \cdots\ \boldsymbol{A}_n) = \sum_{i_1, i_2, \cdots, i_n} \varepsilon_{i_1 i_2 \cdots i_n} A_{1 i_1} A_{2 i_2} \cdots A_{n i_n}$ である。すなわち n 個の自然数の並び替えの総数である ${}_nP_n = n!$〔個〕の項の和となる。

ラー量」や「ある行またはある列を実数 c 倍すれば c 倍となるスカラー量」を作るということが根底にあり，この条件から式 (1.16) が導かれるのである。そして，その条件を満たすのは，n 個のベクトル $\boldsymbol{a}_j$ （$j = 1, 2, \cdots, n$）が作る領域の（符号付き）体積であり，大まかにいえば式 (1.16) は「体積」なのである。なお，導出の詳細は割愛する†。

これが 1.1 節とどのように関係するのか概観してみよう。特に 3 次元のとき，ベクトル

$$\boldsymbol{a} = \begin{pmatrix} a_1 \\ a_2 \\ a_3 \end{pmatrix}, \ \boldsymbol{b} = \begin{pmatrix} b_1 \\ b_2 \\ b_3 \end{pmatrix}, \ \boldsymbol{c} = \begin{pmatrix} c_1 \\ c_2 \\ c_3 \end{pmatrix} \tag{1.17}$$

に対し

$$\det(\boldsymbol{a}\ \boldsymbol{b}\ \boldsymbol{c}) = |\boldsymbol{a}\ \boldsymbol{b}\ \boldsymbol{c}| = \begin{vmatrix} a_1 & b_1 & c_1 \\ a_2 & b_2 & c_2 \\ a_3 & b_3 & c_3 \end{vmatrix} = 0 \tag{1.18}$$

という条件を考えてみよう。$\det(\boldsymbol{a}\ \boldsymbol{b}\ \boldsymbol{c})$ は，ベクトル $\boldsymbol{a}, \boldsymbol{b}, \boldsymbol{c}$ を 3 辺とする平行六面体の体積を表すから，これがゼロということは平行六面体が立体になっていない，すなわちすべてのベクトルが同一平面上にあるということを示す。これは $\boldsymbol{a}$, $\boldsymbol{b}$, $\boldsymbol{c}$ が一次従属であるということであり，複数のベクトルの一次独立・従属を判定する上で行列式が使えるということを意味している。

ここでは，行列式が満たす公式をいくつか羅列しておく。まず二つの正方行列 A, B に対して

$$\det AB = \det A \det B \tag{1.19}$$

が成り立つ。そして ${}^tA$ を A の**転置行列**，すなわち A の成分を**対角成分**（$m \times n$ 行列に対して第 (i, i) 成分のことであり，ここで i は 1 以上でかつ m, n のうち小さいほう以下の整数である）に関して折り返した行列であるとしたとき

† 詳しく知りたい人は巻末の引用・参考文献 1), 2) などを参照してほしい。

$$\det A = \det {}^t A \tag{1.20}$$

が成り立つ。

最後に，3×3 行列の行列式を簡便に計算できる**サラスの公式**を記載しておく。図 **1.2** にある $A = \begin{pmatrix} a_{11} & a_{12} & a_{13} \\ a_{21} & a_{22} & a_{23} \\ a_{31} & a_{32} & a_{33} \end{pmatrix}$ の行列式は，実線矢印でつながれた 3 項 $a_{11}a_{22}a_{33}$，$a_{12}a_{23}a_{31}$，$a_{13}a_{32}a_{21}$ を足し，点線矢印でつながれた 3 項 $a_{13}a_{22}a_{31}$，$a_{12}a_{21}a_{33}$，$a_{11}a_{32}a_{23}$ を引くことで

$$\begin{aligned} \det A = &\, a_{11}a_{22}a_{33} + a_{12}a_{23}a_{31} + a_{13}a_{32}a_{21} \\ &- a_{13}a_{22}a_{31} - a_{12}a_{21}a_{33} - a_{11}a_{32}a_{23} \end{aligned} \tag{1.21}$$

と求められる。この公式は視覚的にもわかりやすいのでもちろん使ってもよいのだが，注意すべきは「4×4 以上の行列に対しては適用できない」ということである。そういった行列に対して行列式を求めるには，以下の例題 1.5 の 2. にある方法を用いる必要がある（項をすべて漏らさず地道に書き下せるのであれば，4×4 以上でも多項式の形で書ける）。

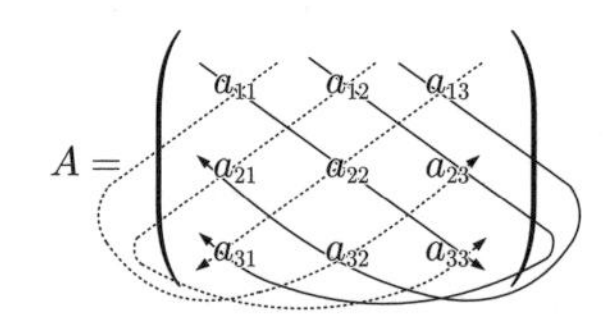

図 **1.2**　サラスの公式

例題 1.5

1. $\boldsymbol{A}_1 = \begin{pmatrix} A_{11} \\ A_{12} \\ \vdots \\ A_{1n} \end{pmatrix}$，$\boldsymbol{A}_2 = \begin{pmatrix} A_{21} \\ A_{22} \\ \vdots \\ A_{2n} \end{pmatrix}$，$\cdots$，$\boldsymbol{A}_n = \begin{pmatrix} A_{n1} \\ A_{n2} \\ \vdots \\ A_{nn} \end{pmatrix}$ の n 個のベクトルによって囲まれた n 次元空間の（向きも含めた）体積はいくつの項の和で書き表されるだろうか。

2. n 次正方行列 $A=(a_{ij})$ の第 i 行，第 j 列を取り去ってできる $n-1$ 次正方行列を $A^{(ij)}$ と書くことにし，$\Delta_{ij}=(-1)^{i+j}|A^{(ij)}|$ を A の (i,j) **余因子**と呼ぶことにする。このとき，以下の**行列式の展開定理**が成り立つ。

$$|A|=\sum_{i=1}^{n} a_{ij}\Delta_{ij} \quad \text{（第 } j \text{ 列に関する展開）} \tag{1.22}$$

$$|A|=\sum_{j=1}^{n} a_{ij}\Delta_{ij} \quad \text{（第 } i \text{ 行に関する展開）} \tag{1.23}$$

ここで式 (1.22) の j と式 (1.23) の i はどれを選んでもよい。これを用いて以下の行列

$$A=\begin{pmatrix} a_{11} & a_{12} & a_{13} & a_{14} \\ a_{21} & a_{22} & a_{23} & a_{24} \\ a_{31} & a_{32} & a_{33} & a_{34} \\ a_{41} & a_{42} & a_{43} & a_{44} \end{pmatrix} \tag{1.24}$$

の行列式を書け。なお，3×3 以下の行列式が出てきた場合は，それ以上書き下さなくてよい。また具体的に

$$A=\begin{pmatrix} 9 & 2 & 5 & 7 \\ 0 & 4 & 8 & 2 \\ 1 & 1 & 0 & 6 \\ 3 & 1 & 4 & 1 \end{pmatrix} \tag{1.25}$$

の行列式を計算せよ。

3. 余因子は**逆行列**を求めるのにも使われる。n 次正方行列 $A=(a_{ij})$ の (i,j) 余因子を第 (i,j) 成分とする行列を $\tilde{A}$ とし，$A^{-1}\equiv\dfrac{\tilde{A}}{\det A}$ とすれば，$AA^{-1}=I$ が成り立ち，A^{-1} を A の逆行列と呼ぶ。ここで I は**単位行列**で，対角成分がすべて 1，その他の成分はすべてゼロというものである。式 (1.25) で表される行列 A の逆行列 A^{-1} を求めよ。なお，定義から $\det A=0$ のとき A に逆行列が存在しないこともわかるだろう。

4. 例題 1.1 の $\boldsymbol{a}_1$, $\boldsymbol{a}_2$, $\boldsymbol{a}_3$ を用いて $\det(\boldsymbol{a}_1\ \boldsymbol{a}_2\ \boldsymbol{a}_3)$ を計算してみよ。その結果と例題 1.1 で得られた結果を比較して議論せよ。

【解答】

1. 題意の体積は $\det(\boldsymbol{A}_1\ \boldsymbol{A}_2\ \cdots\ \boldsymbol{A}_n)$ と表現されるから，${}_nP_n = n!$ 個の項の和となる。

2. 第 1 列に関して展開するならば

$$|A| = a_{11}\begin{vmatrix} a_{22} & a_{23} & a_{24} \\ a_{32} & a_{33} & a_{34} \\ a_{42} & a_{43} & a_{44} \end{vmatrix} - a_{21}\begin{vmatrix} a_{12} & a_{13} & a_{14} \\ a_{32} & a_{33} & a_{34} \\ a_{42} & a_{43} & a_{44} \end{vmatrix} + a_{31}\begin{vmatrix} a_{12} & a_{13} & a_{14} \\ a_{22} & a_{23} & a_{24} \\ a_{42} & a_{43} & a_{44} \end{vmatrix} - a_{41}\begin{vmatrix} a_{12} & a_{13} & a_{14} \\ a_{22} & a_{23} & a_{24} \\ a_{32} & a_{33} & a_{34} \end{vmatrix} \tag{1.26}$$

何列目で展開しても，何行目で展開しても同じ値になる。また与えられた具体的な計算は次式のようになる。

$$9\begin{vmatrix} 4 & 8 & 2 \\ 1 & 0 & 6 \\ 1 & 4 & 1 \end{vmatrix} + \begin{vmatrix} 2 & 5 & 7 \\ 4 & 8 & 2 \\ 1 & 4 & 1 \end{vmatrix} - 3\begin{vmatrix} 2 & 5 & 7 \\ 4 & 8 & 2 \\ 1 & 0 & 6 \end{vmatrix} = 9\cdot(-48) + 46 - 3\cdot(-70) = -176 \tag{1.27}$$

3. すべての余因子を計算して

$$A^{-1} = -\frac{1}{176}\begin{pmatrix} -48 & -5 & 46 & 70 \\ -144 & -103 & 138 & 386 \\ 64 & 25 & -24 & -174 \\ 32 & 18 & -60 & -76 \end{pmatrix}$$

を得る。$AA^{-1} = I$ となることも（少々面倒ではあるが）確認できるであろう。

4. 実際に計算してみると

$$\begin{vmatrix} 3 & 2 & 1 \\ 0 & 1 & 2 \\ -1 & 1 & 3 \end{vmatrix} = 0 \tag{1.28}$$

はすぐにわかる。またこの結果は例題 1.1 の結果と調和的である。式 (1.18) に関して述べたように, $\boldsymbol{a}_1, \boldsymbol{a}_2, \boldsymbol{a}_3$ が一次従属であることと $\det(\boldsymbol{a}_1\ \boldsymbol{a}_2\ \boldsymbol{a}_3) = 0$ は同値である。

1.6 行列の固有値・固有ベクトル・対角化

n 次正方行列 A は n^2 個の成分をもつ量であるが，実際にはその**固有値**を考えることが重要であることが多い。固有値とは，ある非ゼロのベクトル $\boldsymbol{x}$ に対して

$$A\boldsymbol{x} = \lambda \boldsymbol{x} \tag{1.29}$$

を満たす λ のことであり，またこのとき $\boldsymbol{x}$ を**固有ベクトル**と呼ぶ。

固有値を求めるのは簡単である。式 (1.29) より

$$(\lambda I - A)\boldsymbol{x} = \boldsymbol{0} \tag{1.30}$$

となるから，行列 $\lambda I - A$ が逆行列をもたないようにすればよい。もし逆行列が存在してしまうと，式 (1.30) の両辺に左から $(\lambda I - A)^{-1}$ を掛ければ $\boldsymbol{x} = \boldsymbol{0}$ となってしまうからである。そして 1.5 節より，逆行列が存在しないということは $\det(\lambda I - A) = 0$ となる λ を求めればよいということもわかる。

固有値・固有ベクトルに関して重要な概念が，行列の**対角化**である。n 次正方行列 A には重解を含めて n 個の固有値とそれに対応する固有ベクトルがある。それらをそれぞれ $\lambda_1, \lambda_2, \cdots, \lambda_n$, $\boldsymbol{x}_1, \boldsymbol{x}_2, \cdots, \boldsymbol{x}_n$ と書き，n 次正方行列 $P \equiv (\boldsymbol{x}_1\ \boldsymbol{x}_2\ \cdots\ \boldsymbol{x}_n)$ を考えよう。このとき P^{-1} を $\begin{pmatrix} {}^t\boldsymbol{x}'_1 \\ {}^t\boldsymbol{x}'_2 \\ \vdots \\ {}^t\boldsymbol{x}'_n \end{pmatrix}$ と書けば，逆行列の定義より任意の i, j（i, j は $1 \leq i, j \leq n$ を満たす自然数）について

${}^t\boldsymbol{x}'_i\boldsymbol{x}_j = \boldsymbol{x}'_i \cdot \boldsymbol{x}_j = \delta_{ij}$ である[†1]。ゆえに

$$
\begin{aligned}
P^{-1}AP &= P^{-1}(\lambda_1\boldsymbol{x}_1\ \lambda_2\boldsymbol{x}_2\ \cdots\ \lambda_n\boldsymbol{x}_n) \\
&= \begin{pmatrix} \lambda_1{}^t\boldsymbol{x}'_1\boldsymbol{x}_1 & \lambda_2{}^t\boldsymbol{x}'_1\boldsymbol{x}_2 & \cdots & \lambda_n{}^t\boldsymbol{x}'_1\boldsymbol{x}_n \\ \lambda_1{}^t\boldsymbol{x}'_2\boldsymbol{x}_1 & \lambda_2{}^t\boldsymbol{x}'_2\boldsymbol{x}_2 & \cdots & \lambda_n{}^t\boldsymbol{x}'_2\boldsymbol{x}_n \\ \vdots & \vdots & \ddots & \vdots \\ \lambda_1{}^t\boldsymbol{x}'_n\boldsymbol{x}_1 & \lambda_2{}^t\boldsymbol{x}'_n\boldsymbol{x}_2 & \cdots & \lambda_n{}^t\boldsymbol{x}'_n\boldsymbol{x}_n \end{pmatrix} \\
&= \begin{pmatrix} \lambda_1 & 0 & \cdots & 0 \\ 0 & \lambda_2 & \cdots & 0 \\ \vdots & \vdots & \ddots & \vdots \\ 0 & 0 & \cdots & \lambda_n \end{pmatrix}
\end{aligned}
\tag{1.31}
$$

となり，対角成分に固有値が並び，他の成分がすべて 0 という行列が得られる。このプロセスを「行列 A を対角化した」と呼ぶ[†2]。

なお，上の方法では固有ベクトルの大きさについての制限は特になかった。というより決められないというのが実際のところである。式 (1.29) からわかるように，固有ベクトルを任意の実数倍したものもまた固有ベクトルになるからである。しかし例えば A が**実対称行列**であるとき，すなわち成分がすべて実数で $A = {}^tA$ を満たすときには，それらをすべて**正規化**しておく，すなわち大きさを 1 にしておくと便利である。実対称行列の異なる固有値に対する固有ベクトルはたがいに直交するため，それらを正規化して並べた行列 P の逆行列は ${}^tP$ で計算できるからである。それ以外の場合も含めて，本書では固有ベクトルは正規化するものとしよう。詳しくは例題 1.6 や章末問題【**18**】，【**19**】を参照してほしい。

[†1] ベクトル $\boldsymbol{A}$ も A_1 を対角成分とした行列と見なせるわけであり，例えば 3 次元ならば ${}^t\boldsymbol{A} = (A_1\ A_2\ A_3)$ である。ゆえに ${}^t\boldsymbol{A}\boldsymbol{B} = \boldsymbol{A} \cdot \boldsymbol{B}$ がいえる。

[†2] 固有値が重解となっているときには，このような対角化ができずにジョルダン標準形と呼ばれる形式までしか変形できない場合がある。ジョルダン標準形については引用・参考文献 1) を参照せよ。

例題 1.6

1. 行列 $A = \begin{pmatrix} 1 & 3 \\ 2 & 2 \end{pmatrix}$ を対角化せよ。

2. 行列 $B = \begin{pmatrix} 1 & 3 \\ 3 & 2 \end{pmatrix}$ を対角化せよ。

【解答】

1. $\det(\lambda I - A) = \begin{vmatrix} \lambda - 1 & -3 \\ -2 & \lambda - 2 \end{vmatrix} = \lambda^2 - 3\lambda - 4 = 0$ より固有値は $\lambda = -1, 4$ である。$\lambda = -1$ のとき，固有ベクトル $\begin{pmatrix} x \\ y \end{pmatrix}$ は $x + 3y = -x$, $2x + 2y = -y$ を満たすので $\begin{pmatrix} 3 \\ -2 \end{pmatrix}$ に比例するものとなる。このとき，大きさまで厳密に決められないことに注意せよ。この 2 式はともに $2x + 3y = 0$ となるので x と y の具体的な値まで決められないのである。ここでは上に述べたように正規化した $\dfrac{1}{\sqrt{13}}\begin{pmatrix} 3 \\ -2 \end{pmatrix}$ を固有ベクトルとする。そして同様に $\lambda = 4$ のときは $x = y$ を得るので，固有ベクトルとしては $\dfrac{1}{\sqrt{2}}\begin{pmatrix} 1 \\ 1 \end{pmatrix}$ をとれる。これらを並べると $P = \begin{pmatrix} \dfrac{3}{\sqrt{13}} & \dfrac{1}{\sqrt{2}} \\ -\dfrac{2}{\sqrt{13}} & \dfrac{1}{\sqrt{2}} \end{pmatrix}$ という行列が得られ，$P^{-1} = \dfrac{\sqrt{26}}{5}\begin{pmatrix} \dfrac{1}{\sqrt{2}} & -\dfrac{1}{\sqrt{2}} \\ \dfrac{2}{\sqrt{13}} & \dfrac{3}{\sqrt{13}} \end{pmatrix}$ も求められる。これらから $P^{-1}AP$ を計算すると $\begin{pmatrix} -1 & 0 \\ 0 & 4 \end{pmatrix}$ が得られるが，期待されたとおり対角成分に固有値が並んでいる。

2. $\det(\lambda I - B) = \begin{vmatrix} \lambda - 1 & -3 \\ -3 & \lambda - 2 \end{vmatrix} = \lambda^2 - 3\lambda - 7 = 0$ より固有値は $\lambda_\pm = \dfrac{3 \pm \sqrt{37}}{2}$ である（複号同順，以下同様）。固有ベクトルは $\lambda_\pm$ に対して $\dfrac{\sqrt{2}}{\sqrt{37 \pm \sqrt{37}}}\begin{pmatrix} 3 \\ \dfrac{1 \pm \sqrt{37}}{2} \end{pmatrix}$ となり，これらを並べて

$$Q = \begin{pmatrix} \dfrac{6}{\gamma_+} & \dfrac{6}{\gamma_-} \\ \dfrac{1+\sqrt{37}}{\gamma_+} & \dfrac{1-\sqrt{37}}{\gamma_-} \end{pmatrix}$$

という行列を得る（$\gamma_\pm \equiv \sqrt{2}\sqrt{37 \pm \sqrt{37}}$）。$\gamma_\pm$ の形を見ると Q の逆行列を求めるのは面倒に思えるかもしれないが，ここで B が実対称行列であることに注意しよう。このとき，正規化された固有ベクトルを並べた行列 Q の逆行列は

$$Q^{-1} = {}^tQ = \begin{pmatrix} \dfrac{6}{\gamma_+} & \dfrac{1+\sqrt{37}}{\gamma_+} \\ \dfrac{6}{\gamma_-} & \dfrac{1-\sqrt{37}}{\gamma_-} \end{pmatrix}$$

と簡単に得られるのである。これが 1. との違いである（1. では ${}^tP \neq P^{-1}$ であることに注意せよ）。実際，これを用いて $Q^{-1}BQ$ を計算すれば $\begin{pmatrix} \dfrac{3+\sqrt{37}}{2} & 0 \\ 0 & \dfrac{3-\sqrt{37}}{2} \end{pmatrix}$ と対角化された行列が求められる。

1.7 極座標・円筒座標

これまで使ってきたベクトルはデカルト座標表示であった。物理数学においては問題設定によって**極座標**や**円筒座標**を用いたほうが便利な場合も多い。そこでも前述した基底や単位ベクトルの考え方は重要なので，ここで触れておこう。細かい導出は省略するが，**図 1.3** および**図 1.4** を参考にすると，位置ベクトル $\boldsymbol{r}$ は 3 次元極座標で

$$\boldsymbol{r} = \begin{pmatrix} x \\ y \\ z \end{pmatrix} = \begin{pmatrix} r\sin\theta\cos\phi \\ r\sin\theta\sin\phi \\ r\cos\theta \end{pmatrix} \tag{1.32}$$

であり，また円筒座標で

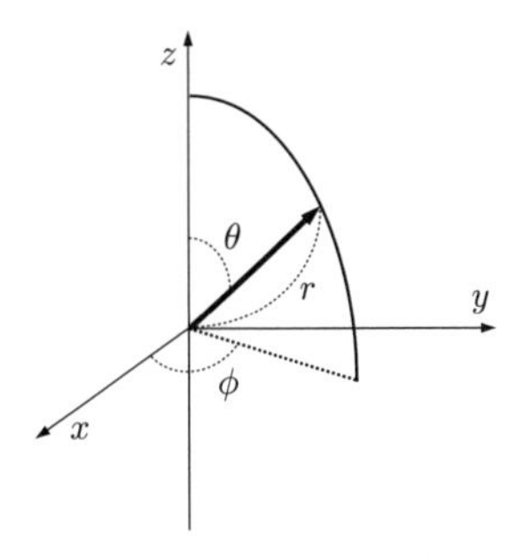

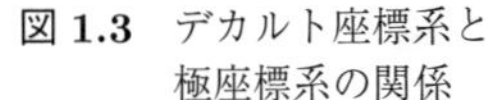
図 1.3　デカルト座標系と極座標系の関係

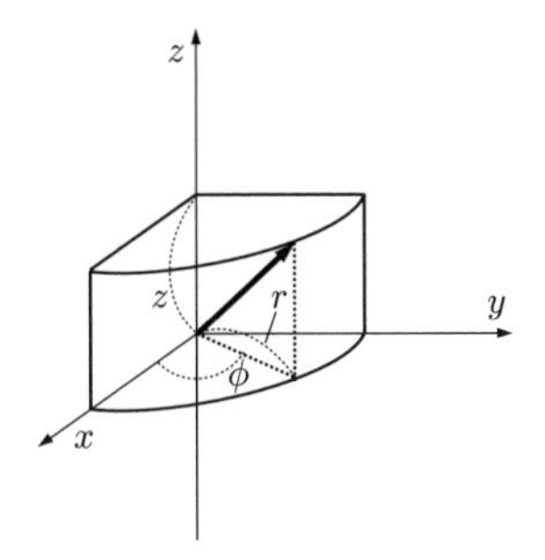

図 1.4　デカルト座標系と円筒座標系の関係

$$\boldsymbol{r} = \begin{pmatrix} x \\ y \\ z \end{pmatrix} = \begin{pmatrix} r\cos\phi \\ r\sin\phi \\ z \end{pmatrix} \tag{1.33}$$

と書ける。極座標では $r = \sqrt{x^2+y^2+z^2}$ であり，円筒座標では $r = \sqrt{x^2+y^2}$ なので，違いに注意しよう。ϕ に関してはどちらの座標系においても $\phi = \arctan\dfrac{y}{x}$ である。

例題 1.7

デカルト座標系で書いた位置ベクトル $\boldsymbol{r} = \begin{pmatrix} x \\ y \\ z \end{pmatrix}$ と同じ方向を向いた単位ベクトル $\hat{\boldsymbol{R}}$ を (1) デカルト座標系，(2) 極座標系，(3) 円筒座標系でそれぞれ求めよ。

【解答】

(1)　そもそもデカルト座標表示されているので，デカルト座標系での $\hat{\boldsymbol{R}}$ は定義どおり位置ベクトルをその大きさ $\sqrt{x^2+y^2+z^2}$ で割るだけで得られ

$$\hat{\boldsymbol{R}} = \frac{1}{\sqrt{x^2+y^2+z^2}}\begin{pmatrix} x \\ y \\ z \end{pmatrix} = \frac{1}{\sqrt{x^2+y^2+z^2}}(x\hat{\boldsymbol{x}} + y\hat{\boldsymbol{y}} + z\hat{\boldsymbol{z}}) \tag{1.34}$$

となる。

(2)　極座標系では定義から $\hat{\boldsymbol{R}} = \hat{\boldsymbol{r}}$ である。

(3)　円筒座標系では位置ベクトルは $r\hat{\boldsymbol{r}} + z\hat{\boldsymbol{z}}$ と書ける。それぞれの展開係数（r と z）の2乗和の平方根がベクトルの大きさであるから，それで割って単位ベクトルにすればよい。すなわち $\hat{\boldsymbol{R}} = \dfrac{1}{\sqrt{r^2+z^2}}(r\hat{\boldsymbol{r}} + z\hat{\boldsymbol{z}})$ となる。

章末問題

【1】 同一直線上にない3点A, B, Cの位置ベクトルをそれぞれ $\boldsymbol{a}, \boldsymbol{b}, \boldsymbol{c}$ とする。三角形ABCの各頂点とそれに向き合う辺の中点を結ぶ3本の線分が，位置ベクトル $\boldsymbol{g} = \dfrac{\boldsymbol{a}+\boldsymbol{b}+\boldsymbol{c}}{3}$ の点で交わることを示せ。なお，重心だから明らか，というのではいけない。3本の線分が一点Gで交わること，およびGの位置が $\boldsymbol{g}$ で与えられることを示す必要がある。

【2】 整数 N に依存する，2022個の2022次元のベクトル $\{\boldsymbol{a}_n(N)\}$（$n = 1, 2, \cdots, 2022$）が，以下の条件を満たすとする。

条件：N^n を2022で割った余りを M とするとき，$\boldsymbol{a}_n(N)$ は
第 $M+1$ 成分のみが1で他の成分はすべてゼロ。

例えば $N = 10$ とすると，$N^4 = 10\,000$ を2022で割った余りは1912であるから，$\boldsymbol{a}_4(10)$ は第1913成分のみが1で他はすべてゼロである。上の条件が存在するとき，どのような N を選んでもすべての $\{\boldsymbol{a}_n(N)\}$ を独立にとることはできないことを示せ。必要であれば以下の（数論における）オイラーの公式を用いてよい[3)†]。

c が正整数で k を c とたがいに素な正整数としたとき

$$k^{\phi(c)} \equiv 1 \pmod{c}$$

が成り立つ。ここで $\phi(c)$ は c とたがいに素な正整数の数，$A \equiv B \pmod{C}$ は A を C で割った余りと B を C で割った余りが等しいことを意味する。

【3】 3点 $\mathrm{A}\begin{pmatrix}1\\4\\2\end{pmatrix}$, $\mathrm{B}\begin{pmatrix}-1\\1\\1\end{pmatrix}$, $\mathrm{C}\begin{pmatrix}-2\\-1\\3\end{pmatrix}$ を考える。∠BACを求めよ。

† 肩付き数字は巻末の引用・参考文献を示す。

【4】 3 次元ベクトル $\boldsymbol{a}$ の第 i 成分は p^i, ベクトル $\boldsymbol{b}$ の第 i 成分は q^i とする。ここで $p,\ q$ は任意の整数, $i = 1,\ 2,\ 3$ である。$\boldsymbol{a}$ と $\boldsymbol{b}$ は直交しないことを示せ。

【5】 ベクトル $\boldsymbol{c}_1 = \begin{pmatrix} a \\ b \\ c \end{pmatrix}$ と $\boldsymbol{c}_2 = \begin{pmatrix} b \\ c \\ a \end{pmatrix}$ はともに単位ベクトルで，かつ直交するという。ここで a, b, c は実数である。$a + b + c$ を求めよ。

【6】 【5】の条件を満たす $a,\ b,\ c$ すべてが有理数となる組合せが無限個存在することを示せ。

【7】 i, j をともに 1 以上 2023 以下の整数とする。2023 個の 2023 次元のベクトル $\boldsymbol{a}_i$ が，$|\boldsymbol{a}_i| = i$ を満たすとしよう。$\boldsymbol{a}_i$ の第 j 成分を第 (i, j) 成分とする 2023×2023 行列を A としたとき，$\det A$ の最大値を求めよ。

【8】 2024 個の 2024 次元のベクトル $\{\boldsymbol{e}_i\}$ $(i = 1, 2, \cdots, 2024)$ が，以下の条件を満たすとする。

・i が奇数のとき，$(\boldsymbol{e}_i)_j = \dfrac{1}{\sqrt{2}}(\delta_{i,j} + \delta_{i,j-1})$

・i が偶数のとき，$(\boldsymbol{e}_i)_j = \dfrac{1}{\sqrt{2}}(\delta_{i,j} - \delta_{i,j+1})$

ここで $(\boldsymbol{e}_i)_j$ は $\boldsymbol{e}_i$ の第 j 成分を表し（$j = 1, 2, \cdots, 2024$），$\delta_{i,j}$ はクロネッカーのデルタである。

(1) $\{\boldsymbol{e}_i\}$ が正規直交基底系をなすことを示せ。

(2) ベクトル $\boldsymbol{a} = \begin{pmatrix} 1 \\ 2 \\ \vdots \\ 2024 \end{pmatrix}$ を，$\{\boldsymbol{e}_i\}$ を用いて $\boldsymbol{a} = \displaystyle\sum_{i=1}^{2024} A_i \boldsymbol{e}_i$ と展開する。A_i は実数である。A_{MMDD} を求めよ。ここで $MMDD$ の部分には自分の誕生月と誕生日を 4 桁の数字で入れてみよう。1〜9 月生まれの人は 3 桁にする。

【9】 二つのベクトル $\boldsymbol{c}_1 = \begin{pmatrix} 2 \\ 1 \end{pmatrix}$, $\boldsymbol{c}_2 = \begin{pmatrix} 1 \\ 4 \end{pmatrix}$ を考える。これら二つは直交せず，かつ大きさも 1 ではない。しかし 2 次元空間の基底にはなることを確認しよう。

(1) 任意のベクトル $\boldsymbol{r} = \begin{pmatrix} x \\ y \end{pmatrix}$ を，$\boldsymbol{c}_1$ と $\boldsymbol{c}_2$ を用いて展開せよ。それぞれの展開係数を C_1 および C_2 とする。

(2) $C_1 \neq \boldsymbol{r} \cdot \boldsymbol{c}_1$ であることを確かめよ。これは例題 1.4 の 1. とは異なる結論である。そしてこのために展開が面倒になることにも気づくであろう。

【10】 三つのベクトル $\boldsymbol{a}_1 = \begin{pmatrix} 1 \\ 0 \\ -1 \end{pmatrix}$, $\boldsymbol{a}_2 = \begin{pmatrix} 2 \\ 1 \\ 0 \end{pmatrix}$, $\boldsymbol{a}_3 = \begin{pmatrix} 0 \\ 0 \\ -2 \end{pmatrix}$ から，グラム・シュミットの正規直交化法を用いて正規直交基底系 $\{\hat{\boldsymbol{e}}_1,\ \hat{\boldsymbol{e}}_2,\ \hat{\boldsymbol{e}}_3\}$ を構成したい。まず定義から $\hat{\boldsymbol{e}}_1 = (\boldsymbol{a}_1 \cdot \boldsymbol{a}_1)^{-\frac{1}{2}} \boldsymbol{a}_1 = \dfrac{1}{\sqrt{2}} \begin{pmatrix} 1 \\ 0 \\ -1 \end{pmatrix}$ である。

(1) $\hat{\boldsymbol{e}}_2$ および $\hat{\boldsymbol{e}}_3$ を求めよ。

(2) ベクトル $\boldsymbol{c} = \begin{pmatrix} Y \\ M \\ D \end{pmatrix}$ を $\hat{\boldsymbol{e}}_1,\ \hat{\boldsymbol{e}}_2,\ \hat{\boldsymbol{e}}_3$ の線形結合で表せ。なお，Y は自分の生年，M は誕生月，D は誕生日としよう。

【11】 2021 年に開催された東京五輪において，国名を五十音順に並べたときの日本の前後の国の獲得メダル数は**表 1.1** のようになっている（メダルを獲得していない国は除いてある）。

表 1.1　東京五輪メダル獲得数

国　名	金	銀	銅
ナミビア	0	1	0
日本	27	14	17
ニュージーランド	7	6	7
ノルウェー	4	2	2

国 C の金メダル数，銀メダル数，銅メダル数を順に第 1, 2, 3 成分としたベクトル $\boldsymbol{M}_{\mathrm{C}}$ を考えよう。

(1) $\boldsymbol{M}_{\text{ナミビア}}$, $\boldsymbol{M}_{\text{ニュージーランド}}$, $\boldsymbol{M}_{\text{ノルウェー}}$ とグラム・シュミットの正規直交化法から正規直交基底系 $\{\hat{\boldsymbol{e}}_1, \hat{\boldsymbol{e}}_2, \hat{\boldsymbol{e}}_3\}$ を構成せよ。

(2) $\hat{\boldsymbol{e}}_1, \hat{\boldsymbol{e}}_2, \hat{\boldsymbol{e}}_3$ を用いて $\boldsymbol{M}_{\text{日本}}$ を展開せよ。

【12】 N を 2 以上の任意の整数とし，i, j をともに 1 以上 N 以下の整数とする。N 個の N 次元のベクトル $\boldsymbol{a}_i$ を考えよう。ベクトル $\boldsymbol{a}_i$ の各成分 $\begin{pmatrix} a_{i,1} \\ a_{i,2} \\ \vdots \\ a_{i,j} \\ \vdots \\ a_{i,N} \end{pmatrix}$ は

1 から N までの整数からなり，かつすべて異なるとする。ここでつぎの条件を考える。

条件：すべての i に対して $a_{i,j_0} = N_0$（j_0, N_0 は 1 以上 N 以下のある整数）を満たす，i に依存しない j_0 と N_0 が存在する。

この条件が存在するとき，$a_{i,j}$ を第 (i,j) 成分とする行列 A の行列式 $\det A$ はゼロとなることを示せ。

【13】 N 次正方行列 A の第 (i,j) 成分 A_{ij} が $A_{ij} = Yi + Mj + D$ で与えられている。ここで N は自然数，$i, j = 1, 2, \cdots, N$ であり，Y, M, D はそれぞれ自分の誕生年，月，日を入れてみよう。$\det A \neq 0$ となる N の最大値を求めよ。

【14】 ベクトル $\boldsymbol{a}_1, \boldsymbol{a}_2, \boldsymbol{a}_3$ は一次独立で $|\boldsymbol{a}_1| = |\boldsymbol{a}_2| = |\boldsymbol{a}_3| = 2$ を満たすものとする。ここで行列 A の第 (i,j) 成分 $(i, j = 1, 2, 3)$ が $A_{ij} = \boldsymbol{a}_i \cdot \boldsymbol{a}_j$ で与えられているとき，$\det A$ の最大値を求めよ。

【15】 四つのベクトル

$$\boldsymbol{a}_1 = \begin{pmatrix} 1 \\ 2 \\ 1 \\ 1 \end{pmatrix}, \ \boldsymbol{a}_2 = \begin{pmatrix} 2 \\ -1 \\ 3 \\ 1 \end{pmatrix}, \ \boldsymbol{a}_3 = \begin{pmatrix} 4 \\ 5 \\ -1 \\ 2 \end{pmatrix}, \ \boldsymbol{a}_4 = \begin{pmatrix} 4 \\ 0 \\ 0 \\ a \end{pmatrix}$$

を考える。ここで a は実数である。この四つのベクトルによって張られる空間が 3 次元であるとき，a の値を求めよ。

【16】 三つのベクトル

$$\boldsymbol{a}_1 = \begin{pmatrix} 2 \\ 0 \\ 0 \end{pmatrix}, \boldsymbol{a}_2 = \begin{pmatrix} 1 \\ 1 \\ 0 \end{pmatrix}, \boldsymbol{a}_3 = \begin{pmatrix} 3 \\ 0 \\ 3 \end{pmatrix}$$

を考える。

(1) $\boldsymbol{a}_1$, $\boldsymbol{a}_2$, $\boldsymbol{a}_3$ の 3 辺が構成する平行六面体の体積を求めよ。

(2) $\det(\boldsymbol{a}_1 \ \boldsymbol{a}_2 \ \boldsymbol{a}_3)$ を求め，(1) の結果と一致することを確かめよ。

【17】 行列 $A = \begin{pmatrix} \frac{1}{\sqrt{2}} & 0 & \frac{1}{\sqrt{2}} \\ 0 & 1 & 0 \\ -\frac{1}{\sqrt{2}} & 0 & \frac{1}{\sqrt{2}} \end{pmatrix}$ を考える。

(1) ${}^tA = A^{-1}$ であることを確かめよ。

(2) A の各列ベクトルを左から $\boldsymbol{a}_1, \boldsymbol{a}_2, \boldsymbol{a}_3$ とするとき，$\{\boldsymbol{a}_1, \boldsymbol{a}_2, \boldsymbol{a}_3\}$ が正規直交基底系をなすことを確かめよ。

(3) (1), (2) の関係について議論せよ。

【18】 実対称行列の異なる固有値に対する固有ベクトルがたがいに直交することを示せ。

【19】 行列 $A = \begin{pmatrix} \frac{37}{18} & -\frac{2}{9} & \frac{19}{18} \\ -\frac{2}{9} & \frac{35}{9} & -\frac{2}{9} \\ \frac{19}{18} & -\frac{2}{9} & \frac{37}{18} \end{pmatrix}$ を対角化せよ。

【20】 ベクトル $\boldsymbol{a} = \begin{pmatrix} 1 \\ 1 \\ 1 \end{pmatrix}$ とベクトル $\boldsymbol{b} = \begin{pmatrix} \sin\theta\cos\phi \\ \sin\theta\sin\phi \\ \cos\theta \end{pmatrix}$ $(0 \leq \theta \leq \pi,\ 0 \leq \phi \leq 2\pi)$ の内積の最大値と最小値を求めよ。また，そのときの θ と ϕ を求めよ。

【21】 ベクトル $\boldsymbol{a} = \begin{pmatrix} 1 \\ 5 \\ 3 \\ 8 \end{pmatrix}$ とベクトル $\boldsymbol{b} = \begin{pmatrix} \sin\theta_1\sin\theta_2\sin\theta_3 \\ \sin\theta_1\sin\theta_2\cos\theta_3 \\ \sin\theta_1\cos\theta_2 \\ \cos\theta_1 \end{pmatrix}$ の内積の最大値と最小値を求めよ。ここで $0 \leq \theta_1 \leq \pi, 0 \leq \theta_2 \leq \pi, 0 \leq \theta_3 \leq 2\pi$ である。

【22】 **【20】**は 3 次元，**【21】**は 4 次元極座標の考え方が有効である。折角なので一般の N 次元極座標を考えてみよう（N は自然数）。N 次元極座標系を N 次元デカルト座標系で展開せよ。

【23】 デカルト座標系と 3 次元極座標系の正規直交基底 $\{\hat{\boldsymbol{x}},\ \hat{\boldsymbol{y}},\ \hat{\boldsymbol{z}}\}$ と $\{\hat{\boldsymbol{r}},\ \hat{\boldsymbol{\theta}},\ \hat{\boldsymbol{\phi}}\}$ について考えたい。

(1) $\hat{\boldsymbol{x}}\cdot\hat{\boldsymbol{r}}, \hat{\boldsymbol{x}}\cdot\hat{\boldsymbol{\theta}}, \hat{\boldsymbol{x}}\cdot\hat{\boldsymbol{\phi}}, \hat{\boldsymbol{y}}\cdot\hat{\boldsymbol{r}}, \hat{\boldsymbol{y}}\cdot\hat{\boldsymbol{\theta}}, \hat{\boldsymbol{y}}\cdot\hat{\boldsymbol{\phi}}, \hat{\boldsymbol{z}}\cdot\hat{\boldsymbol{r}}, \hat{\boldsymbol{z}}\cdot\hat{\boldsymbol{\theta}}, \hat{\boldsymbol{z}}\cdot\hat{\boldsymbol{\phi}}$ を求めよ。

(2) ベクトル $\boldsymbol{x}_1 = 5\hat{\boldsymbol{x}} + \hat{\boldsymbol{y}} + 3\hat{\boldsymbol{z}}$ と $\boldsymbol{x}_2 = \hat{\boldsymbol{r}} - 2\hat{\boldsymbol{\theta}} + 2\hat{\boldsymbol{\phi}}$ について，$\boldsymbol{x}_1\cdot\boldsymbol{x}_2$ を求めよ。

【24】 デカルト座標系と 3 次元円筒座標系の正規直交基底 $\{\hat{\boldsymbol{x}},\ \hat{\boldsymbol{y}},\ \hat{\boldsymbol{z}}\}$ と $\{\hat{\boldsymbol{r}},\ \hat{\boldsymbol{\phi}},\ \hat{\boldsymbol{z}}\}$ について考えよう。

(1) $\hat{\boldsymbol{x}}\cdot\hat{\boldsymbol{r}}, \hat{\boldsymbol{x}}\cdot\hat{\boldsymbol{\phi}}, \hat{\boldsymbol{x}}\cdot\hat{\boldsymbol{z}}, \hat{\boldsymbol{y}}\cdot\hat{\boldsymbol{r}}, \hat{\boldsymbol{y}}\cdot\hat{\boldsymbol{\phi}}, \hat{\boldsymbol{y}}\cdot\hat{\boldsymbol{z}}, \hat{\boldsymbol{z}}\cdot\hat{\boldsymbol{r}}, \hat{\boldsymbol{z}}\cdot\hat{\boldsymbol{\phi}}, \hat{\boldsymbol{z}}\cdot\hat{\boldsymbol{z}}$ を求めよ。

(2) ベクトル $\boldsymbol{x}_1 = \hat{\boldsymbol{x}} - 4\hat{\boldsymbol{y}} + 2\hat{\boldsymbol{z}}$ と $\boldsymbol{x}_2 = 6\hat{\boldsymbol{r}} + \hat{\boldsymbol{\phi}} - \hat{\boldsymbol{z}}$ について，$\boldsymbol{x}_1\cdot\boldsymbol{x}_2$ を求めよ。

【25】 ベクトル $\boldsymbol{r} = \begin{pmatrix} x^2 \\ y^2 \\ z^2 \end{pmatrix}$ を

(1) 極座標系における正規直交基底 $\{\hat{\boldsymbol{r}},\ \hat{\boldsymbol{\theta}},\ \hat{\boldsymbol{\phi}}\}$ を用いて展開せよ。

(2) 円筒座標系における正規直交基底 $\{\hat{\boldsymbol{r}},\ \hat{\boldsymbol{\phi}},\ \hat{\boldsymbol{z}}\}$ を用いて展開せよ。

コーヒーブレイク

日本の五輪の成績もジェットコースターのようなものである。著者の年齢だと一番古い夏季五輪の記憶は 1988 年のソウル大会である。このときは，金メダルは全競技通じて四つしかなかった。そしてその後 1992 年バルセロナ大会（金メダル 3 個），1996 年アトランタ大会（同 3 個），2000 年シドニー大会（同 5 個）という結果的には地味な大会が続いた。子供のころからこのような状況だと，もうずっとこのままかという印象をもってしまうものだが，その後の 2004 年アテネ大会で金メダル 16 個と大きく躍進したので驚いた記憶がある。そして 2021 年東京大会では表 1.1 に示したように金メダル 27 個であった。時代というものは本当に変わるものなのだと感慨深いものである。

これについては，もちろん種目数が増えているということは関係しているであろう。ただ個人的には，まだ西洋というかヨーロッパ勢に有利な種目が多いように思っている。特に自転車やカヌー，ボートのような，いわゆる乗り物はヨーロッパで盛んな分種目も細分化されている。日本も柔道だけでなく得意な競技・種目を入れさせてもよいのではないだろうか。具体的に何がよいのかわからないが･･･ 剣道とか？

2 直線と平面の方程式

直線や平面を数学的に記述したいということはよくある。そのためには 1 章で述べた内容に加えて，外積の知識も必要になるので本章で説明する。なお，ここでは 2 次元・3 次元実空間での表現しか扱わないが，そうではない空間（例えば波数空間）において直線・平面を考えることはもちろんあるわけで，そのための準備も兼ねていると思ってもらいたい。

2.1 外　　　積

直線や平面の方程式を学ぶためには，前章の内積に加えて**外積**の知識も必要になる。二つのベクトル $\boldsymbol{A}, \boldsymbol{B}$ のなす角を $\theta\,(0 \leq \theta \leq \pi)$ とするとき，$\boldsymbol{A}$ と $\boldsymbol{B}$ に垂直で大きさ $|\boldsymbol{A}||\boldsymbol{B}|\sin\theta$ のベクトルを $\boldsymbol{A}, \boldsymbol{B}$ の外積と呼び，$\boldsymbol{A}\times\boldsymbol{B}$ で表す。ただし，$\boldsymbol{A}, \boldsymbol{B}, \boldsymbol{A}\times\boldsymbol{B}$ の順にとると右手系をなすように向きを定義する[†]（図 **2.1**）。$\boldsymbol{A}$ から $\boldsymbol{B}$ の方向に右ねじを回したとき，ねじの進む方向が $\boldsymbol{A}\times\boldsymbol{B}$ の方向であるともいえる。ゆえに外積は順番によって符号が変わる。すなわち $\boldsymbol{A}\times\boldsymbol{B} = -\boldsymbol{B}\times\boldsymbol{A}$

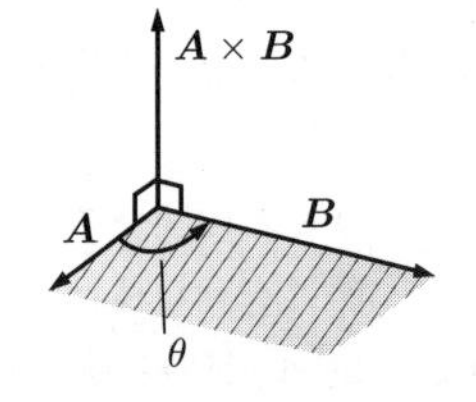

$\boldsymbol{A}\times\boldsymbol{B}$ の方向は，$\boldsymbol{A}$ の方向から $\boldsymbol{B}$ の方向に右ねじを回したときにねじが進む方向で，かつ $\boldsymbol{A}$ とも $\boldsymbol{B}$ とも直交する方向と定義される。またその大きさは斜線部の面積 $|\boldsymbol{A}||\boldsymbol{B}|\sin\theta$ と定義する。

図 2.1　外積の定義

[†] 順番に右手の親指，人差し指，中指に当てはめる。

であることは大変重要である。$\boldsymbol{A} = \begin{pmatrix} A_1 \\ A_2 \\ A_3 \end{pmatrix}$，$\boldsymbol{B} = \begin{pmatrix} B_1 \\ B_2 \\ B_3 \end{pmatrix}$ として具体的に成分で書くと

$$\boldsymbol{A} \times \boldsymbol{B} = \begin{pmatrix} A_2B_3 - A_3B_2 \\ A_3B_1 - A_1B_3 \\ A_1B_2 - A_2B_1 \end{pmatrix} \tag{2.1}$$

となる。定義から $|\boldsymbol{A} \times \boldsymbol{B}|$ は $\boldsymbol{A}$ と $\boldsymbol{B}$ を 2 辺とする平行四辺形の面積を表す。これはもちろん $\boldsymbol{A}$ と $\boldsymbol{B}$ を 2 辺とする三角形の面積の 2 倍である。また同様に定義から $\boldsymbol{A}$ と $\boldsymbol{B}$ が平行であるとき，すなわち $\theta = 0, \pi$ のとき $\boldsymbol{A} \times \boldsymbol{B} = \boldsymbol{0}$ である。

実は正規直交基底系においては

$$\hat{\boldsymbol{e}}_i \times \hat{\boldsymbol{e}}_j = \varepsilon_{ijk}\hat{\boldsymbol{e}}_k \tag{2.2}$$

となるように添え字 i, j, k をとることができ，これを用いて外積の成分が計算できる。ここでは二つの重要なことを述べておこう。まず ε_{ijk} は**レヴィ・チヴィタの記号**と呼ばれるものであり

$$\varepsilon_{ijk} = \begin{cases} 1 & (i,j,k \text{ が } 1,2,3 \text{ の偶置換のとき}) \\ -1 & (i,j,k \text{ が } 1,2,3 \text{ の奇置換のとき}) \\ 0 & (\text{それ以外のとき}) \end{cases}$$

というものである。偶（奇）置換とは，要するに (1, 2, 3) の順番を偶数（奇数）回入れ替えて出てくる順番であることを意味する。加えて，式 (2.2) においては「繰り返し出てくる添え字に関しては和をとる」という約束（**アインシュタインの総和規約**）を用いている†。また，この際に使われて実際には消えてしまう添え字を**ダミーインデックス**と呼ぶ。式 (2.2) では k がダミーインデック

† 厳密にはベクトルの共変性・反変性を意識して使うことが多い規約であるが，そこまでは触れないでおく。なお，共変ベクトル・反変ベクトルについては引用・参考文献 4) などが参考になる。

スであり，i と j はダミーインデックスではない。アインシュタインの総和規約とは，ダミーインデックス k に対して $\sum_k$ を省略した記法と考えてもらえばよい[†]。例えば式 (2.2) を用いれば $\boldsymbol{A}\times\boldsymbol{B}$ は

$$\begin{aligned}\boldsymbol{A}\times\boldsymbol{B} &= A_i\hat{\boldsymbol{e}}_i\times B_j\hat{\boldsymbol{e}}_j = A_iB_j\hat{\boldsymbol{e}}_i\times\hat{\boldsymbol{e}}_j = A_iB_j\varepsilon_{ijk}\hat{\boldsymbol{e}}_k\\ &= \varepsilon_{kij}A_iB_j\hat{\boldsymbol{e}}_k = \varepsilon_{ijk}A_jB_k\hat{\boldsymbol{e}}_i \end{aligned}\tag{2.3}$$

と簡単に書ける。式 (2.3) の 4 番目の等号は ε_{ijk} の添え字内で i,j,k の間の入れ替えを 2 回行ったことにより成り立つ。5 番目の等号は添え字を $k\to i$, $i\to j$, $j\to k$ に入れ替えたことで成り立つ。式 (2.3) においては i,j,k すべてがダミーインデックスであり，どの文字を使って和をとっても構わないのである。

なお，式 (2.3) からベクトルの外積は基底どうしの外積がわかっていれば求められる，ということも見てとれるだろう。内積と同様である。

例題 2.1

1. 式 (2.1) を用いて
   (a) $\boldsymbol{A}\times\boldsymbol{B}$ が $\boldsymbol{A}$ とも $\boldsymbol{B}$ とも直交することを示せ。
   (b) $|\boldsymbol{A}\times\boldsymbol{B}| = |\boldsymbol{A}||\boldsymbol{B}|\sin\theta$ を示せ。
2. デカルト座標系において

$$\hat{\boldsymbol{e}}_1 = \hat{\boldsymbol{x}} = \begin{pmatrix}1\\0\\0\end{pmatrix},\ \hat{\boldsymbol{e}}_2 = \hat{\boldsymbol{y}} = \begin{pmatrix}0\\1\\0\end{pmatrix},\ \hat{\boldsymbol{e}}_3 = \hat{\boldsymbol{z}} = \begin{pmatrix}0\\0\\1\end{pmatrix}$$

   を用いて式 (2.2) を示せ。
3. 二つのベクトルの積には内積と外積があるため，三つ以上のベクトル（例えば $\boldsymbol{A}$, $\boldsymbol{B}$, $\boldsymbol{C}$）の積はその組合せで複数のものが考えられる。まずは $\boldsymbol{A}\cdot(\boldsymbol{B}\times\boldsymbol{C})$ であり，**スカラー三重積**と呼ばれる。これに関しては，公式として

---

† 本書ではこの後もこの総和規約を断りなく用いる。

$$\boldsymbol{A}\cdot(\boldsymbol{B}\times\boldsymbol{C})=\boldsymbol{B}\cdot(\boldsymbol{C}\times\boldsymbol{A})=\boldsymbol{C}\cdot(\boldsymbol{A}\times\boldsymbol{B})$$
$$=\det(\boldsymbol{A}\ \boldsymbol{B}\ \boldsymbol{C}) \tag{2.4}$$

を取り上げよう。一方，$\boldsymbol{A}\times(\boldsymbol{B}\times\boldsymbol{C})$ というものも考えられ，これはベクトル**三重積**と呼ばれる。これにも

$$\boldsymbol{A}\times(\boldsymbol{B}\times\boldsymbol{C})=(\boldsymbol{A}\cdot\boldsymbol{C})\,\boldsymbol{B}-(\boldsymbol{A}\cdot\boldsymbol{B})\,\boldsymbol{C} \tag{2.5}$$

という公式がある。式 (2.4), (2.5) を，成分表示を用いて示せ。

【解答】

1. (a) $\boldsymbol{A}\cdot(\boldsymbol{A}\times\boldsymbol{B})=A_1(A_2B_3-A_3B_2)+A_2(A_3B_1-A_1B_3)+A_3(A_1B_2-A_2B_1)=0$ を得るので，$\boldsymbol{A}$ と直交することがわかる。$\boldsymbol{B}$ との直交性も同様に示せる。

   (b) まず $|\boldsymbol{A}\times\boldsymbol{B}|^2$ を計算してみると

$$\begin{aligned}|\boldsymbol{A}\times\boldsymbol{B}|^2&=(A_2B_3-A_3B_2)^2+(A_3B_1-A_1B_3)^2\\&\quad+(A_1B_2-A_2B_1)^2\\&=(A_1^2+A_2^2+A_3^2)(B_1^2+B_2^2+B_3^2)\\&\quad-(A_1B_1+A_2B_2+A_3B_3)^2\\&=|\boldsymbol{A}|^2|\boldsymbol{B}|^2-(\boldsymbol{A}\cdot\boldsymbol{B})^2=|\boldsymbol{A}|^2|\boldsymbol{B}|^2(1-\cos^2\theta)\\&=|\boldsymbol{A}|^2|\boldsymbol{B}|^2\sin^2\theta\end{aligned} \tag{2.6}$$

   となる。ベクトルの大きさはつねに正，また θ は $0\leq\theta\leq\pi$ の範囲で定義されるので $|\boldsymbol{A}\times\boldsymbol{B}|=|\boldsymbol{A}||\boldsymbol{B}|\sin\theta$ が成り立つ。

2. 具体的に計算してみればすぐにわかる。例えば

$$\hat{\boldsymbol{e}}_1\times\hat{\boldsymbol{e}}_2=\begin{pmatrix}0\\0\\1\end{pmatrix}=\varepsilon_{121}\hat{\boldsymbol{e}}_1+\varepsilon_{122}\hat{\boldsymbol{e}}_2+\varepsilon_{123}\hat{\boldsymbol{e}}_3 \tag{2.7}$$

と書け，$\hat{\boldsymbol{e}}_1\times\hat{\boldsymbol{e}}_2=\varepsilon_{12k}\hat{\boldsymbol{e}}_k$ が成り立っている。他の i,j についても同様に示せる。

なお，$\varepsilon_{121}=\varepsilon_{122}=0$ に注意しよう。ε_{121} についていえば，定義から最初と最後の 1 を入れ替えたら符号が変わる，と解釈しなければならないので $\varepsilon_{121}=-\varepsilon_{121}$ が成り立ち，$\varepsilon_{121}=0$ がわかる。ε_{122} についても同様である。

3. 定義どおり計算すればよい。式 (2.4) はいずれの辺も $A_1B_2C_3+A_2B_3C_1+A_3B_1C_2-A_3B_2C_1-A_2B_1C_3-A_1B_3C_2$ を与える。式 (2.5) は第 1 成分を計算すると両辺ともに $(A_1C_1+A_2C_2+A_3C_3)B_1-(A_1B_1+A_2B_2+A_3B_3)C_1$ となり，他の成分についても同様である。ダミーインデックスを用いた解法もあるのだが，それは章末問題【**2**】に譲ろう。

2.2 直線・平面の方程式

世の中にはさまざまな図形があふれている。平面や球面，あるいはラグビーボールのような形状もある。それを数学的に表すことができれば統一的な取扱いに好都合である。ということで幾何と方程式という視点から考えていこう。方程式で図形を表現するということは，「空間上の点に対して何らかの条件を課し，それを満たす点の集合がほしい図形を描く」というアイデアに基づいている。その「何らかの条件」が方程式であり，「それを満たす」ということは方程式の解になっているということである。まずは最も簡単な直線と平面から見ていこう。

ベクトル $\boldsymbol{n}$ の方向を向き，点 A（位置ベクトルを $\boldsymbol{a}$ とする）を通る直線上の点 $\boldsymbol{r}=\begin{pmatrix} x \\ y \\ z \end{pmatrix}$ が満たすべき方程式は

$$(\boldsymbol{r}-\boldsymbol{a})\times\boldsymbol{n}=\boldsymbol{0} \tag{2.8}$$

あるいは，t を実数パラメータとして

$$\boldsymbol{r}-\boldsymbol{a}=t\boldsymbol{n} \tag{2.9}$$

と表せる。また，ベクトル $\boldsymbol{n}$ を**法線ベクトル**[†]とし，点 $\boldsymbol{a}$ を通る平面上の点

† 平面に直交するベクトルをこのように呼ぶ。なお，局所的に 2 次元座標系を貼り付けられる平面であれば，すなわち局所的に平面であればこれは定義できる。例えば球面であっても法線ベクトルは存在する。

$\boldsymbol{r} = \begin{pmatrix} x \\ y \\ z \end{pmatrix}$ が満たすべき方程式は

$$(\boldsymbol{r} - \boldsymbol{a}) \cdot \boldsymbol{n} = 0 \tag{2.10}$$

である。

これらの方程式の意味を考えてみよう。まず式 (2.8) であるが，$\boldsymbol{r} - \boldsymbol{a}$ は点 $\boldsymbol{a}$ から点 $\boldsymbol{r}$ の方向を向いたベクトルであることに注意する。これがあるベクトル $\boldsymbol{n}$ につねに平行となる点 $\boldsymbol{r}$ の集合を考えようといっているのである（2.1 節も参照せよ)。これが点 $\boldsymbol{a}$ を通り $\boldsymbol{n}$ と平行な直線をなすのは明らかであろう。式 (2.9) はその「$\boldsymbol{r} - \boldsymbol{a}$ と $\boldsymbol{n}$ が平行」ということを別の書き方で表現しただけである。なお，式 (2.9) を

$$\boldsymbol{r} = \boldsymbol{a} + t\boldsymbol{n} \tag{2.11}$$

と書いてみると別の考え方も見えてくるかもしれない。この方程式の解となる点は，「まず原点から点 $\boldsymbol{a}$ に移動し，それから $\boldsymbol{n}$ に平行な方向に任意の距離だけ動く」という条件を課されていると考えられる。この点の軌道がほしい直線を描くことは明らかであろう。

一方，式 (2.10) では，$\boldsymbol{r} - \boldsymbol{a}$ が $\boldsymbol{n}$ と垂直であるといっている。「点 $\boldsymbol{a}$ から点 $\boldsymbol{r}$ を向いた方向が，$\boldsymbol{n}$ で表されるある特定の方向とつねに垂直」ということは，「点 $\boldsymbol{a}$ を通り $\boldsymbol{n}$ を法線とする平面上に点 $\boldsymbol{r}$ が来なければならない」ということと同値である。**図 2.2** も見ながら考えれば，$\boldsymbol{r}$ の集合が条件を満たす平面を構成することがわかりやすいであろう。

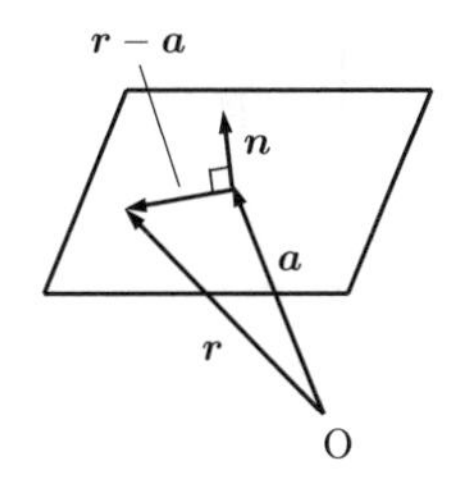

図 2.2　平面の方程式の意味を表す概念図

特に式 (2.10) が，$\alpha, \beta, \gamma, \delta$ を定数として $\alpha x + \beta y + \gamma z + \delta = 0$ と一般的に書けることは重要である。この形を仮定し，通る点の座標から $\alpha, \beta, \gamma, \delta$ を決めたほうが方程式の求め方として簡単かもしれない。ただ，この方法において注意しなければならないのは，実際に求まるのは $\alpha, \beta, \gamma, \delta$ 間の「比」までである，ということである。実際，任意の定数 ε に対して平面上では $\varepsilon(\alpha x + \beta y + \gamma z + \delta) = 0$ がつねに成り立つから，$\alpha, \beta, \gamma, \delta$ を $\varepsilon\alpha, \varepsilon\beta, \varepsilon\gamma, \varepsilon\delta$ に置き換えても同じ平面の方程式になっている。なお，ベクトル $\begin{pmatrix} \alpha \\ \beta \\ \gamma \end{pmatrix}$ が平面の法線ベクトルとなっていることは自明であろう。

例題 2.2

1. 点 A$\begin{pmatrix} 2 \\ 1 \\ 1 \end{pmatrix}$ を通り，ベクトル $\boldsymbol{n} = \begin{pmatrix} 2 \\ 1 \\ 5 \end{pmatrix}$ に平行な直線の方程式を求めよ。
2. ベクトル $\boldsymbol{n} = \begin{pmatrix} 1 \\ 4 \\ 5 \end{pmatrix}$ を法線ベクトルとし，点 A$\begin{pmatrix} 1 \\ 1 \\ -3 \end{pmatrix}$ を通る平面の方程式を求めよ。
3. 2 点 A$\begin{pmatrix} 1 \\ 0 \\ -1 \end{pmatrix}$, B$\begin{pmatrix} 2 \\ 3 \\ 1 \end{pmatrix}$ を通る直線の方程式を求めよ。
4. 3 点 A$\begin{pmatrix} 1 \\ 1 \\ -2 \end{pmatrix}$, B$\begin{pmatrix} 2 \\ 1 \\ -1 \end{pmatrix}$, C$\begin{pmatrix} 0 \\ 1 \\ 1 \end{pmatrix}$ を通る平面の方程式を求めよ。

5. 平面 $\Sigma : x+2y-3z+6=0$ に平行で点 A$\begin{pmatrix}1\\1\\1\end{pmatrix}$ を通る平面の方程式を求めよ。

【解答】

1. 外積を用いた表示ならば

$$\begin{pmatrix}x-2\\y-1\\z-1\end{pmatrix}\times\begin{pmatrix}2\\1\\5\end{pmatrix}=\begin{pmatrix}5y-z-4\\2z-5x+8\\x-2y\end{pmatrix}=\mathbf{0} \tag{2.12}$$

と書け，パラメータ表示ならば，t をパラメータとして $\begin{pmatrix}x\\y\\z\end{pmatrix}=\begin{pmatrix}2+2t\\1+t\\1+5t\end{pmatrix}$ と書ける。

2. $(x-1)+4(y-1)+5(z+3)=x+4y+5z+10=0$ とすぐに書ける。各項の係数を見れば，法線方向がすぐにわかってしまうのは便利であろう。

3. $\boldsymbol{a}=\begin{pmatrix}1\\0\\-1\end{pmatrix}$，$\boldsymbol{b}=\begin{pmatrix}2\\3\\1\end{pmatrix}$ とすると，当然ながら直線の方向は $\boldsymbol{b}-\boldsymbol{a}=\begin{pmatrix}1\\3\\2\end{pmatrix}$ に平行となる。ゆえに求める方程式は $\boldsymbol{r}=(\boldsymbol{r}-\boldsymbol{a})\times(\boldsymbol{b}-\boldsymbol{a})=(\boldsymbol{r}-\boldsymbol{a})\times\begin{pmatrix}1\\3\\2\end{pmatrix}$ とも書けるし，t をパラメータとしたパラメータ表示で $\boldsymbol{r}=\boldsymbol{a}+t\begin{pmatrix}1\\3\\2\end{pmatrix}$ とも書ける。

4. $\boldsymbol{a}=\begin{pmatrix}1\\1\\-2\end{pmatrix}$，$\boldsymbol{b}=\begin{pmatrix}2\\1\\-1\end{pmatrix}$，$\boldsymbol{c}=\begin{pmatrix}0\\1\\1\end{pmatrix}$ とする。$\boldsymbol{b}-\boldsymbol{a}=\begin{pmatrix}1\\0\\1\end{pmatrix}$

かつ $\boldsymbol{c}-\boldsymbol{a}=\begin{pmatrix}-1\\0\\3\end{pmatrix}$ であり，3 点を通る平面の法線方向は $(\boldsymbol{b}-\boldsymbol{a})\times(\boldsymbol{c}-\boldsymbol{a})=\begin{pmatrix}0\\-4\\0\end{pmatrix}$ に平行である。ゆえに求めるべき方程式は $\left(\boldsymbol{r}-\begin{pmatrix}1\\1\\-2\end{pmatrix}\right)\cdot\begin{pmatrix}0\\1\\0\end{pmatrix}=y-1=0$, すなわち $y=1$ となる。

$\boldsymbol{a}$, $\boldsymbol{b}$, $\boldsymbol{c}$ の y 成分がいずれも 1 であることから，この結果は計算しなくても自明である。それでも計算した結果，自明なことが出てくるということもそれはそれで重要であろう。なお，平面の方程式を $\alpha x+\beta y+\gamma z+\delta=0$ と置く方法でも容易にできる。

5. Σ の法線ベクトルが $\begin{pmatrix}1\\2\\-3\end{pmatrix}$ であることはすぐにわかるから，求める方程式は

$$(x-1)+2(y-1)-3(z-1)=x+2y-3z=0$$

となる。

◇

章 末 問 題

【1】 三つのベクトル $\boldsymbol{a}$, $\boldsymbol{b},\boldsymbol{c}$ について，以下の 2 式が成り立つことを示せ。

$$\boldsymbol{a}\times(\boldsymbol{b}\times\boldsymbol{c})+\boldsymbol{b}\times(\boldsymbol{c}\times\boldsymbol{a})+\boldsymbol{c}\times(\boldsymbol{a}\times\boldsymbol{b})=\boldsymbol{0}$$

$$(\boldsymbol{a}\times\boldsymbol{b})\times(\boldsymbol{b}\times\boldsymbol{c})=(\boldsymbol{a}\cdot(\boldsymbol{b}\times\boldsymbol{c}))\boldsymbol{b}$$

特に上の公式は**ヤコビの恒等式**と呼ばれる。

【2】 式 (2.4), (2.5) について考える。例題 2.1 の 3. では具体的な成分表示

$$\boldsymbol{A}=\begin{pmatrix}A_1\\A_2\\A_3\end{pmatrix},\ \boldsymbol{B}=\begin{pmatrix}B_1\\B_2\\B_3\end{pmatrix},\ \boldsymbol{C}=\begin{pmatrix}C_1\\C_2\\C_3\end{pmatrix}$$

を用いてこれらを証明した。ここでダミーインデックス j, k とレヴィ・チヴィタの記号 ε_{ijk} を用いて式 (2.4) の各辺の値および式 (2.5) の第 i 成分を書くことにより両式を証明せよ。なお，公式

$$\varepsilon_{ijk}\varepsilon_{klm} = \varepsilon_{ijk}\varepsilon_{lmk} = \delta_{il}\delta_{jm} - \delta_{im}\delta_{jl}$$

を用いてよい。

【3】 三つのベクトル $\boldsymbol{a}_1 = \begin{pmatrix} 2 \\ 0 \\ 0 \end{pmatrix}, \boldsymbol{a}_2 = \begin{pmatrix} 1 \\ 1 \\ 0 \end{pmatrix}, \boldsymbol{a}_3 = \begin{pmatrix} 3 \\ 0 \\ 3 \end{pmatrix}$ を考える。

(1) $\boldsymbol{a}_3 \cdot (\boldsymbol{a}_1 \times \boldsymbol{a}_2)$ を求めよ。

(2) $\boldsymbol{a}_1$, $\boldsymbol{a}_2$, $\boldsymbol{a}_3$ の 3 辺が構成する平行六面体の体積は 1 章章末問題【16】で求められている。それと (1) の結果を比較せよ。

【4】 デカルト座標系以外の座標系の基底についても以下のことを確認しておこう。

(1) 円筒座標系において $\hat{\boldsymbol{r}} \times \hat{\boldsymbol{\phi}} = \hat{\boldsymbol{z}}$ を確かめよ。

(2) 極座標系において $\hat{\boldsymbol{r}} \times \hat{\boldsymbol{\theta}} = \hat{\boldsymbol{\phi}}$ を確かめよ。

【5】 例題 2.2 の 3. を一般化しよう。2 点 $\boldsymbol{a}$, $\boldsymbol{b}$ を通る直線の方程式を求めよ。ただし $\boldsymbol{a} \neq \boldsymbol{b}$ とする。

【6】 例題 2.2 の 4. を一般化しよう。3 点 $\boldsymbol{a}$, $\boldsymbol{b}$, $\boldsymbol{c}$ を通る平面の方程式を求めよ。ただし $\boldsymbol{a}$, $\boldsymbol{b}$, $\boldsymbol{c}$ はすべて異なり，かつ同一直線上にないとする。

【7】 二つの平行でない平面

$$\Sigma_1 : (\boldsymbol{r} - \boldsymbol{a}_1) \cdot \boldsymbol{n}_1 = 0, \quad \Sigma_2 : (\boldsymbol{r} - \boldsymbol{a}_2) \cdot \boldsymbol{n}_2 = 0$$

に平行で，点 A を通る直線 L を表す方程式を求めよ。ここで，$\boldsymbol{a}_1, \boldsymbol{n}_1, \boldsymbol{a}_2, \boldsymbol{n}_2$ は定数成分をもつ定ベクトルであり，点 A の位置ベクトルを $\boldsymbol{a}$ と置く。また具体的に $\boldsymbol{a}_1 = \begin{pmatrix} 1 \\ 0 \\ 1 \end{pmatrix}$, $\boldsymbol{n}_1 = \begin{pmatrix} 2 \\ -1 \\ 1 \end{pmatrix}$, $\boldsymbol{a}_2 = \begin{pmatrix} 1 \\ 2 \\ 5 \end{pmatrix}$, $\boldsymbol{n}_2 = \begin{pmatrix} 1 \\ 3 \\ -6 \end{pmatrix}$ とし，点 A を原点としたときの Σ_1, Σ_2, L の方程式を書き下せ。

【8】 ベクトル $\boldsymbol{a}_1 = \begin{pmatrix} 1 \\ 2 \\ 0 \end{pmatrix}$, $\boldsymbol{a}_2 = \begin{pmatrix} -1 \\ 0 \\ 2 \end{pmatrix}$, $\boldsymbol{a}_3 = \begin{pmatrix} 1 \\ 1 \\ -1 \end{pmatrix}$ の線形結合で張られる空間を W_1，ベクトル $\boldsymbol{b}_1 = \begin{pmatrix} 0 \\ 2 \\ 1 \end{pmatrix}$, $\boldsymbol{b}_2 = \begin{pmatrix} 3 \\ 1 \\ 1 \end{pmatrix}$ の線形結合で張ら

れる空間を W_2 とする。空間 $W_1 \cap W_2$ の次元と基底を求めよ。$\cap$ は空間の共通部分を表す。

【9】 2 平面 $\Sigma_1 : 2x + 3y - z - 3 = 0$ および $\Sigma_2 : 3x - 2y - 4z - 7 = 0$ を考える。

(1) 両平面の交線の方程式を式 (2.8) の形式で書け。点 $\boldsymbol{a}$ としては $\begin{pmatrix} 1 \\ 0 \\ -1 \end{pmatrix}$ をとってよい。

(2) (1) で求めた方程式は 3 成分からなる。すなわち式が 3 本存在することになるが，それらはそれぞれ x, y, z を含まないはずである。一方で 2 平面の方程式から x, y, z を消去し，両者が一致することを確かめよ。この一致を当たり前であると思えるようになってほしい。

【10】 2 平面 Σ_1 と Σ_2 を考え，それらの法線ベクトルを $\boldsymbol{n}_1$ および $\boldsymbol{n}_2$ であるとする。これら 2 平面の共通部分を共有するもう一つの平面 Σ_3 を考え，その法線ベクトルを $\boldsymbol{n}_3$ と書いたとき，$\boldsymbol{n}_1, \boldsymbol{n}_2, \boldsymbol{n}_3$ が満たすべき関係式を求めよ。

【11】 3 点 A$\begin{pmatrix} 2 \\ 0 \\ 1 \end{pmatrix}$, B$\begin{pmatrix} 4 \\ 2 \\ 0 \end{pmatrix}$, C$\begin{pmatrix} 0 \\ 2 \\ -3 \end{pmatrix}$ を考える。三角形 ABC の内心の座標を求めよ。

【12】 【11】の三角形 ABC の垂心および外心の座標を求めよ。

【13】 【11】の三角形 ABC の 3 辺に接する球の中心が描く軌道を表す方程式を求めよ。

【14】 2 点 $\boldsymbol{a}$, $\boldsymbol{b}$ を考える。$\boldsymbol{a}$, $\boldsymbol{b}$ から等距離にある点の集合を表す方程式を求めよ。

【15】 3 点 A$\begin{pmatrix} 1 \\ 0 \\ -2 \end{pmatrix}$, B$\begin{pmatrix} 5 \\ -1 \\ -3 \end{pmatrix}$, C$\begin{pmatrix} 1 \\ 2 \\ 4 \end{pmatrix}$ を通る球面の中心が描く軌道を表す方程式を求めよ。

【16】 4 点 A$\begin{pmatrix} 1 \\ 1 \\ \alpha \end{pmatrix}$, B$\begin{pmatrix} 5 \\ 0 \\ 1 \end{pmatrix}$, C$\begin{pmatrix} 1 \\ 4 \\ 2 \end{pmatrix}$, D$\begin{pmatrix} -2 \\ 1 \\ -1 \end{pmatrix}$ を考える。ここで α は実数である。

(1) 点 A を通り，三角形 BCD を含む平面に直交する直線 L_1 の方程式を求めよ。パラメータ表示するのが便利であろう。

(2) 点 C を通り，三角形 ABD を含む平面に直交する直線を L_2 とする。L_1 と L_2 が交わるとき，α の値と交点の座標を求めよ。

【17】 2 平面 $\Sigma_1 : 2x + y + 2z + 1 = 0$, $\Sigma_2 : 3x - 2y + 6z + 11 = 0$ がある。この 2

平面の間の角度を二等分する平面 Σ_3 の方程式を求めたい。なお，条件を満たす平面は二つあることに注意せよ。

(1) Σ_1 と Σ_2 の単位法線ベクトルを求めよ。

(2) Σ_1 と Σ_2 の共通部分である直線 L の方向を表すベクトル $\boldsymbol{l}$ を求めよ。なお，向きのみが重要なので大きさは問わない。

(3) $\boldsymbol{l}$ に直交し，かつ Σ_3 に平行なベクトルを求めよ。

(4) Σ_3 の法線ベクトルを求めよ。

(5) Σ_3 の方程式を求めよ。点 $\begin{pmatrix} 1 \\ 1 \\ -2 \end{pmatrix}$ が L 上の点であることを利用すると少し楽である。

【18】 平面 $\Sigma: 2x-6y+3z+2=0$ と，ベクトル $\boldsymbol{a}=\begin{pmatrix} 2 \\ 0 \\ 1 \end{pmatrix}$ を考える。Σ 上にある（つまり Σ と平行な）単位ベクトルで，$\boldsymbol{a}$ との内積が最小になるもの・最大になるものを求めよ。また，そのときの内積の値を求めよ。

【19】 平面 $\Sigma_1: x-5y+z+3=0$ に垂直で，原点と点 $\begin{pmatrix} 1 \\ 1 \\ 1 \end{pmatrix}$ を通る平面 Σ_2 の方程式を求めよ。

【20】 直線 $x+y=0, z=0$ を含み，平面 $z=0$ と 45° の角度をなす平面の方程式を求めよ。

【21】 3 点 $\mathrm{A}\begin{pmatrix} 1 \\ 0 \\ 0 \end{pmatrix}, \mathrm{B}\begin{pmatrix} 0 \\ 2 \\ 0 \end{pmatrix}, \mathrm{C}\begin{pmatrix} 0 \\ 0 \\ 3 \end{pmatrix}$ を考える。

(1) この 3 点を通る平面の方程式を求めよ。

(2) 三角形 ABC の面積 S を求めたい。A, B, C の位置ベクトルをそれぞれ $\boldsymbol{a}, \boldsymbol{b}, \boldsymbol{c}$ と書いたとき，$(\boldsymbol{b}-\boldsymbol{a})\times(\boldsymbol{c}-\boldsymbol{a})$ を考えることによって S を求めよ。

(3) S を別の方法で求めてみよう。三角形 ABC を xy 平面に射影させた三角形の面積が $S\cos\theta$ であることを利用して S を求めよ。ここで θ は三角形 ABC の法線ベクトルが xy 平面となす角度である。射影に関しては 1.3 節が参考になる。

【22】 2025 次元空間における平面 $\Sigma: x_1+x_2+\cdots+x_{2025}=\sum_{i=1}^{2025} x_i=0$ を考え

る。Σ に平行で，$x_Y = Y,\ x_M = M,\ x_D = D$ かつ他の i については $x_i = 0$ となるような点を通る平面の方程式を求めよ。ここで Y, M, D にはそれぞれ自分の誕生年，月，日を入れてみよう。

【23】 点 $\begin{pmatrix} x_0 \\ y_0 \\ z_0 \end{pmatrix}$ と平面 $ax + by + cz + d = 0$ （a, b, c, d は定数）との距離を求めよ。

コーヒーブレイク

地球は当然ながら平面ではない。それを平面に投影したものが地図であるが，面積・角度・方向・距離などの情報をすべて正確に表現することはできない。唯一できるのが地球儀である，とはよくいわれるが，この点は結構盲点であるように思う。

それはそれとして，最近の地図帳はなかなか細かくて，それぞれの国の中の州名や州都まで細かく書いてくれているものが多い。眺めてみるとなかなか面白いのだが，経時的に見てみると，そのような名前が変わってしまっていることがよくあるのに気づく。そのような知識はすぐに古くなってしまうのであり，更新していかなければならないと思うのだが，それぞれの国が変更したと個人に教えてくれるわけでもないのが厄介なところである。フォローしていくのも大変である。

3 曲線と曲面の方程式

2 章では直線と平面の方程式を学んだ。しかし，図形というものはそれら以外にももちろん無数にある。本章ではそれら無数の図形の表し方の一般的な形を学び，特に 2 次曲面について詳しく考えたい。また空間微分の考え方として勾配・発散・回転を紹介し，その応用として接平面や流線の表現についても学ぶ。この空間微分の考え方は後の章でも重要になってくるので，いまのうちに身につけておこう。

3.1 曲線と曲面の表し方

2 章に引き続き，今度は 3 次元空間上の曲線と曲面の方程式を考えよう。3 次元空間上の曲線は三つの座標間に二つの関係式を課すか，もしくは一つのパラメータを用いて表される。例えば $\phi(x,y,z)=0$，$\chi(x,y,z)=0$ とも書けるし，t をパラメータとして $x=f(t)$，$y=g(t)$，$z=h(t)$ とも書ける。同様に 3 次元空間上の曲面は座標間の一つの関係式，もしくは二つのパラメータで表現される。例えば $\phi(x,y,z)=0$ と書いたり，あるいは二つのパラメータ u,v を用いて，$x=f(u,v)$, $y=g(u,v)$, $z=h(u,v)$ のように表すこともできる。

なお，2 次元空間上の曲線であれば，一つの関係式か一つのパラメータでよい。一般に空間の次元から関係式の数を引いたものが描かれる図形の次元である †。2 章でも述べたが，「方程式を与える」とは一つの制限をかけるようなものである。例えば 3 次元に自由に動ける点があっても，一つ制限がかかると曲

† 例えば球面は 2 次元の曲面として扱うが，「3 次元空間内の曲面ではないのか」と疑問をもつ人がいるかもしれない。ここでは局所的には平面であるという意味で「2 次元」といっている。

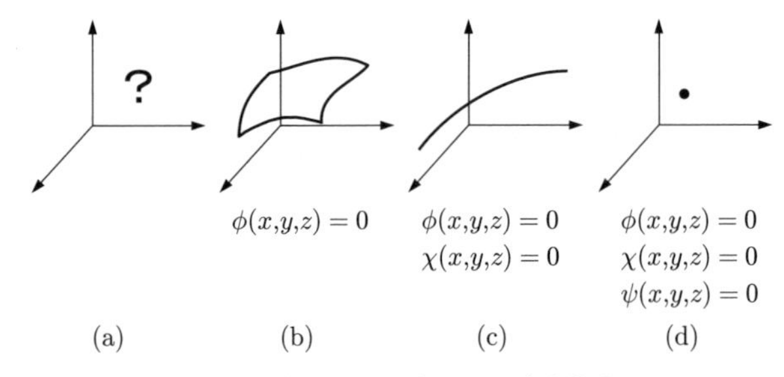

(a)　3 次元空間で何も制限がないと，どの点を指すのかわからない。
(b)　制限が一つあれば，ある曲面上の点であるということがわかる。
(c)　制限が二つあれば，ある曲線上の点であるということがわかる。
(d)　制限が三つあれば，ある一点に決まる。

図 3.1　方程式による制限

面上しか動けなくなる（**図 3.1**）。

例題 3.1

t をパラメータとして $x=\cos t$, $y=\sin t$, $z=t$ と書ける曲線はどのようなものか説明せよ。

【解答】　まず，パラメータが一つしかないので，この式は空間上の曲線を表現しているはずである（問題中で「曲線」とすでに述べているが）。この曲線を xy 平面に射影してみると（z 軸正の方向から眺めてみると），t の増加に伴い円運動をしているのはすぐにわかる。そして回転しながら $t=z$ が増加して xy 平面から離れていくので，螺旋（らせん）階段のような形状が現れることになる（**図 3.2**）。この曲線は**常螺旋**と呼ばれるものである。

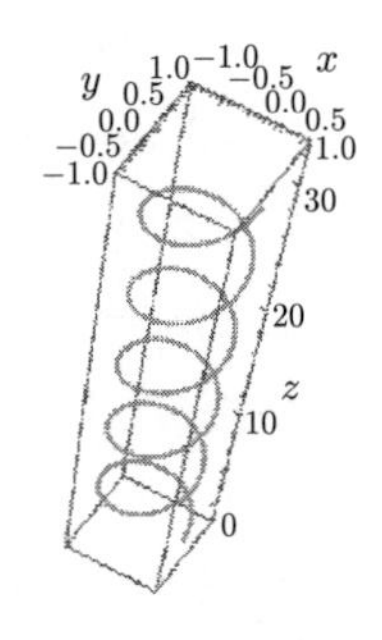

図 3.2　常螺旋

◇

3.2 2 次 曲 面

円錐面を切断することによって得られる曲線が**円錐曲線**と呼ばれることは知っているかと思う。具体的には円，楕円，放物線，双曲線である。これらは xy 平面において x と y の 2 次式として書けるという共通点がある。ここを拡張し，$f(x, y, z)$ を x, y, z の 2 次式として $f = 0$ と書ける曲面を考えることもできよう。これは **2 次曲面**と呼ばれる。具体的には**円錐面**，球面，**楕円面**，**一葉双曲面**，**二葉双曲面**，**放物面**などが挙げられる。加えて，最後の三つについて，ある軸を中心にした回転対称性をもつものについては，特に**一葉回転双曲面**，**二葉回転双曲面**，**回転放物面**と呼ぶこともある。

例題 3.2

1. 曲面 $\Sigma : z^2 - x^2 - y^2 = a$ を考える。ここで a は実数である。
   (a) Σ を図示せよ。$a < 0$, $a = 0$, $a > 0$ で場合分けが必要である。
   (b) $a = 1$ のとき，Σ と平面 $S : bz - x - y = 0$ の共通部分の有無について議論せよ。ここで b は実数である。実は (a) でしっかりと図を描ければすぐにわかる。
2. 方程式
$$\frac{x^2}{4} + y^2 + \frac{z^2}{9} = 1 \tag{3.1}$$
   はどのような曲面か説明せよ。
3. 1. の発展版を扱おう。曲面 $\Sigma : z^2 - \alpha x^2 - \beta y^2 = a$ を考える。ここで α, β, a は定数である。α, β, a で場合分けすることにより，Σ の形状について議論せよ。

【解答】

1. (a) 具体的に図示すると図 **3.3** のようになる。$a < 0$ のとき 1 枚につな

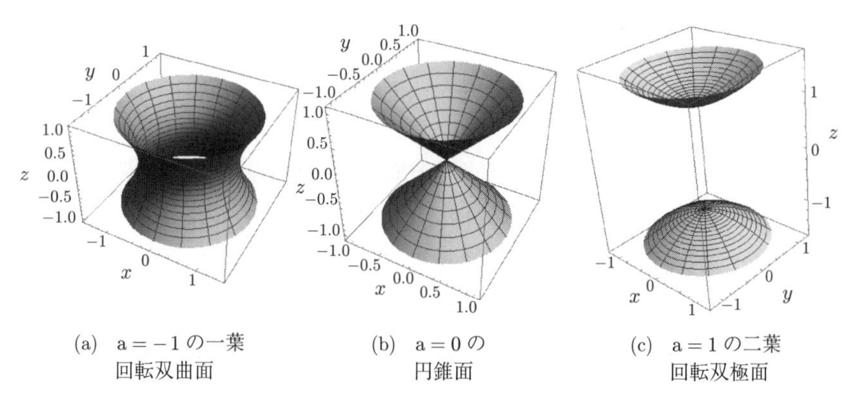

(a) a = −1 の一葉回転双曲面　(b) a = 0 の円錐面　(c) a = 1 の二葉回転双極面

図 3.3　Σ を図示したもの

がった回転双曲面，すなわち一葉回転双曲面，$a = 0$ のとき円錐面，$a > 0$ のとき 2 枚に分かれた回転双曲面，すなわち二葉回転双曲面を得る。

式からこの曲面がイメージできるようになってほしい。例えば $a > 0$ とすると，$z = 0$ のとき x と y が実数ではなくなってしまう。つまり xy 平面は Σ と交わってはならず，図 3.3(c) のように 2 枚に分かれた曲面になる。

(b)　$|b| < \sqrt{2}$ で共通部分あり，$|b| \geq \sqrt{2}$ で共通部分なしとなる。断面図である**図 3.4** を見ながら考えよう。図 3.4 は Σ と S を，平面 $x = y$ で切ったものである。横軸は $r = \mathrm{sign}(x)\sqrt{x^2 + y^2}$ である (sign(x) は符

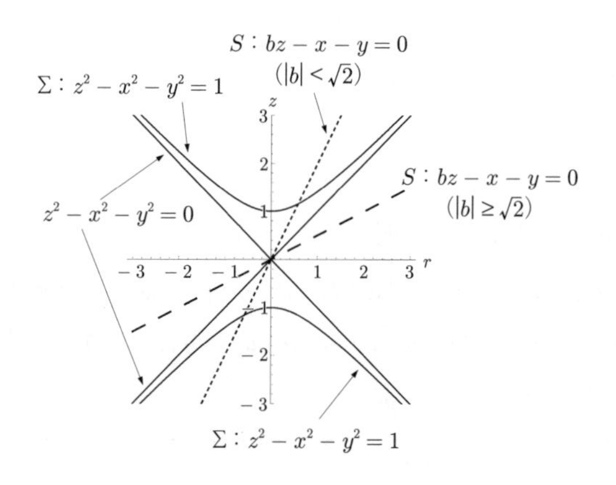

図 3.4　Σ と S の断面図

号関数と呼ばれるもので，引数の符号を返す関数である)。$x=y$ で切っているので $r=\mathrm{sign}(x)\sqrt{2x^2}=\mathrm{sign}(x)\sqrt{2}|x|=\sqrt{2}x=\sqrt{2}y$ である。この断面を考えることにより，Σ が双曲線，S が直線になり，「2 次元空間上で双曲線と直線が交わるか交わらないか調べる」という簡単な問題に帰着する。双曲線の漸近線が $z=\pm r$ であり，S は直線 $bz-x-y=bz-\sqrt{2}r=0$，すなわち $z=\dfrac{\sqrt{2}}{b}r$ と書けるから，1 と $\left|\dfrac{\sqrt{2}}{b}\right|$ の大小関係で共通部分の有無が議論できる。なお，図 3.4 では $b>0$ の場合を描いているが，$b<0$ では右下がりの直線となる。共通部分の有無という観点からは b の符号は重要ではない。

Σ と S の方程式から z を消去し，x と y の方程式にしてそれが解をもつ条件を調べてもちろんよいが，図 3.4 で見たように，円錐面 $z^2=x^2+y^2$ が $a>0$ の場合の Σ に無限遠で接することに気づけば簡単である。式を見ただけで図形をイメージできることも重要である。

2. 見たところで球の方程式が応用できると気づく。実際 $X=\dfrac{x}{2}, Y=y, Z=\dfrac{z}{3}$ と置くと $X^2+Y^2+Z^2=1$ であり，XYZ 空間での単位球の方程式になる。この曲面は，元の xyz 空間では x 方向に 2 倍，z 方向に 3 倍引き延ばして見えることになる。このようなある意味「ひずんだ球」は，要するに楕円球である。

3. 1. の曲面を基に考えることになる。まず $\alpha>0$, $\beta>0$ としよう。このとき $X=\sqrt{\alpha}x$, $Y=\sqrt{\beta}y$ と置けば，方程式は

$$z^2-X^2-Y^2=a \tag{3.2}$$

となり，$\begin{pmatrix} X \\ Y \\ z \end{pmatrix}$ 座標系では 1. と同じ結果になる。元の座標系に戻せば，x 軸方向に $\dfrac{1}{\sqrt{\alpha}}$ 倍，y 軸方向に $\dfrac{1}{\sqrt{\beta}}$ 倍にひずませた曲面になる。

つぎに $\alpha>0$, $\beta<0$ としよう。このとき $\beta'=-\beta$ と置くと，$\beta'>0$ で方程式は $z^2-\alpha x^2+\beta' y^2=a$ と書ける。これを変形して $x^2-\dfrac{1}{\alpha}z^2-\dfrac{\beta'}{\alpha}y^2=-\dfrac{a}{\alpha}$ と書いてみよう。ここで x を z に，$\dfrac{z}{\sqrt{\alpha}}$ を X に，$\sqrt{\dfrac{\beta'}{\alpha}}y$ を Y にそれぞれ置き換え，かつ a を $-\dfrac{a}{\alpha}$ に置き換えれば $\alpha>0$, $\beta>0$ の場合の式

(3.2) と同じものになる。すなわちそこでの結果において x 軸と z 軸を入れ替え，a の符号も逆にし，かつひずませる縮尺を適宜変えたものが結果である[†]。そして $\alpha < 0,\ \beta > 0$ の場合も同様の方法で考えられるので各自やってみよう。入れ替える軸が異なるのがわかるはずである。

ただし $\alpha < 0,\ \beta < 0$ のときは事情が異なる。このときは 2. の考え方が参考になる。このときは $\alpha' = -\alpha,\ \beta' = -\beta$ と置けば $z^2 + \alpha' x^2 + \beta' y^2 = a$ となる。ここで $a > 0$ とすれば，これは 2. で考えたように楕円球である。そして $a = 0$ では原点のみを表し，$a < 0$ では方程式を満たす実空間上の点が存在しない，となる。

3.3 微分演算

この後はベクトルを含む式の微分が多数出てくる。まず基本的な内容として，ベクトル $\boldsymbol{A} = \begin{pmatrix} A_x \\ A_y \\ A_z \end{pmatrix}$ の微分は各成分を微分するだけでよく

$$\frac{d}{dt}\boldsymbol{A} = \begin{pmatrix} \dfrac{dA_x}{dt} \\ \dfrac{dA_y}{dt} \\ \dfrac{dA_z}{dt} \end{pmatrix} \tag{3.3}$$

となることをおさえよう。ここで $\boldsymbol{A}$ はパラメータ t に依存する任意のベクトルである。その上で，ベクトルどうしの内積・外積の微分を公式として書くと（$\boldsymbol{B}$ も t に依存する任意のベクトルとする）

$$\frac{d}{dt}(\boldsymbol{A} \cdot \boldsymbol{B}) = \frac{d\boldsymbol{A}}{dt} \cdot \boldsymbol{B} + \boldsymbol{A} \cdot \frac{d\boldsymbol{B}}{dt} \tag{3.4}$$

$$\frac{d}{dt}(\boldsymbol{A} \times \boldsymbol{B}) = \frac{d\boldsymbol{A}}{dt} \times \boldsymbol{B} + \boldsymbol{A} \times \frac{d\boldsymbol{B}}{dt} \tag{3.5}$$

---

† a に関しては，曲面の形状に対して符号のみが重要なので，正の実数である $\dfrac{1}{\alpha}$ がかかることは本質的ではない。

となる。基本的にはスカラーの場合と同じと考えてよい。例題 3.3 の 1. ように，微分の定義に立ち返ればこれらを示すことは容易である。

例題 3.3

1. 3 次元系において式 (3.4), (3.5) を示せ。
2. 2 次元系において位置ベクトルが $\boldsymbol{r} = \begin{pmatrix} \cos\omega t \\ \sin\omega t \end{pmatrix}$ で表される等速円運動を考える。ここで ω は定数である。位置ベクトルと速度ベクトル $\boldsymbol{v} = \dfrac{d\boldsymbol{r}}{dt}$ が直交することを示せ。

【解答】

1. 成分表示を用いて具体的に計算すれば

$$
\begin{aligned}
\frac{d}{dt}(\boldsymbol{A}\cdot\boldsymbol{B}) &= \frac{d}{dt}(A_xB_x + A_yB_y + A_zB_z) \\
&= \frac{dA_x}{dt}B_x + A_x\frac{dB_x}{dt} + \frac{dA_y}{dt}B_y + A_y\frac{dB_y}{dt} \\
&\quad + \frac{dA_z}{dt}B_z + A_z\frac{dB_z}{dt} \\
&= \frac{dA_x}{dt}B_x + \frac{dA_y}{dt}B_y + \frac{dA_z}{dt}B_z \\
&\quad + A_x\frac{dB_x}{dt} + A_y\frac{dB_y}{dt} + A_z\frac{dB_z}{dt} \\
&= \frac{d\boldsymbol{A}}{dt}\cdot\boldsymbol{B} + \boldsymbol{A}\cdot\frac{d\boldsymbol{B}}{dt} \qquad (3.6)
\end{aligned}
$$

$$
\begin{aligned}
\frac{d}{dt}(\boldsymbol{A}\times\boldsymbol{B}) &= \frac{d}{dt}\begin{pmatrix} A_yB_z - A_zB_y \\ A_zB_x - A_xB_z \\ A_xB_y - A_yB_x \end{pmatrix} \\
&= \begin{pmatrix} \dfrac{dA_y}{dt}B_z + A_y\dfrac{dB_z}{dt} - \dfrac{dA_z}{dt}B_y - A_z\dfrac{dB_y}{dt} \\ \dfrac{dA_z}{dt}B_x + A_z\dfrac{dB_x}{dt} - \dfrac{dA_x}{dt}B_z - A_z\dfrac{dB_z}{dt} \\ \dfrac{dA_x}{dt}B_y + A_x\dfrac{dB_y}{dt} - \dfrac{dA_y}{dt}B_x - A_y\dfrac{dB_x}{dt} \end{pmatrix}
\end{aligned}
$$

$$
\begin{aligned}
&= \begin{pmatrix} \dfrac{dA_y}{dt}B_z - \dfrac{dA_z}{dt}B_y \\ \dfrac{dA_z}{dt}B_x - \dfrac{dA_x}{dt}B_z \\ \dfrac{dA_x}{dt}B_y - \dfrac{dA_y}{dt}B_x \end{pmatrix} + \begin{pmatrix} A_y\dfrac{dB_z}{dt} - A_z\dfrac{dB_y}{dt} \\ A_z\dfrac{dB_x}{dt} - A_z\dfrac{dB_z}{dt} \\ A_x\dfrac{dB_y}{dt} - A_y\dfrac{dB_x}{dt} \end{pmatrix} \\
&= \frac{d\boldsymbol{A}}{dt} \times \boldsymbol{B} + \boldsymbol{A} \times \frac{d\boldsymbol{B}}{dt}
\end{aligned}
\tag{3.7}
$$

と示される。

折角なのでダミーインデックスを用いて示してみよう。まず式 (3.4) については

$$
\begin{aligned}
\frac{d}{dt}(\boldsymbol{A}\cdot\boldsymbol{B}) &= \frac{d}{dt}(A_iB_i) = \frac{dA_i}{dt}B_i + A_i\frac{dB_i}{dt} \\
&= \frac{d\boldsymbol{A}}{dt}\cdot\boldsymbol{B} + \boldsymbol{A}\cdot\frac{d\boldsymbol{B}}{dt}
\end{aligned}
\tag{3.8}
$$

と示される。一方，式 (3.5) については，第 i 成分について考えれば

$$
\begin{aligned}
\frac{d}{dt}(\boldsymbol{A}\times\boldsymbol{B})_i &= \frac{d}{dt}(\varepsilon_{ijk}A_jB_k) = \varepsilon_{ijk}\left(\frac{dA_j}{dt}B_k + A_j\frac{dB_k}{dt}\right) \\
&= \left(\frac{d\boldsymbol{A}}{dt}\times\boldsymbol{B} + \boldsymbol{A}\times\frac{d\boldsymbol{B}}{dt}\right)_i
\end{aligned}
\tag{3.9}
$$

と示せる。こちらのほうがすっきりしているかもしれない。

2. $\boldsymbol{v} = \dfrac{d\boldsymbol{r}}{dt} = \omega\begin{pmatrix} -\sin\omega t \\ \cos\omega t \end{pmatrix}$ より $\boldsymbol{r}\cdot\boldsymbol{v} = 0$ となり，$\boldsymbol{r}$ と $\boldsymbol{v}$ が直交することはすぐにわかる。

3.4 場と勾配・発散・回転

3.4.1 場 の 概 念

空間上の座標点ごとに一つのスカラーやベクトルなどの量が与えられるとき，その集合を**場**と呼ぶ。場がスカラーの集合であるときをスカラー場，ベクトルであるときをベクトル場などと呼ぶ。なお，本書ではあまり扱わないが，物理量がさらに時間変化してもよい。このように「各点あるいは各時間で物理量が異なる値をとる」という概念は大変重要なのでおさえておこう。例えば高校物理で質点の運動を扱ったことがあると思うが，そこでは一つの質点の位置座標

の時間変化だけを追いかければよかった。しかし場の時空間変化を考えると，物理量の時間変化の仕方というものが各点で異なってくるのである。例えば川の流れが速い場所と遅い場所があり，さらにその様子が時間とともに変わっていく，というのは場の時空間変化としてイメージしやすいのではないだろうか。

スカラー場には**等値面**という概念があり重要である。スカラー場 $f(x,y,z)$ の等値面とは字義のとおりであるが，f が一定となる条件を満たす空間上の点の集合である。2 章で述べたように，平面は $f(x,y,x)$ を x,y,x の 1 次式として $f=0$ を満たすから，$f=0$ の等値面である。そして 3.1 節で述べたように，空間曲面も等値面と解釈できる。図 3.1(b) には $\phi(x,y,z)=0$ の等値面が描かれていることになる。

加えて，重要な演算子 $\boldsymbol{\nabla}$（ナブラ）を導入しよう。これは偏微分演算子 $\dfrac{\partial}{\partial x}, \dfrac{\partial}{\partial y}, \dfrac{\partial}{\partial z}$ を用いて

$$\boldsymbol{\nabla} \equiv \begin{pmatrix} \dfrac{\partial}{\partial x} \\ \dfrac{\partial}{\partial y} \\ \dfrac{\partial}{\partial z} \end{pmatrix} \tag{3.10}$$

と定義されるものである。この演算子は大変便利なものであるが，まずはスカラー場 $f(x,y,z)$ の**勾配**ベクトル

$$\boldsymbol{\nabla} f = \begin{pmatrix} \dfrac{\partial f}{\partial x} \\ \dfrac{\partial f}{\partial y} \\ \dfrac{\partial f}{\partial z} \end{pmatrix} (= \mathrm{grad} f) \tag{3.11}$$

を考えてみよう。これは，考えたい点で f が増加する方向を向いた f の等値面に垂直なベクトル，すなわち法線ベクトルとなり，その大きさは勾配ベクトル方向の場の傾きの大きさを表す。勾配ベクトル方向には f が最も急激に変化するともいえる。なお，$\boldsymbol{\nabla} f$ 自体はベクトル場である。

微分は接線の傾きを表すということは知っているであろうから，「等値面に垂直」という表現に混乱することがあるかもしれない。しかし，それは矛盾するものではない。例えば2次元平面上で放物線 $C: y = x^2$ を考えよう。このとき $\dfrac{dy}{dx} = 2x$ であり，ベクトル $\begin{pmatrix} 1 \\ 2x \end{pmatrix}$ は確かに C の**接ベクトル**である。しかし，$f(x, y) = x^2 - y$ として $f = 0$ が曲線を表すと考えるとどうであろうか。このとき $\boldsymbol{\nabla} f = \begin{pmatrix} 2x \\ -1 \end{pmatrix}$ であり，このベクトルが先の接ベクトル $\begin{pmatrix} 1 \\ 2x \end{pmatrix}$ と直交しているのがわかるであろう。すなわち $\boldsymbol{\nabla} f$ は曲線 $f = 0$ に「直交」するのである。

地図などに描かれている等高線は，標高という2次元空間中のスカラー場の等値面である。つまり，地図における山の「標高場」の勾配ベクトルは等高線に垂直で高いほうを向いたベクトルとなり，その大きさは山の斜面が急であるほど大きくなる（図**3.5**）。

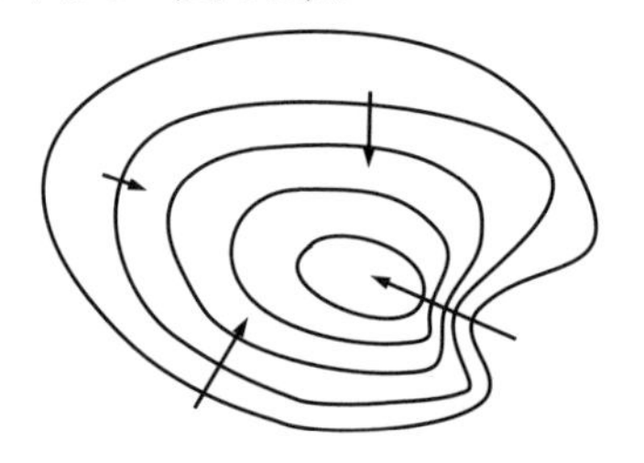

矢印が各点での勾配ベクトルを表す。等高線が密なところほど矢印が長くなっており，これは斜面が急であることに対応している。

図 **3.5**　等高線と勾配

3.4.2　勾配・発散・回転

勾配を導入したので，発散・回転についても触れておこう。勾配，**発散**，**回転**は以下のように表される（$f, \boldsymbol{A}$ はそれぞれ任意のスカラー場とベクトル場）。

- 勾配：$\boldsymbol{\nabla} f = \mathrm{grad}\ f = \begin{pmatrix} \dfrac{\partial f}{\partial x} \\ \dfrac{\partial f}{\partial y} \\ \dfrac{\partial f}{\partial z} \end{pmatrix}$

- 発散：$\boldsymbol{\nabla}\cdot\boldsymbol{A}=\mathrm{div}\ \boldsymbol{A}=\dfrac{\partial A_x}{\partial x}+\dfrac{\partial A_y}{\partial y}+\dfrac{\partial A_z}{\partial z}$
- 回転：$\boldsymbol{\nabla}\times\boldsymbol{A}=\mathrm{rot}\ \boldsymbol{A}=\begin{pmatrix}\dfrac{\partial A_z}{\partial y}-\dfrac{\partial A_y}{\partial z}\\ \dfrac{\partial A_x}{\partial z}-\dfrac{\partial A_z}{\partial x}\\ \dfrac{\partial A_y}{\partial x}-\dfrac{\partial A_x}{\partial y}\end{pmatrix}$

勾配の意味は上に述べたが，発散・回転はそれぞれ湧き出し・渦の強さに対応する。詳しくは5章で触れる。

3.4.3　ポテンシャル

3.4.2項で述べたことの応用として，（**スカラー**）**ポテンシャル**について言及しておく。例えばベクトル場を記述するのに3成分必要だと思われるだろうが，あるポテンシャル ψ が存在するならば，情報としては ψ だけを保存しておけばよい。元のベクトル場はそれの勾配 $\boldsymbol{\nabla}\psi$（またはそれの -1 倍）で与えられるからである。ちょうど3.4.1項で述べた山の等高線の例がわかりやすいであろう。ψ が山の高さ，$-\boldsymbol{\nabla}\psi$ がその点での山の傾きの大きさだと思ってもらえばよい。なお，重要なポイントであるのだが，（スカラー）ポテンシャルの導入には元のベクトル場に「回転がゼロ」という条件が必要であることに注意してほしい†。

例題 3.4

1. 任意のスカラー場 ψ，ベクトル場 $\boldsymbol{A}$ に対して，$\mathrm{rot\ grad}\psi=\boldsymbol{\nabla}\times\boldsymbol{\nabla}\psi=\boldsymbol{0}$，$\mathrm{div\ rot}\ \boldsymbol{A}=\boldsymbol{\nabla}\cdot(\boldsymbol{\nabla}\times\boldsymbol{A})=0$ を示せ。
2. 任意のベクトル場 $\boldsymbol{E}$ に対して

$$\begin{aligned}&\mathrm{rot\,rot}\boldsymbol{E}\,(=\boldsymbol{\nabla}\times\boldsymbol{\nabla}\times\boldsymbol{E})\\ &\qquad=\mathrm{grad\,div}\boldsymbol{E}-\boldsymbol{\nabla}^2\boldsymbol{E}\,(=\boldsymbol{\nabla}(\boldsymbol{\nabla}\cdot\boldsymbol{E})-(\boldsymbol{\nabla}\cdot\boldsymbol{\nabla})\boldsymbol{E})\end{aligned}$$

† 電磁気学などでベクトルポテンシャルを学ぶと思う。これに関しては元のベクトル場に回転ゼロという条件は必要ない。本書ではこれは扱わないでおく。詳しく知りたい人は引用・参考文献5)などを参照してほしい。

を示せ（x 成分だけ示せばよい）。

3. ベクトル場 $\boldsymbol{F} = \begin{pmatrix} x \\ y \\ z \end{pmatrix}$ を考える。$\boldsymbol{F} = -\boldsymbol{\nabla}\psi$ となるようなポテンシャル ψ を求めよ。

【解答】

1. 具体的に計算してみると

$$\text{rot grad}\psi = \begin{pmatrix} \dfrac{\partial}{\partial x} \\ \dfrac{\partial}{\partial y} \\ \dfrac{\partial}{\partial z} \end{pmatrix} \times \begin{pmatrix} \dfrac{\partial \psi}{\partial x} \\ \dfrac{\partial \psi}{\partial y} \\ \dfrac{\partial \psi}{\partial z} \end{pmatrix}$$

$$= \begin{pmatrix} \dfrac{\partial^2 \psi}{\partial y \partial z} - \dfrac{\partial^2 \psi}{\partial z \partial y} \\ \dfrac{\partial^2 \psi}{\partial z \partial x} - \dfrac{\partial^2 \psi}{\partial x \partial z} \\ \dfrac{\partial^2 \psi}{\partial x \partial y} - \dfrac{\partial^2 \psi}{\partial y \partial x} \end{pmatrix} = \boldsymbol{0} \tag{3.12}$$

$$\text{div rot}\boldsymbol{A} = \begin{pmatrix} \dfrac{\partial}{\partial x} \\ \dfrac{\partial}{\partial y} \\ \dfrac{\partial}{\partial z} \end{pmatrix} \cdot \begin{pmatrix} \dfrac{\partial A_z}{\partial y} - \dfrac{\partial A_y}{\partial z} \\ \dfrac{\partial A_x}{\partial z} - \dfrac{\partial A_z}{\partial x} \\ \dfrac{\partial A_y}{\partial x} - \dfrac{\partial A_x}{\partial y} \end{pmatrix}$$

$$= \frac{\partial^2 A_z}{\partial x \partial y} - \frac{\partial^2 A_y}{\partial x \partial z} + \frac{\partial^2 A_x}{\partial y \partial z} - \frac{\partial^2 A_z}{\partial y \partial x} + \frac{\partial^2 A_y}{\partial z \partial x} - \frac{\partial^2 A_x}{\partial z \partial y} = 0 \tag{3.13}$$

により示される†。

ダミーインデックスを用いた解法も記載しておこう。まず rot grad$\psi = \boldsymbol{0}$ に関して，第 i 成分がゼロであることを示す（$i = 1, 2, 3$）。レヴィ・チヴィタの記号 ε_{ijk} を用いると，その第 i 成分は $\varepsilon_{ijk}\nabla_j\nabla_k\psi$ と書けるが（$\nabla_j = \dfrac{\partial}{\partial x_j}$）

$$\varepsilon_{ijk}\nabla_j\nabla_k\psi = -\varepsilon_{ikj}\nabla_j\nabla_k\psi = -\varepsilon_{ijk}\nabla_k\nabla_j\psi$$

† 微分の順番の入れ替えについては，これ以降も含めて無条件に認めておこう。

$$= -\varepsilon_{ijk}\nabla_j\nabla_k\psi \tag{3.14}$$

を得ることより $\varepsilon_{ijk}\nabla_j\nabla_k\psi = 0$ が示される。最初の等号では $\varepsilon_{ijk} = -\varepsilon_{jik}$ の性質を用い，つぎの等号では添え字の j と k を入れ替えて振り直している。j も k も和をとるために 1 から 3 まで動いて最終的な結果には現れない添え字なので，どのような文字を使ってもよいのである。最後の等号では $\nabla_i\nabla_j = \nabla_j\nabla_i$，すなわち微分の順番の入れ替えを行っている。

div rot$\boldsymbol{A} = 0$ に関しては

$$\begin{aligned}\nabla_i(\varepsilon_{ijk}\nabla_j A_k) &= \varepsilon_{ijk}\nabla_i\nabla_j A_k = -\varepsilon_{jik}\nabla_i\nabla_j A_k = -\varepsilon_{ijk}\nabla_j\nabla_i A_k\\ &= -\varepsilon_{ijk}\nabla_i\nabla_j A_k = -\nabla_i(\varepsilon_{ijk}\nabla_j A_k)\end{aligned} \tag{3.15}$$

より示される。ここでも 2 番目の等号では ε_{ijk} の性質，3 番目では i と j の振り直し，4 番目では微分の順番の入れ替えが可能であることを使っている。

2. こちらも具体的に計算してみる。

$$\begin{aligned}(\mathrm{rot\ rot}\boldsymbol{E})_x &= \frac{\partial}{\partial y}(\mathrm{rot}\boldsymbol{E})_z - \frac{\partial}{\partial z}(\mathrm{rot}\boldsymbol{E})_y\\ &= \frac{\partial}{\partial y}\left(\frac{\partial E_y}{\partial x} - \frac{\partial E_x}{\partial y}\right) - \frac{\partial}{\partial z}\left(\frac{\partial E_x}{\partial z} - \frac{\partial E_z}{\partial x}\right)\\ &= -\frac{\partial^2 E_x}{\partial y^2} - \frac{\partial^2 E_x}{\partial z^2} + \frac{\partial^2 E_y}{\partial x\partial y} + \frac{\partial^2 E_z}{\partial x\partial z}\end{aligned} \tag{3.16}$$

$$\begin{aligned}(\mathrm{grad\ div}\boldsymbol{E} - \boldsymbol{\nabla}^2\boldsymbol{E})_x &= \frac{\partial}{\partial x}\left(\frac{\partial E_x}{\partial x} + \frac{\partial E_y}{\partial y} + \frac{\partial E_z}{\partial z}\right)\\ &\quad - \left(\frac{\partial^2 E_x}{\partial x^2} + \frac{\partial^2 E_x}{\partial y^2} + \frac{\partial^2 E_x}{\partial z^2}\right)\\ &= -\frac{\partial^2 E_x}{\partial y^2} - \frac{\partial^2 E_x}{\partial z^2}\\ &\quad + \frac{\partial^2 E_y}{\partial x\partial y} + \frac{\partial^2 E_z}{\partial x\partial z}\end{aligned} \tag{3.17}$$

により示された。

ダミーインデックスを用いて考えると，与式の左辺第 i 成分は

$$\varepsilon_{ijk}\nabla_j(\varepsilon_{klm}\nabla_l E_m)$$

と書ける。加えて 2 章章末問題【**2**】で用いた公式 $\varepsilon_{ijk}\varepsilon_{klm} = \delta_{il}\delta_{jm} - \delta_{im}\delta_{jl}$ も使って

$$\varepsilon_{ijk}\nabla_j(\varepsilon_{klm}\nabla_l E_m) = \varepsilon_{ijk}\varepsilon_{klm}\nabla_j\nabla_l E_m$$

$$
\begin{aligned}
&= (\delta_{il}\delta_{jm} - \delta_{im}\delta_{jl})\nabla_j\nabla_l E_m \\
&= \nabla_j\nabla_i E_j - \nabla_j\nabla_j E_i \\
&= \nabla_i\nabla_j E_j - \boldsymbol{\nabla}^2 E_i \\
&= (\mathrm{grad}\ \mathrm{div}\boldsymbol{E} - \boldsymbol{\nabla}^2\boldsymbol{E})_i \qquad (3.18)
\end{aligned}
$$

が得られ，与式の右辺第 i 成分と等しくなっていることがわかる。この問題では，この解法のほうがかなりすっきりしているかもしれない。

3. $-\dfrac{\partial\psi}{\partial x} = x$, $-\dfrac{\partial\psi}{\partial y} = y$, $-\dfrac{\partial\psi}{\partial z} = z$ から $\psi = -\dfrac{1}{2}(x^2+y^2+z^2) + C$ ととれることがわかる。ここで C は定数である。定数分の不定性は残ってしまうが，これ自体に物理的意味はない。原点あるいは無限遠点でポテンシャルがゼロとなるように定数を選ぶことが多く，この問題であれば $C = 0$ として問題ない。

3.5 接　平　面

空間微分の概念の応用として，曲面に対する**接平面**を取り上げたい。曲面 S : $f = 0$ の点 A における接平面とは，A を通り S 上に存在するあらゆる曲線の接ベクトルを集めた平面のことである。このように接ベクトルの集合ではあるが，無限個の接ベクトルが必要となるわけであり，うまく式で特徴づけるには少々工夫がいる。そこで 2 章で述べたことが生きてくる。すなわち「平面は法線方向が重要」なのであり，それが $\boldsymbol{\nabla} f$ に平行になることがポイントである。接点の座標およびその点での $\boldsymbol{\nabla} f$ の値がわかれば，接平面の方程式は式 (2.10) を用いて簡単に書き下せる。

例題 3.5

球面 $S : x^2 + y^2 + z^2 = 9$ に点 $\begin{pmatrix} 2 \\ 1 \\ 2 \end{pmatrix}$ で接する平面の方程式を求めよ。

【解答】　$f(x,y,z) \equiv x^2+y^2+z^2-9$ と定義しよう。このとき S は $f=0$ の等値面である †。ゆえに S 上のある点で ∇f の値を計算すれば，それがその点における平面の法線方向となる。

$$\nabla f|_{x=2,y=1,z=2} = 2\begin{pmatrix} x \\ y \\ z \end{pmatrix}\Bigg|_{x=2,y=1,z=2} = \begin{pmatrix} 4 \\ 2 \\ 4 \end{pmatrix} \tag{3.19}$$

となるから，求める方程式は

$$4(x-2)+2(y-1)+4(z-2) = 4x+2y+4z-18 = 0 \tag{3.20}$$

あるいは $2x+y+2z-9=0$ である。全体を定数で割っても意味する図形は同じである（2.2 節も参照せよ）。加えて，∇f が与えられた点における位置ベクトルに比例していることも，当たり前ではあるが重要である（**図 3.6**）。球面において，中心から面上のある点を眺めれば，その方向が接平面に垂直になるのはイメージできる。

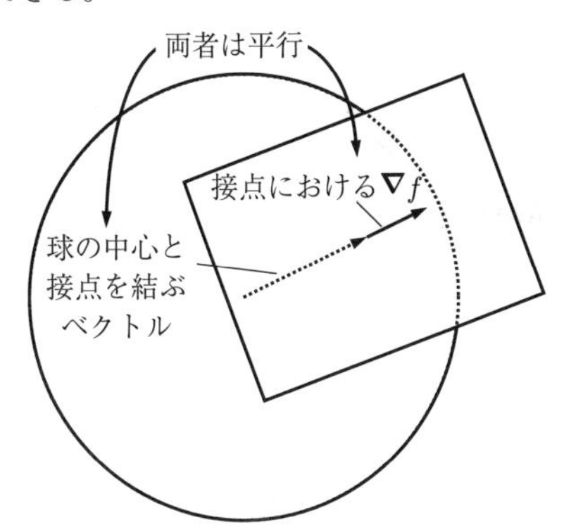

図 3.6　接平面と法線ベクトル

3.6　ベクトル場と流線

ある与えられたベクトル場 $\boldsymbol{A}(\boldsymbol{r})$ が各点の接ベクトルとなるような曲線を $\boldsymbol{A}$ の **流線** と呼ぶ。例を挙げれば，電気力線，磁力線はそれぞれ電場，磁場の流線である。この記述にもベクトルの微分という概念が必要である。流線の方程式

† $g(x,y,z) \equiv x^2+y^2+z^2$ と定義して $g=9$ の等値面であると考えても同じである。

は ξ をパラメータとして

$$\frac{d\boldsymbol{r}}{d\xi}=\boldsymbol{A} \tag{3.21}$$

と書けるからである。

式だけではイメージしづらいかもしれないので流線の意味を簡単に述べておこう。ベクトル場というのは，要するに各点各点で矢印が書けるようなイメージである。例えば 2 次元平面上のベクトル場を考えてみよう。その平面上のある点を選んだとき，その点における矢印の方向に微小に移動することを考える [†1]。微小に動くとその点での新たな矢印が書かれているので再度その方向に進み，$\cdots$ というのを繰り返していけば，1 本の曲線が描けるのがわかるであろう（図 **3.7**）。そしてこの決め方に従えば，微小な移動量 $d\boldsymbol{r}$ は $\boldsymbol{A}(\boldsymbol{r})d\xi$ と書けるので [†2]，式 (3.21) も納得できる。

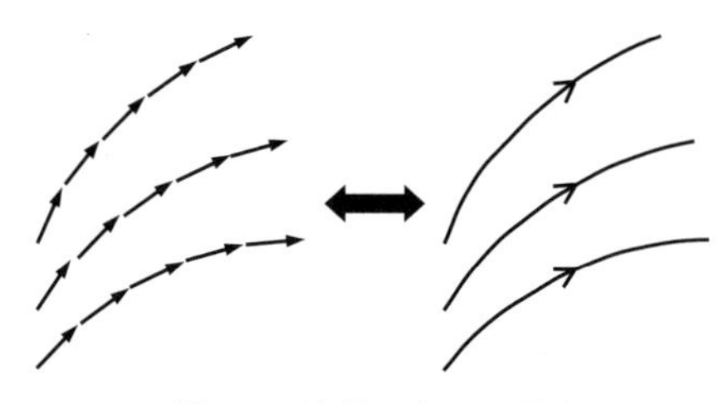

図 3.7　流線のイメージ図

例題 3.6

ベクトル場 $\boldsymbol{A}(x,y)=\begin{pmatrix} x \\ y \end{pmatrix}$ の流線を求めよ。

[†1] 「微小に」というのをうまく扱えるようになるとよい。矢印はあくまでも各点において定義されているので，動いてしまったらまったく異なる方向を指す矢印が待ち受けているということになってしまうかもしれない。しかし「微小に」というのは，そのようなことがないことを保証しているのである。

[†2] 例えば $\boldsymbol{A}$ が速度場，ξ が時間を表していると考えるとわかりやすいであろう。実は，そのような物理的な意味ではない場とパラメータについてもこの考え方は成り立つ。

【解答】 $\begin{pmatrix} dx \\ dy \end{pmatrix} \propto \begin{pmatrix} x \\ y \end{pmatrix}$ すなわち $\dfrac{dy}{dx} = \dfrac{y}{x}$ であり，$\ln \dfrac{y}{x} = C$（C は定数），すなわち原点を通る直線 $y = C'x$ となる（$C' = e^C$）。

計算から容易に求められるが，この結果を与えられた場のみからイメージできることも重要である。ベクトル場 $\boldsymbol{A}$ が表すのは，各点各点で運動の方向が「原点からその点を向いた方向である」ということであるから，各点は原点とその点を結んだ直線上を動くということが感覚としてとらえられるとよい。

章　末　問　題

【1】 2 次元極座標 $\begin{pmatrix} r \\ \theta \end{pmatrix}$† を用いて $r^2 = 2a^2 \cos 2\theta$ で表される曲線を考える（a は正定数）。これは**レムニスケート**と呼ばれる曲線である。

(1) この曲線をデカルト座標平面上に描いたとき，x 軸と交わる点の座標を求めよ。

(2) この曲線を，デカルト座標 $\begin{pmatrix} x \\ y \end{pmatrix}$ を用いて描き直せ。

【2】 2 次元極座標によって $r = \dfrac{2a}{1 - \cos\theta}$ と表される曲線はどのような曲線か，デカルト座標に描き直して調べよ。ここで a は正定数である。

【3】 2 次元極座標による表示 $r = ae^{b\theta}$ の曲線を描け。ここで a, b は非ゼロの定数である。この曲線は**対数螺旋**と呼ばれる。

【4】 【1】で取り上げた，2 次元極座標を用いた方程式 $r^2 = 2a^2 \cos 2\theta$ で表されるレムニスケートを再び考える（a は正定数）。

(1) θ は $0 \leq \theta \leq 2\pi$ を満たすが，その中のすべての値をとり得るわけではない。θ がとることのできる値の範囲を求めよ。

(2) この曲線を図示せよ。

【5】 3 次元極座標 $\begin{pmatrix} r \\ \theta \\ \phi \end{pmatrix}$ によって $r^2 \cos 2\theta = a$ と表される曲面はどのような曲

† $x = r\cos\theta, y = r\sin\theta$ で定義される座標系である。

面か，デカルト座標 $\begin{pmatrix} x \\ y \\ z \end{pmatrix}$ に描き直して調べよ。a は定数である。

【６】 回転放物面 $S : z = x^2 + y^2$ を平面 $\Sigma : x + 4y - 2z = 2$ で切ることを考える。切断面を xy 平面に射影したとき，円が得られることを示せ。

【７】 角運動量 $\boldsymbol{L} \equiv \boldsymbol{r} \times \boldsymbol{p}$ の時間発展†（$\boldsymbol{r}$ は位置ベクトル，$\boldsymbol{p}$ は運動量ベクトル）は

$$\frac{d\boldsymbol{L}}{dt} = \boldsymbol{r} \times \boldsymbol{F} \tag{3.22}$$

と書けることを示せ。ここで $\boldsymbol{F}$ は物体に働いている力である。特に $\boldsymbol{F}$ が中心力（$\boldsymbol{r}$ の方向を向いている力）であるときに $\boldsymbol{L}$ が保存量，すなわち時間微分すると $\boldsymbol{0}$ となる物理量であることを示せ。

【８】 スカラー場 $f(x, y) = ax^2 + bxy + cy^2 + d$（$a, b, c, d$ は定数）において，勾配ベクトルと等値線の接線ベクトルが直交することを示せ。

【９】 一葉回転双曲面 $S : 4x^2 + 4y^2 - z^2 = 4$ の法線ベクトルを求めよ。

【10】 以下の公式を示せ。

$$\boldsymbol{\nabla} \cdot (\boldsymbol{A} \times \boldsymbol{B}) = \boldsymbol{B} \cdot (\boldsymbol{\nabla} \times \boldsymbol{A}) - \boldsymbol{A} \cdot (\boldsymbol{\nabla} \times \boldsymbol{B})$$

$$\boldsymbol{\nabla} \times (\boldsymbol{A} \times \boldsymbol{B}) = (\boldsymbol{B} \cdot \boldsymbol{\nabla})\boldsymbol{A} + \boldsymbol{A}(\boldsymbol{\nabla} \cdot \boldsymbol{B}) - \boldsymbol{B}(\boldsymbol{\nabla} \cdot \boldsymbol{A}) - (\boldsymbol{A} \cdot \boldsymbol{\nabla})\boldsymbol{B}$$

なお，具体的に成分表示したものを計算してもよいし，ダミーインデックスを用いて計算してもよい。後者の方法の場合は，2 章章末問題【２】で提示した公式

$$\varepsilon_{ijk}\varepsilon_{klm} = \delta_{il}\delta_{jm} - \delta_{im}\delta_{jl}$$

を用いてよい。

【11】 ベクトル場 $\boldsymbol{F} = \begin{pmatrix} 4xy + z \\ 2x^2 + 2yz^2 \\ 2y^2x + x \end{pmatrix}$ について考える。

(1) $\boldsymbol{\nabla} \times \boldsymbol{F} = \boldsymbol{0}$ を示せ。

(2) $\boldsymbol{F} = -\boldsymbol{\nabla}\psi$ となるような ψ を求めよ。なお，定数分の不定性は無視してよい。

【12】 二つの曲面，$S_1 : 9x^2 + z^2 = 25$, $S_2 : z = e^{xy} + 3$ の交線上の点 $\begin{pmatrix} 1 \\ 0 \\ 4 \end{pmatrix}$ において，S_1, S_2 の両方に接する接線の満たすべき方程式を求めよ。

---

† 変数の時間による一階微分をこのように表現することが多い。

【13】 放物面 $S: z = 2x^2 + 3y^2$ 上の点 $\begin{pmatrix} 2 \\ -1 \\ 11 \end{pmatrix}$ において S に接する平面の方程式を求めよ。

【14】 回転放物面 $S: 4z - x^2 - y^2 = 0$ と S 上の点 A$\begin{pmatrix} 4 \\ 4 \\ 8 \end{pmatrix}$ を考える。

(1) xy 平面上に中心をもち，かつ点 A で S に接する球面を表す方程式を求めよ。

(2) xy 平面に接し，かつ点 A で S にも接する球面を表す方程式を求めよ。なお，答えが二つ出てくることに注意せよ。

【15】 原点を中心とする半径 5 の球と，点 $\begin{pmatrix} 0 \\ 0 \\ 8 \end{pmatrix}$ を中心とする半径 3 の球が接している。両球の共通接線の集合が描く曲面の方程式を求めよ。ただし平面 $z = 5$ は除く。

【16】 球面 $S: (x-1)^2 + (y-1)^2 + (z-1)^2 = 1$ と平面 $\Sigma: 6x + 2y + 3z - a = 0$ を考える。ここで a は定数である。S と Σ が接しているとする。

(1) 両面の接点の座標を求めよ。2 点考えられることに注意せよ。

(2) a の値を求めよ。これも 2 通り出てくる。

(3) (2) で求めた a のうち大きいほうを考える。Σ が x, y, z 軸と交わる点をそれぞれ A, B, C としたとき，三角形 ABC の面積を求めよ。

【17】 二葉回転双曲面 $S_1: f(x, y, z) = x^2 + y^2 - z^2 + 16 = 0$ と平面 $S_2: g(x, y, z) = 2x + 2y - z - 1 = 0$ を考える。両曲面の交線上の点 $\begin{pmatrix} 3 \\ 0 \\ 5 \end{pmatrix}$ を通り，S_1 に接して，かつ S_2 上にある直線の方程式を求めよ。

【18】 2 次元平面上のベクトル場 $\boldsymbol{A} = \begin{pmatrix} -y \\ x - a \end{pmatrix}$ の流線を描け。a は定数である。この場合は $d\boldsymbol{r} \propto \boldsymbol{A}$ と考えたほうが速い。

【19】 2 次元平面上のベクトル場 $\boldsymbol{A} = \begin{pmatrix} bx - y \\ x + by \end{pmatrix}$（$b$ は正定数）を考える。この場の流線を表す方程式を求めよ。θ をパラメータとし，$x(\theta)$, $y(\theta)$ の形式で求めるとよい。$x(0) = a$, $y(0) = 0$ とせよ（a は正定数）。

【20】 3 次元空間内のベクトル場 $\boldsymbol{A}(x,y,z) = \begin{pmatrix} 2x - \sqrt{2}y \\ \sqrt{2}(x-z) + 2y \\ \sqrt{2}y + 2z \end{pmatrix}$ の流線を表す方程式を求めよ。パラメータ θ を用いて $x(\theta), y(\theta), z(\theta)$ の形で求めるとよい。$x(0) = 2,\ y(0) = z(0) = 0$ とせよ。

【21】 ある地形の標高が $f(x,y) = x^2 - y^2$ で与えられているとする。点 $\begin{pmatrix} 3 \\ 2 \end{pmatrix}$ を通り，xy 平面上に描かれた等高線につねに直交する軌道を表す方程式を求めよ。

【22】 3 次元空間にスカラー場 $f(x,y,z) = x^2 + y^2 + 4z^2$ が存在している。点 $\begin{pmatrix} 1 \\ 4 \\ 1 \end{pmatrix}$ を通り，このスカラー場の等値面につねに直交する曲線の方程式を求めよ。

コーヒーブレイク

意外と知られていないように思うのだが，野鳥観察といえば実は真冬がシーズンで真夏が一番のオフシーズンである。もちろん北海道で大雪が降る中，野外で観察というわけにもいかないだろうが，少なくとも関東平野部では真冬が一番種類・数も多く，厚着をすれば十分楽しめる。逆に真夏には野鳥は大変少なくなり，観察のモチベーションも上がりづらい。

実は種類・数以外にも真夏が向いていない理由はいくつかある。例えば虫が多くなって煩わしいこともそうだが，意外と大きいのが「葉が茂りすぎている」という点である。葉があると探し出す苦労は格段に上がると感じている。冬は落葉していることが多く，見つけやすいというのは結構重要である。

しかし，一番の理由は真夏の炎天下で歩き回るのは危険だということかもしれない。このあたりは想像がつくだろうが。

そのような中で，山や高原は例外である。そこでは夏のほうがよく，日本に来ている夏鳥などが見られるはずである。野鳥観察目的ならば等高線が込み合うような険しいところに行く必要もない。登山が趣味の人ならよいかもしれないが，著者は行ったことがない（し向いていないと思っている）。

4 線積分・面積分・体積積分

これまでの知識を基に，曲線上・曲面上・体積内での積分という概念を導入してみよう。これだけ書くと難しく見えるかもしれないが，本質的には高校までに学んだ積分の計算と違うところはない。積分とは要するに「各点での関数の値」×「微小な要素の大きさ（と場合によっては向きも含めた物理量）」の足し合わせであるので，これらを定量的に書くことさえできれば計算は容易にできる。

4.1 線　　積　　分

線積分といっても，高校までの積分と違うわけではない。むしろそこまでで学んだものは線積分の一部だと思ったほうがよい。よく見たことがある積分の式

$$\int f(x)dx \tag{4.1}$$

とは，ある点での関数の値 $f(x)$ に区間の幅 dx を掛けた量を足し合わせよ，といっているだけである。

もう少し正確にいえば，曲線 C 上の f の線積分とは，C を N 個の要素に分割した上で（i 番目の要素の長さを Δs_i と書き，Δs_i 上のある一点の位置の座標を s_i と書く）

$$\sum_{i=1}^{N} f(s_i)\Delta s_i \tag{4.2}$$

の計算において $\Delta s_i \to 0$（同時に $N \to \infty$）の極限をとったものである（**図 4.1**）。なお，ここでは「無限に小さいものを無限に足す」ということを意識するとよい。$f(s_i)\Delta s_i$ 自体は，f が微分不可能な振舞いをしない限り「有限の大

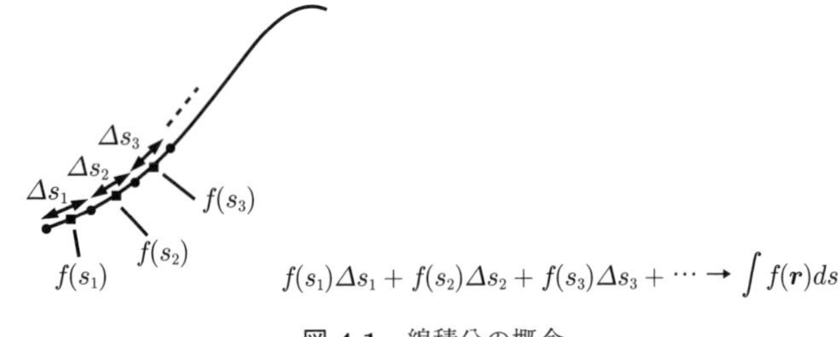

図 4.1　線積分の概念

きさ」×「無限小の大きさ」であるから無限小の大きさとなる。しかしそれを無限個足し合わせるので，極限をとったときに有限なのか無限なのかは自明ではない。

例えば，簡単にすべての i について $f(s_i) = 1$ とすれば，$\displaystyle\sum_{i=1}^{N} \Delta s_i = L$ である。ここで L は C の長さである。式では

$$\int ds = L \tag{4.3}$$

という簡単なことに対応する。

もう一歩踏み込もう。Δs_i はここではスカラー量として定義したが，実際にはそれがベクトル量である場合もある。つまりベクトル場 $\boldsymbol{A}$ に対して

$$\sum_{i=1}^{N} \boldsymbol{A}(s_i) \cdot \Delta \boldsymbol{s}_i \tag{4.4}$$

という和を考える場合もある。これの極限をとったものは（**接線**）**線積分**（$\boldsymbol{A}$ の曲線 C に沿った成分の線積分）を与える。

具体的な計算方法を考えてみよう。ここまでで学んだように，曲線は一つのパラメータ t を用いて $x = x(t)$，$y = y(t)$，$z = z(t)$ のように表すことができる。このとき，曲線に沿った**微小線要素**は

$$d\boldsymbol{s} = \begin{pmatrix} dx \\ dy \\ dz \end{pmatrix} = \begin{pmatrix} \dfrac{dx}{dt} \\ \dfrac{dy}{dt} \\ \dfrac{dz}{dt} \end{pmatrix} dt \tag{4.5}$$

と表される。またその大きさは

$$ds = |d\boldsymbol{s}| = \left|\frac{d\boldsymbol{s}}{dt}\right| dt = \sqrt{\left(\frac{dx}{dt}\right)^2 + \left(\frac{dy}{dt}\right)^2 + \left(\frac{dz}{dt}\right)^2} dt$$

であり，曲線の単位接ベクトルは

$$\hat{\boldsymbol{t}} = \frac{d\boldsymbol{s}}{ds} = \frac{1}{\sqrt{\left(\frac{dx}{dt}\right)^2 + \left(\frac{dy}{dt}\right)^2 + \left(\frac{dz}{dt}\right)^2}} \begin{pmatrix} \frac{dx}{dt} \\ \frac{dy}{dt} \\ \frac{dz}{dt} \end{pmatrix} \tag{4.6}$$

となる。この微小線要素を用いて，スカラー場 f の曲線 C に沿った線積分は

$$\int_C f\, ds = \int_C f(x(t), y(t), z(t)) \sqrt{\left(\frac{dx}{dt}\right)^2 + \left(\frac{dy}{dt}\right)^2 + \left(\frac{dz}{dt}\right)^2} dt \tag{4.7}$$

の計算により求められる。また，ベクトル場 $\boldsymbol{A}$ の接線線積分は

$$\begin{aligned} \int_C \boldsymbol{A} \cdot d\boldsymbol{s} &= \int_C \boldsymbol{A}(x(t), y(t), z(t)) \cdot \hat{\boldsymbol{t}} ds \\ &= \int_C \boldsymbol{A}(x(t), y(t), z(t)) \cdot \begin{pmatrix} \frac{dx}{dt} \\ \frac{dy}{dt} \\ \frac{dz}{dt} \end{pmatrix} dt \end{aligned} \tag{4.8}$$

により求められる。

例題 4.1

直線：$\begin{pmatrix} x \\ y \\ z \end{pmatrix} = \begin{pmatrix} 3t \\ t \\ 2t \end{pmatrix}$ の $1 \leq t \leq 3$ の範囲を C とする。

1. 関数 $f = yz$ に対して線積分 $\displaystyle\int_C f ds$ を求めよ。

2.　ベクトル場 $\boldsymbol{A} = \begin{pmatrix} y^2 \\ z^2 \\ x^2 \end{pmatrix}$ に対して線積分 $\displaystyle\int_C \boldsymbol{A} \cdot d\boldsymbol{s}$ を求めよ。

【解答】 $d\boldsymbol{s} = \begin{pmatrix} 3 \\ 1 \\ 2 \end{pmatrix} dt$ は容易に得られる。

1.　$ds = \sqrt{\left(\dfrac{dx}{dt}\right)^2 + \left(\dfrac{dy}{dt}\right)^2 + \left(\dfrac{dz}{dt}\right)^2} dt = \sqrt{14}\, dt$ であるから

$$\int_C f ds = \int_1^3 t \cdot 2t\sqrt{14} dt = 2\sqrt{14} \int_1^3 t^2 dt = \frac{52\sqrt{14}}{3} \tag{4.9}$$

と計算できる。

2.　$d\boldsymbol{s}$ の結果を用いて次式のように計算できる。

$$\int_C \boldsymbol{A} \cdot d\boldsymbol{s} = \int_1^3 (t^2 \cdot 3 + 4t^2 \cdot 1 + 9t^2 \cdot 2) dt = \int_1^3 25t^2 dt = \frac{650}{3} \tag{4.10}$$

◇

4.2 面　　積　　分

面積分も考え方は線積分と同じである。ただしもちろん若干の違いもある。曲線 S 上の f の面積分とは，S を N 個の要素に分割した上で（i 番目の要素の面積を ΔS_i と書く）

$$\sum_{i=1}^{N} f(S_i) \Delta S_i \tag{4.11}$$

の計算において $\Delta S_i \to 0$（同時に $N \to \infty$）の極限をとったものである（**図 4.2**）。そしてやはり線積分のときと同様に

$$\sum_{i=1}^{N} \boldsymbol{A}(S_i) \cdot \Delta \boldsymbol{S}_i \tag{4.12}$$

という内積の和の極限を考える場合もある。式 (4.11) の極限が

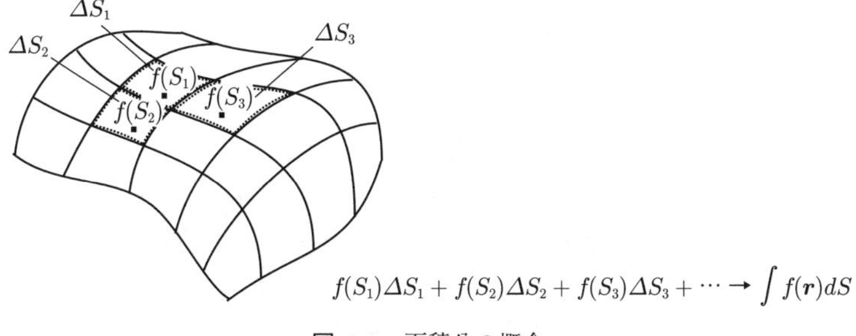

図 **4.2**　面積分の概念

$$\int f(\boldsymbol{r})dS \tag{4.13}$$

を与え，式 (4.12) の極限が（**法線**）**面積分**

$$\int \boldsymbol{A}(\boldsymbol{r}) \cdot d\boldsymbol{S} \tag{4.14}$$

を与える。どれも結局 4.1 節で述べたことと同様に「関数の値と微小量を掛けたものの足し合わせ」の極限をとっただけである。では，具体的な計算法を考えてみよう。曲面は二つのパラメータ u, v を用いて $x = x(u,v)$, $y = y(u,v)$, $z = z(u,v)$ と表される。このとき**微小面積要素** $d\boldsymbol{S}$ は，面上で u のみを微小変化させて生じる線要素 $d\boldsymbol{s}_u$ と，v のみを微小変化させて生じる線要素 $d\boldsymbol{s}_v$ を用いて

$$d\boldsymbol{S} = d\boldsymbol{s}_u \times d\boldsymbol{s}_v = \hat{\boldsymbol{n}}dS$$

と表される（**図 4.3**，また図 2.1 も参照せよ）[†]。ここで

$$d\boldsymbol{s}_u = \begin{pmatrix} \dfrac{\partial x}{\partial u} \\ \dfrac{\partial y}{\partial u} \\ \dfrac{\partial z}{\partial u} \end{pmatrix} du, \quad d\boldsymbol{s}_v = \begin{pmatrix} \dfrac{\partial x}{\partial v} \\ \dfrac{\partial y}{\partial v} \\ \dfrac{\partial z}{\partial v} \end{pmatrix} dv \tag{4.15}$$

である。$d\boldsymbol{s}_u$ はパラメータ u を微小に動かしたときに面上の位置ベクトルがどちらを向くかを示しているわけで，要するに面の接ベクトルである。$d\boldsymbol{s}_v$ も同様に考えられるから，$\hat{\boldsymbol{n}} = \dfrac{d\boldsymbol{s}_u \times d\boldsymbol{s}_v}{|d\boldsymbol{s}_u \times d\boldsymbol{s}_v|}$ は曲面に垂直な単位法線ベクトル，

[†] 本書では以下面積分に関して $\int \boldsymbol{A} \cdot d\boldsymbol{S}$ と $\int \boldsymbol{A} \cdot \hat{\boldsymbol{n}}dS$ を適宜使い分ける。両者は同じものである。

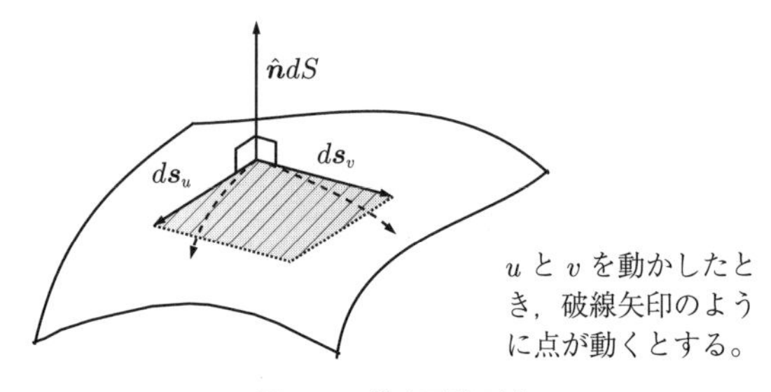

図 **4.3**　微小面積要素

$dS = |d\boldsymbol{s}_u \times d\boldsymbol{s}_v|$ は微小面積要素の大きさを表す。ベクトルの外積が，それらのベクトルを 2 辺とする平行四辺形の面積を表すことを思い出そう（2 章を参照せよ）。なお，微小面積要素ベクトル $d\boldsymbol{S}$ はどちらを $\hat{\boldsymbol{n}}$ の正方向にとるか，すなわちどちらを面の表（おもて）にとるかで符号が変わる。$d\boldsymbol{S}$ を $d\boldsymbol{s}_v \times d\boldsymbol{s}_u = -d\boldsymbol{s}_u \times d\boldsymbol{s}_v$ と定義すると符号が変わるからである。2.1 節で述べた外積の性質を思い出そう。また，この性質のため面積分の値自体も面の表をどちらにとるかで符号が変わってしまう。計算するときにはその点を意識しよう。

微小面積要素を用いると，スカラー場 f の曲面 S 上の面積分は

$$\int_S f dS = \int_S f(x(u,v), y(u,v), z(u,v))|d\boldsymbol{s}_u \times d\boldsymbol{s}_v| \tag{4.16}$$

であり，ベクトル場 $\boldsymbol{A}$ の曲面 S 上の（法線）面積分は

$$\int_S \boldsymbol{A} \cdot d\boldsymbol{S} = \int_S \boldsymbol{A} \cdot (d\boldsymbol{s}_u \times d\boldsymbol{s}_v) \tag{4.17}$$

の計算を行うことにより求められる。

例題 4.2

1. 平面 $\Sigma : 2x + 3y + z - 5 = 0$ 上，かつ $x > 0, y > 0, z > 0$ の領域で $\displaystyle\int_\Sigma xydS$ を求めよ。
2. 今後は球面や回転双曲面などを用いて面積分をすることがあるため，それらをパラメータで表示する（**パラメタライズ**する）練習をここでしておこう。以下の曲面をパラメータ u と v で表現せよ。
   (a)　$x^2 + y^2 + z^2 = 9$

(b) $z^2 - x^2 - y^2 = 1$

(c) $z^2 - x^2 + y^2 = 1$

3. ベクトル場 $\boldsymbol{A} = \begin{pmatrix} x \\ y \\ z \end{pmatrix}$ の球面 $S: x^2 + y^2 + z^2 = 9$ 上での法線面積分を求めよ。

【解答】

1. Σ は 3 点 $\begin{pmatrix} \frac{5}{2} \\ 0 \\ 0 \end{pmatrix}, \begin{pmatrix} 0 \\ \frac{5}{3} \\ 0 \end{pmatrix}, \begin{pmatrix} 0 \\ 0 \\ 5 \end{pmatrix}$ を通る。ゆえに面上の点は $\boldsymbol{a}_1 = \begin{pmatrix} \frac{5}{2} \\ 0 \\ 0 \end{pmatrix} - \begin{pmatrix} 0 \\ 0 \\ 5 \end{pmatrix} = \begin{pmatrix} \frac{5}{2} \\ 0 \\ -5 \end{pmatrix}$ と $\boldsymbol{a}_2 = \begin{pmatrix} 0 \\ \frac{5}{3} \\ 0 \end{pmatrix} - \begin{pmatrix} 0 \\ 0 \\ 5 \end{pmatrix} = \begin{pmatrix} 0 \\ \frac{5}{3} \\ -5 \end{pmatrix}$ および $\boldsymbol{c} = \begin{pmatrix} 0 \\ 0 \\ 5 \end{pmatrix}$ を用いて $\boldsymbol{r} = \boldsymbol{c} + u\boldsymbol{a}_1 + v\boldsymbol{a}_2$ と書ける（u, v は非負のパラメータ）。したがって $x = \frac{5}{2}u, y = \frac{5}{3}v, z = 5(1-u-v)$ を得る。u は 0 から 1 まで，v は 0 から $1-u$ まで動くことになる（もちろん v が 0 から 1 まで，u が 0 から $1-v$ まで動くと考えてもよい）。加えて $d\boldsymbol{s}_u = \begin{pmatrix} \frac{5}{2} \\ 0 \\ -5 \end{pmatrix} du$, かつ $d\boldsymbol{s}_v = \begin{pmatrix} 0 \\ \frac{5}{3} \\ -5 \end{pmatrix} dv$ を得て，$d\boldsymbol{S} = d\boldsymbol{s}_u \times d\boldsymbol{s}_v = \frac{25}{6} \begin{pmatrix} 2 \\ 3 \\ 1 \end{pmatrix} dudv$ である（実は $d\boldsymbol{S}$ が $\begin{pmatrix} 2 \\ 3 \\ 1 \end{pmatrix}$ に比例することは自明である。理由は考えてみてほしい）。これらより

$$\int_\Sigma xydS = \int_0^1 du \int_0^{1-u} dv \frac{5}{2}u \cdot \frac{5}{3}v \cdot \frac{25\sqrt{14}}{6} = \frac{\sqrt{14}}{24}\left(\frac{25}{6}\right)^2$$

と求められる。

2. 与えられた方程式を満たすように u と v をとればよいので，簡単に考えてもらえばよい。結果だけ羅列してしまうが

(a) $x = 3\sin u\cos v,\ y = 3\sin u\sin v,\ z = 3\cos u$

(b) $x = \sinh u\cos v,\ y = \sinh u\sin v,\ z = \cosh u$

(c) $x = \sinh u,\ y = \cosh u\sin v,\ z = \cosh u\cos v$

となる。どれも元の方程式を満たすことが簡単に確認できるであろう。

(a) の球面は問題ないと思われるが，(b), (c) の導出について少し触れておく。そこでは u をパラメータとして双曲線関数を用いた $\cosh^2 u - \sinh^2 u = 1$ という関係が有効である。例えば (b) では $r = \sqrt{x^2 + y^2}$ という変数を考えると $z^2 - r^2 = 1$ となることがわかる。これは明らかに双曲線関数を用いて $z = \cosh u$, $r = \sinh u$ と書ける。そして x と y に関しては2次元極座標の考え方を応用して $x = r\cos v = \sinh u\cos v,\ y = r\sin v = \sinh u\sin v$ と書けばよい。(c) についても同様に考えられる。なお，(b) および (c) が回転「双曲」面と呼ばれる理由もここで述べたことから明らかであろう。

3. 2. の (a) を用いて

$$d\boldsymbol{s}_u = 3\begin{pmatrix} \cos u\cos v \\ \cos u\sin v \\ -\sin u \end{pmatrix} du, \quad d\boldsymbol{s}_v = 3\begin{pmatrix} -\sin u\sin v \\ \sin u\cos v \\ 0 \end{pmatrix} dv \tag{4.18}$$

を得るので

$$d\boldsymbol{s}_u \times d\boldsymbol{s}_v = 9\begin{pmatrix} \sin^2 u\cos v \\ \sin^2 u\sin v \\ \cos u\sin u \end{pmatrix} dudv \tag{4.19}$$

となり

$$\begin{aligned} \int_S \boldsymbol{A}\cdot d\boldsymbol{S} = 9\int_0^{2\pi} dv \int_0^{\pi} du(&3\sin u\cos v\cdot\sin^2 u\cos v \\ &+ 3\sin u\sin v\cdot\sin^2 u\sin v \\ &+ 3\cos u\cdot\cos u\sin u) \\ = 27\int_0^{2\pi} dv \int_0^{\pi} du\sin u = 108\pi& \end{aligned} \tag{4.20}$$

を得る。

◇

4.3 体　積　積　分

線積分，面積分とくれば**体積積分**もできるだろう，というのは自然な発想であり，実際容易に拡張し得る。4.1 節，4.2 節と同じように**微小体積要素**を求めることから始めよう。$x = x(u, v, w)$，$y = y(u, v, w)$，$z = z(u, v, w)$ とパラメータ表示されるとする。まず $\boldsymbol{A} \cdot (\boldsymbol{B} \times \boldsymbol{C})$ が $\boldsymbol{A}, \boldsymbol{B}, \boldsymbol{C}$ を各辺とする平行六面体の体積を表すことに注意すると

$$dV = d\boldsymbol{s}_w \cdot (d\boldsymbol{s}_u \times d\boldsymbol{s}_v) \tag{4.21}$$

が微小体積要素になるといえるであろう（図 **4.4**）。ここで $d\boldsymbol{s}_u$ と $d\boldsymbol{s}_v$ は式 (4.15) で定義され，$d\boldsymbol{s}_w$ も同様に

$$d\boldsymbol{s}_w = \begin{pmatrix} \dfrac{\partial x}{\partial w} \\ \dfrac{\partial y}{\partial w} \\ \dfrac{\partial z}{\partial w} \end{pmatrix} dw \tag{4.22}$$

である。なお，式 (4.21) においては符号が正になるようにベクトルの順番をとることに注意せよ。式 (4.21) はあくまでも**符号付き体積**であり，$d\boldsymbol{s}_u$，$d\boldsymbol{s}_v$，$d\boldsymbol{s}_w$ の順番によって正負どちらにもなり得る。

なお，3 本のベクトルが作る領域の体積と聞いて 1 章の行列式を思い出した人がいるかもしれない。それは鋭い指摘であり，実は

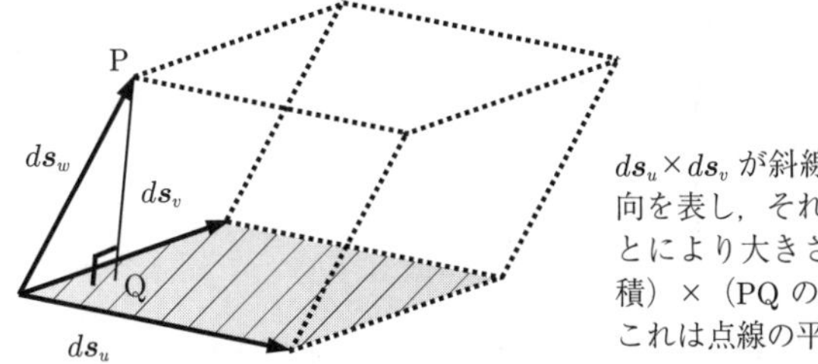

$d\boldsymbol{s}_u \times d\boldsymbol{s}_v$ が斜線部の面積とその法線方向を表し，それと $d\boldsymbol{s}_w$ の内積をとることにより大きさとしては（斜線部の面積）×（PQ の長さ）の値が得られる。これは点線の平行六面体の体積である。

図 **4.4**　微小体積要素

$$|d\boldsymbol{s}_u\ d\boldsymbol{s}_v\ d\boldsymbol{s}_w| = d\boldsymbol{s}_w \cdot (d\boldsymbol{s}_u \times d\boldsymbol{s}_v) \tag{4.23}$$

が成り立つことより，微小体積要素として $|d\boldsymbol{s}_u\ d\boldsymbol{s}_v\ d\boldsymbol{s}_w|$ をとっているのと同じなのである。またこの考え方は 6 章でも有用になってくる。先に述べてしまえば，一般次元空間での積分をここでは 3 次元限定で行っているのである。

このようにして定義された dV を用いて，スカラー場 f とベクトル場 $\boldsymbol{A}$ の空間 V 内の体積積分は，それぞれ

$$\int_V f dV = \int_V f(x(u,v,w), y(u,v,w), z(u,v,w)) d\boldsymbol{s}_w \cdot (d\boldsymbol{s}_u \times d\boldsymbol{s}_v) \tag{4.24}$$

$$\int_V \boldsymbol{A} dV = \int_V \boldsymbol{A} d\boldsymbol{s}_w \cdot (d\boldsymbol{s}_u \times d\boldsymbol{s}_v) \tag{4.25}$$

となる。

3 次元空間までで考えている限り，微小体積要素はベクトル量にはなり得ない。そのため，被積分関数がベクトル量であっても，それと微小ベクトルの内積をとって足し合わせという体積積分は起こり得ない。

例題 4.3

1. 3 次元極座標系で微小体積要素 dV を書け。
2. 8 点

$$\begin{pmatrix} 0 \\ 0 \\ 0 \end{pmatrix}, \begin{pmatrix} 1 \\ 0 \\ 0 \end{pmatrix}, \begin{pmatrix} 1 \\ 1 \\ 0 \end{pmatrix}, \begin{pmatrix} 0 \\ 1 \\ 0 \end{pmatrix},$$
$$\begin{pmatrix} 0 \\ 0 \\ 1 \end{pmatrix}, \begin{pmatrix} 1 \\ 0 \\ 1 \end{pmatrix}, \begin{pmatrix} 1 \\ 1 \\ 1 \end{pmatrix}, \begin{pmatrix} 0 \\ 1 \\ 1 \end{pmatrix}$$

を頂点とする立方体内で体積積分 $\displaystyle\int_V x^3 dV$ を求めよ。

---

1. $x = r\sin\theta\cos\phi, y = r\sin\theta\sin\phi, z = r\cos\theta$ であるから

$$d\boldsymbol{s}_r = \begin{pmatrix} \sin\theta\cos\phi \\ \sin\theta\sin\phi \\ \cos\theta \end{pmatrix} dr, \quad d\boldsymbol{s}_\theta = \begin{pmatrix} r\cos\theta\cos\phi \\ r\cos\theta\sin\phi \\ -r\sin\theta \end{pmatrix} d\theta,$$

$$d\boldsymbol{s}_\phi = \begin{pmatrix} -r\sin\theta\sin\phi \\ r\sin\theta\cos\phi \\ 0 \end{pmatrix} d\phi$$

となる。ゆえに

$$d\boldsymbol{s}_r \cdot (d\boldsymbol{s}_\theta \times d\boldsymbol{s}_\phi) = \begin{pmatrix} \sin\theta\cos\phi \\ \sin\theta\sin\phi \\ \cos\theta \end{pmatrix} \cdot \begin{pmatrix} r^2\sin^2\theta\cos\phi \\ r^2\sin^2\theta\sin\phi \\ r^2\sin\theta\cos\theta \end{pmatrix} drd\theta d\phi$$
$$= r^2\sin\theta drd\theta d\phi$$

を得る。この結果は今後もよく使うので，すぐに書き下せるようになっておくとよいであろう。

手順どおり計算すればこのようになるが，結果の意味を理解するには図 **4.5** が参考になる。図 4.5 で示された直方体の各辺の長さはそこに書かれたとおりであるから，dV として上の結果が得られるのは自然であるとわかるだろう。なお，図中の微小体積は曲がっている辺もあるので，向かい合う辺が平行ではなくて厳密な直方体ではないではないかという疑問をもつかもしれないが，「微小」という仮定はそのような問題は無視できるほど小さいということを保証するのである。3.6 節脚注も参照してほしい。

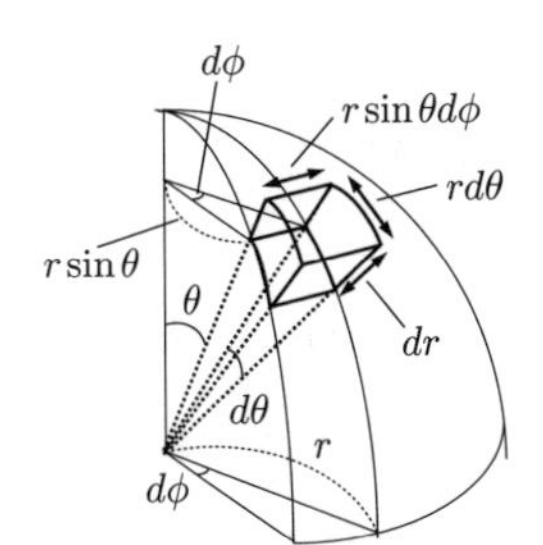

図 4.5 3 次元極座標系における微小体積要素

2. デカルト座標系では簡単に $dV = dxdydz$ と書けるから

$$\int_V x^3 dV = \int_0^1 x^3 dx \int_0^1 dy \int_0^1 dz = \frac{1}{4}$$

と容易に求められる。

◇

なお，線積分・面積分・体積積分の違いを強調するために $\int$ の数を変えて面積分を $\iint_S fdS$, 体積積分を $\iiint_V fdV$ のように書くことがある。この書き方もわかりやすいのであるが，そのような決まりがあるわけではない。積分であることがわかればよいので，本書では $\int_S fdS$ や $\int_V fdV$ という書き方を採用する。

章末問題

【1】 曲線 $C : y - x^2 = 0$ 上で線積分 $\int_C xds$ を求めよ。積分範囲は $0 \leq x \leq \frac{1}{2}$ とする。

【2】 パラメータ表示された2次元平面上の曲線 $C : \boldsymbol{r} = \begin{pmatrix} \cosh t \\ \sinh t \end{pmatrix}$ の区間 $0 \leq t \leq 4$ の範囲に沿って線積分 $I = \int_C xyds$ を計算せよ。

【3】 2次元極座標 $\begin{pmatrix} r \\ \theta \end{pmatrix}$ によって $r = ae^{b\theta}$ で表される曲線を考える（a, b は正定数）。この曲線の $0 \leq \theta \leq \frac{\pi}{2}$ の範囲に沿って，デカルト座標で書かれたベクトル場 $\boldsymbol{A} = \begin{pmatrix} x \\ y \end{pmatrix}$ の線積分 $\int_C \boldsymbol{A} \cdot d\boldsymbol{s}$ を求めよ。

【4】 2次元極座標を用いて $r = R\cos^2\theta$ で表される曲線を考える（R は正定数）。$0 \leq \theta \leq \frac{\pi}{2}$ の範囲での曲線の長さ L を求めたい。

(1) $\frac{\partial r}{\partial \theta}$ を求めよ。

(2) 2次元極座標においては微小線要素が $d\boldsymbol{s} = dr\hat{\boldsymbol{r}} + rd\theta\hat{\boldsymbol{\theta}}$ と書けるため，その大きさは $ds = \sqrt{r^2 + \left(\frac{dr}{d\theta}\right)^2} d\theta$ となる。ds を求めよ。

(3) L を求めよ。なお，必要ならば以下の不定積分の公式を用いてよい。

$$\int \sqrt{x^2 + a}dx = \frac{1}{2}\left(x\sqrt{x^2 + a} + a\ln|x + \sqrt{x^2 + a}|\right) + C$$

ここで a は正定数，C は積分定数である。

【5】 2 次元平面上のベクトル場 $\boldsymbol{A} = \begin{pmatrix} bx - y \\ x + by \end{pmatrix}$（$b$ は正定数）を考える。この場の流線を表す方程式は 3 章章末問題【19】で求めたが，そこで得られた結果を用いて $0 \leq \theta \leq 2\pi$ の範囲の流線の長さ L を求めよ。

【6】 2 次元平面上でのベクトル場 $\boldsymbol{F} = \dfrac{1}{r}\hat{\boldsymbol{\phi}} = \dfrac{1}{r^2}(-y\hat{\boldsymbol{x}} + x\hat{\boldsymbol{y}})$（ただし $r = \sqrt{x^2 + y^2}$）において $\displaystyle\int_C \boldsymbol{F} \cdot d\boldsymbol{s}$ を求めよ。ここで経路 C として

(1) 原点を中心とする半径 R の円を反時計回りに 1 周回るもの

(2) 4 点 $\begin{pmatrix} 1 \\ 1 \end{pmatrix}, \begin{pmatrix} -1 \\ 1 \end{pmatrix}, \begin{pmatrix} -1 \\ -1 \end{pmatrix}, \begin{pmatrix} 1 \\ -1 \end{pmatrix}$ を直線で結んで 1 周回るもの

の 2 通りを考えよ。

【7】 2 次元極座標を用いた方程式 $r^2 = 2a^2 \cos 2\theta$ で表される曲線を考える（a は正定数である）。これは 3 章章末問題【1】,【4】でも取り上げたレムニスケートである。

(1) この曲線の $0 \leq \theta \leq \dfrac{\pi}{4}$ の範囲の長さを第一種楕円積分

$$F(\phi, k) \equiv \int_0^{\phi} \frac{d\theta}{\sqrt{1 - k^2 \sin^2 \theta}}$$

を用いて表せ。

(2) この曲線は 3 章章末問題【4】の解答に描かれている（ただしそこでは $a = 1$ としてある）。これによって囲まれた部分の面積を求めよ。図では $a = 1$ だが，結果は一般の a について求めるものとし，また左右両方の面積を足したものを求めよ。

【8】 平面 $\Sigma : x + 2y + z - 4 = 0$ 上で $x > 0, y > 0, z > 0$ の領域を S とする。

(1) 面積分 $\displaystyle\int_S x^2 z dS$ を求めよ。

(2) ベクトル場 $\boldsymbol{F} = \begin{pmatrix} y \\ z \\ x \end{pmatrix}$ に対して面積分 $\displaystyle\int_S \boldsymbol{F} \cdot d\boldsymbol{S}$ を求めよ。

【9】 ベクトル場 $\boldsymbol{F} = \begin{pmatrix} -y \\ x \\ z \end{pmatrix}$ の面積分 $\displaystyle\int_S \boldsymbol{F} \cdot d\boldsymbol{S}$ を求めよ。ここで S は 8 点

$$\begin{pmatrix} -1 \\ -1 \\ -1 \end{pmatrix}, \begin{pmatrix} 1 \\ -1 \\ -1 \end{pmatrix}, \begin{pmatrix} 1 \\ 1 \\ -1 \end{pmatrix}, \begin{pmatrix} -1 \\ 1 \\ -1 \end{pmatrix},$$

$$\begin{pmatrix} -1 \\ -1 \\ 1 \end{pmatrix}, \begin{pmatrix} 1 \\ -1 \\ 1 \end{pmatrix}, \begin{pmatrix} 1 \\ 1 \\ 1 \end{pmatrix}, \begin{pmatrix} -1 \\ 1 \\ 1 \end{pmatrix}$$

を頂点とする辺の長さ2の立方体の表面とする。

【10】 球面 $S : x^2 + y^2 + z^2 = R^2$（$R$ は正定数）上で $x \geq 0,\ y \geq 0,\ z \geq 0$ の8分の1球面 S にわたる面積分 $\int_S z^4 dS$ を求めよ。

【11】 楕円面 $S : x^2 + y^2 + \dfrac{z^2}{4} = 1$ 上でベクトル場 $\boldsymbol{F} = \begin{pmatrix} xz - y \\ yz + x \\ z^3 \end{pmatrix}$ を面積分せよ。

【12】 一葉回転双曲面：$z^2 = x^2 + y^2 - 1$ 上の $-1 \leq z \leq 1$ の範囲 S でベクトル場 $\boldsymbol{F} = \begin{pmatrix} x \\ y \\ z \end{pmatrix}$ の表面積分 $\int_S \boldsymbol{F} \cdot d\boldsymbol{S}$ を求めよ。

【13】 半径 a の球が密度 ρ の流体の中に沈められている。流体の表面から測った深さを z（< 0）とすると，球の中心は $z = -2a$ であるとする。一方，圧力分布 $P(z)$ はいわゆる**静水圧平衡**を仮定することで $P(z) = -\rho g z$ と書ける（g は重力加速度）。このとき，球に働いている浮力が，球によって押しのけられた体積分の流体にかかる重力と等しいことを示せ。

そもそも浮力とは「流体から物体に加えられる力の合力の鉛直成分」である。そして流体は物体表面の微小面に対して，「圧力 × 微小面の面積」だけの大きさの力を「微小面に垂直に」加える。

この問題は式 (4.16) や (4.17) とは異なった形式の積分になるが，応用問題として考えてみよう。

【14】 円錐面：$(z+2)^2 - \dfrac{x^2 + y^2}{4} = 0$ の $-2 \leq z \leq 0$ の領域を Σ とし，Σ の外部（原点を含まない側）で，かつ $-\infty < x < \infty,\ -\infty < y < \infty,\ -\infty < z < 0$ の領域に密度 ρ の液体が満たされているとする（ρ は正定数）。静水圧平衡を仮定すれば，液体中の圧力場は $P(z) = -\rho g z$ である。

(1) 二つのパラメータ u, v を用いて以下のように Σ がパラメタライズされることを示せ。また u, v がとり得る値の範囲も求めよ。ただし $u \geq 0$ とする。

$$x = 2u \cos v, \quad y = 2u \sin v, \quad z = u - 2$$

(2) $d\boldsymbol{s}_u,\ d\boldsymbol{s}_v,\ d\boldsymbol{s}_u \times d\boldsymbol{s}_v$ を求めよ。

(3) Σ および平面 $z=0$ によって囲まれた領域の体積を V とする。Σ に働く浮力の大きさが，体積 V だけの液体の質量にかかる重力と等しくなることを示せ。

【15】 【14】と似た問題で計算力をつけよう。二葉回転双曲面：$(z+2)^2-\dfrac{x^2+y^2}{4}-1=0$ の $-1\leq z\leq 0$ の領域を Σ とし，Σ の外部（原点を含まない側）で，かつ $-\infty<x<\infty$, $-\infty<y<\infty$, $-\infty<z<0$ の領域に密度 ρ の液体が満たされているとする。静水圧平衡を仮定すれば，液体中の圧力場は $P(z)=-\rho gz$ である。Σ および平面 $z=0$ によって囲まれた領域の体積を V とし，Σ に働く浮力の大きさが，体積 V だけの液体の質量にかかる重力と等しくなることを示せ。

【16】 円柱 $C : x^2+y^2\leq R^2, -l\leq z\leq l$ (R, l は正定数) 内で $\displaystyle\int_V x^2 dV$ を計算せよ。

【17】 球 $V : x^2+y^2+z^2\leq R^2$（R は正定数）内で

$$\int_V x^2 dV,\ \int_V y^2 dV,\ \int_V z^2 dV$$

を計算せよ。

【18】 球 $V : x^2+y^2+z^2\leq R^2$（R は正定数）内で

$$\int_V x^{2\,026} dV,\ \int_V y^{2\,026} dV,\ \int_V z^{2\,026} dV$$

を計算せよ。

【19】 球 $V : x^2+y^2+z^2\leq R^2$（R は正定数）内で

$$\int_V x^{2\,027} dV,\ \int_V y^{2\,027} dV,\ \int_V z^{2\,027} dV$$

を計算せよ。

【20】 円筒 $V : x^2+y^2\leq R^2$, $-l\leq z\leq l$（R, l は正定数）内で $\displaystyle\int_V r^2 dV$ を計算せよ。

【21】 $\displaystyle\int_V \cosh(x+y+z)dV$ を計算せよ。ここで V は 8 点

$$\begin{pmatrix}0\\0\\0\end{pmatrix},\ \begin{pmatrix}1\\0\\0\end{pmatrix},\ \begin{pmatrix}1\\1\\0\end{pmatrix},\ \begin{pmatrix}0\\1\\0\end{pmatrix},$$

$$\begin{pmatrix} 0 \\ 0 \\ 1 \end{pmatrix}, \begin{pmatrix} 1 \\ 0 \\ 1 \end{pmatrix}, \begin{pmatrix} 1 \\ 1 \\ 1 \end{pmatrix}, \begin{pmatrix} 0 \\ 1 \\ 1 \end{pmatrix}$$

を頂点とする辺の長さ 1 の立方体の内部とする。

【22】 3 次元極座標で電荷密度が $\rho(\boldsymbol{r}) = \rho_0 r\theta(\pi - \theta)$ で与えられている（ρ_0 は定数）。半径 R の球内に含まれる総電荷を求めよ。

コーヒーブレイク

楕円球を使うスポーツとして，ラグビーとアメリカンフットボールが思い浮かぶと思う。両者はもちろん異なったスポーツであり，それぞれに魅力があると思うのだが，そのあたりがあまり広まっていないように感じる。

両者ともボールを前進させるということはもちろん共通であるが，その進め方が連続的なのか（ラグビー），毎回セットプレーで行うのか（アメリカンフットボール）という違いが一番わかりやすいだろう。特に後者のセットプレーは投げるか走るかという選択があり，それを組み合わせることで面白さが深化していると思う。片方しかなかったらそれほど面白くならない気がする。加えて，アメリカンフットボールではプレーによって時計が止まる・止まらないという違いがあり，その点をコントロールするという発想で見るのも興味深いものである。

細かくなるが，ラグビーにもラグビーユニオンとラグビーリーグという 2 種類がある。日本でよく見られているのはユニオンのほうである。リーグのほうはオーストラリア出張に行ったときにテレビで見たことがあるが，普段見ているものより若干単調かな，という印象があった。個人的印象なので悪くいう意図はありません。関係者の方すみません。

5 ガウスの発散定理とストークスの定理

これまで学んできた発散や回転，あるいは線積分・面積分・体積積分の知識を駆使して，ガウスの発散定理とストークスの定理を使えるようにしていこう。といっても身構えるほどのことでもない。大まかに，領域の中の微小量の足し合わせが領域表面の情報だけでわかってしまう，ということを認識してもらえればよいであろう。そしてその学習の中で，先に述べた知識が独立しているものではなく有機的につながっていく様子を味わってもらいたい。

5.1 ガウスの発散定理

閉曲面 S に囲まれた領域を V，$\hat{\boldsymbol{n}}$ を曲面上の各点での外向きの単位法線ベクトルとすると，ベクトル場 $\boldsymbol{F}$ に対して次式で表される**ガウスの発散定理**

$$\int_V \nabla \cdot \boldsymbol{F} dV = \int_S \boldsymbol{F} \cdot \hat{\boldsymbol{n}} dS \tag{5.1}$$

がつねに成立する。この定理の意味するところを直観的に理解してみよう[†]。まず，**図 5.1** のような体積 $\Delta V = \Delta x \Delta y \Delta z$ をもつ微小な箱（直方体）を考え，その中心の座標を $\begin{pmatrix} x \\ y \\ z \end{pmatrix}$ とする。このとき

$$\nabla \cdot \boldsymbol{F} = \frac{\partial F_x}{\partial x} + \frac{\partial F_y}{\partial y} + \frac{\partial F_z}{\partial z}$$

† 5.2 節のストークスの定理も含めて，証明は引用・参考文献 6) などを参照してほしい。

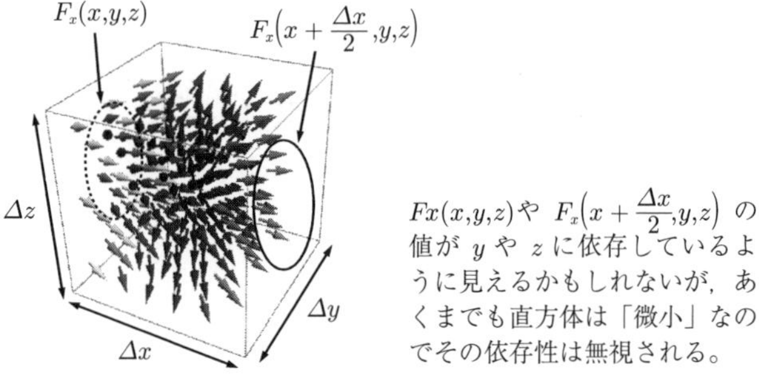

図 5.1　微小な直方体

$$
\simeq \frac{F_x\left(x+\dfrac{\Delta x}{2},y,z\right)-F_x\left(x-\dfrac{\Delta x}{2},y,z\right)}{\Delta x}
+\frac{F_y\left(x,y+\dfrac{\Delta y}{2},z\right)-F_y\left(x,y-\dfrac{\Delta y}{2},z\right)}{\Delta y}
+\frac{F_z\left(x,y,z+\dfrac{\Delta z}{2}\right)-F_z\left(x,y,z-\dfrac{\Delta z}{2}\right)}{\Delta z}
$$

と近似されるので[†]

$$
\begin{aligned}
\boldsymbol{\nabla}\cdot\boldsymbol{F}\,\Delta V \simeq\ & F_x\left(x+\frac{\Delta x}{2},y,z\right)\Delta y\Delta z - F_x\left(x-\frac{\Delta x}{2},y,z\right)\Delta y\,\Delta z \\
&+F_y\left(x,y+\frac{\Delta y}{2},z\right)\Delta x\Delta z - F_y\left(x,y-\frac{\Delta y}{2},z\right)\Delta x\Delta z \\
&+F_z\left(x,y,z+\frac{\Delta z}{2}\right)\Delta x\Delta y - F_z\left(x,y,z-\frac{\Delta z}{2}\right)\Delta x\Delta y
\end{aligned}
\tag{5.2}
$$

と書ける。このとき，例えば $F_x\left(x+\dfrac{\Delta x}{2},y,z\right)\Delta y\Delta z$ の項は，箱の $x+\dfrac{\Delta x}{2}$ の位置にある面での F_x（つまり $\boldsymbol{F}$ のうち面に垂直な成分）の値にその面の面積を掛けたものである。一方，$-F_x\left(x-\dfrac{\Delta x}{2},y,z\right)\Delta y\Delta z$ の項は箱の $x-\dfrac{\Delta x}{2}$

[†] 単純に微分を近似したと考えてもよいし，テイラー展開の 1 次までをとったと考えてもよい。このような近似は物理では大変よく出てくる。

の位置にある面での F_x の値にそこでの面の面積を掛け，さらに負号を付けたものである。ここで $x \pm \dfrac{\Delta x}{2}$ の面における単位法線ベクトルが $\begin{pmatrix} \pm 1 \\ 0 \\ 0 \end{pmatrix}$ であることに注意しよう（複号同順）。すなわち $F_x\left(x + \dfrac{\Delta x}{2}, y, z\right)\Delta y \Delta z$ と $-F_x\left(x - \dfrac{\Delta x}{2}, y, z\right)\Delta y \Delta z$ は各面における $\boldsymbol{F}$ と微小面積要素ベクトルとの内積になっているのである。他の項も同様である。ゆえに

$$\boldsymbol{\nabla} \cdot \boldsymbol{F}\, \Delta V \simeq \sum_i \boldsymbol{F} \cdot \hat{\boldsymbol{n}}_i\, \Delta S_i \tag{5.3}$$

を得る。ここで，i は箱の各表面を表す番号であり，$\hat{\boldsymbol{n}}_i$ は i 番目の表面の外向きの単位法線ベクトルである。

つぎに，閉曲面 S に囲まれた体積 V の領域を多数の微小領域に分割することを考える（**図 5.2**[†]）。このとき，隣り合う微小領域の表面どうしで $\hat{\boldsymbol{n}}_i$ は逆符号であることから，領域の表面以外では式 (5.3) の右辺は打ち消し合うことにな

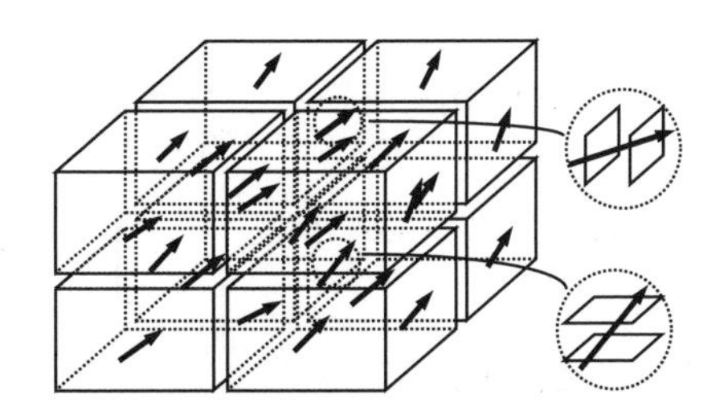

ここでは 8 個の箱への分割を考えている。短い矢印はベクトル場を表す。丸で囲んだ部分を拡大すると，そこで向かい合っている面では $\boldsymbol{F}$ は同じものであるのに対して $\hat{\boldsymbol{n}}$ は逆を向いているのがわかる。すなわち両方の面で $\boldsymbol{F}_i \cdot \hat{\boldsymbol{n}}_i$ は打ち消し合ってゼロとなる。これが向かい合ったすべての面について起こるので，向かい合う面のない表面以外では $\boldsymbol{F}_i \cdot \hat{\boldsymbol{n}}_i\, \Delta S_i$ は打ち消し合うことがわかる。

図 5.2　領域の分割

† ここでは直方体の分割だけを考えるが，微視的に見れば任意の形状に対して同じことが成立するのもイメージできるであろう。

る。したがって，式 (5.3) をすべての微小領域について足し合わせて $\Delta V \to 0$ かつ $\Delta S_i \to 0$ の極限をとると，左辺は $\boldsymbol{\nabla} \cdot \boldsymbol{F}$ の体積積分，右辺は表面における $\boldsymbol{F}$ の面積分となり（4 章も思い出そう），ガウスの発散定理 (5.1) が成立することがわかる。

ところで，$F_x\left(x + \dfrac{\Delta x}{2}, y, z\right)\Delta y \Delta z - F_x\left(x - \dfrac{\Delta x}{2}, y, z\right)\Delta y \Delta z$ は，直方体から $\boldsymbol{F}$ という物理量が x 軸方向に「湧き出していく」量であることをイメージしてほしい。$\boldsymbol{F}$ が「単位面積当りを通過するある物理量」を表すとすれば，$F_x\left(x + \dfrac{\Delta x}{2}, y, z\right)\Delta y \Delta z$ は平面 $x = \dfrac{\Delta x}{2}$ 上にある面積 $\Delta y \Delta z$ の領域を通過して直方体から出ていく物理量である。一方，$-F_x\left(x - \dfrac{\Delta x}{2}, y, z\right)\Delta y \Delta z$ は平面 $x = -\dfrac{\Delta x}{2}$ 上にある面積 $\Delta y \Delta z$ の領域を通過して直方体へ入ってくる物理量である。y, z 軸方向にも同様であるから，$\boldsymbol{\nabla} \cdot \boldsymbol{F}$ は微小体積から $\boldsymbol{F}$ が湧き出していく量を表現しているのである。3 章で発散が湧き出しに対応すると述べたが，それがここで理解されるだろう。

例題 5.1

原点中心の半径 1 の球面を閉曲面 S とし，それによって囲まれた領域を V とする。S と V およびベクトル場 $\boldsymbol{F} = \begin{pmatrix} x \\ y \\ z \end{pmatrix}$ に対してガウスの発散定理が成り立つことを確認せよ。

【解答】 $\boldsymbol{\nabla} \cdot \boldsymbol{F} = 3$ より，積分領域を V として $\boldsymbol{\nabla} \cdot \boldsymbol{F}$ の体積積分は

$$\int_V \boldsymbol{\nabla} \cdot \boldsymbol{F}\, dV = 3\int_0^1 r^2\, dr \int_0^\pi \sin\theta\, d\theta \int_0^{2\pi} d\phi = 4\pi$$

と得られる。一方，半径 1 の球面上では $\begin{pmatrix} x \\ y \\ z \end{pmatrix} = \begin{pmatrix} \sin\theta\cos\phi \\ \sin\theta\sin\phi \\ \cos\theta \end{pmatrix}$ より

$$\hat{\boldsymbol{n}}dS = d\boldsymbol{s}_\theta \times d\boldsymbol{s}_\phi = \begin{pmatrix} \sin\theta\cos\phi \\ \sin\theta\sin\phi \\ \cos\theta \end{pmatrix} \sin\theta d\theta d\phi,$$

$$\int_S \boldsymbol{F}\cdot\hat{\boldsymbol{n}}\,dS = \int_0^\pi \sin\theta\,d\theta \int_0^{2\pi} d\phi = 4\pi$$

となり，ガウスの発散定理が確認できた。

5.2　ストークスの定理

閉曲線 C を縁とする曲面を S，曲面上の単位法線ベクトルを $\hat{\boldsymbol{n}}$ を考える。ここで C の回る向きと $\hat{\boldsymbol{n}}$ は右ねじの関係とする（図 **5.3**）。このとき，ベクトル場 $\boldsymbol{F}$ に対して次式で表される**ストークスの定理**

$$\int_S \boldsymbol{\nabla}\times\boldsymbol{F}\cdot\hat{\boldsymbol{n}}\,dS = \oint_C \boldsymbol{F}\cdot\hat{\boldsymbol{t}}\,ds \tag{5.4}$$

がつねに成立する。ここで $\hat{\boldsymbol{t}}$ は曲線 C の単位接ベクトルであり（以下では $\hat{\boldsymbol{t}}ds = d\boldsymbol{s}$ という表記も用いる），$\oint_C$ は C に沿って 1 周積分することを表す。

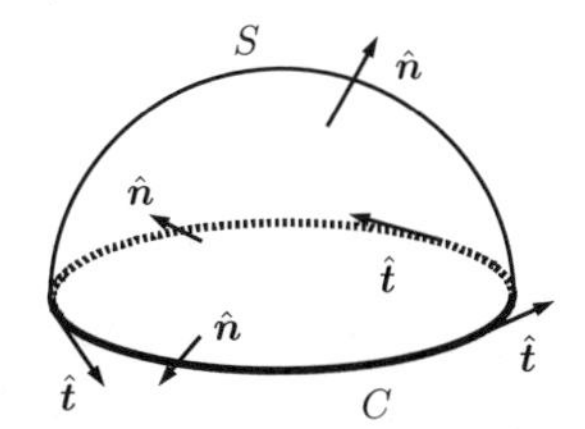

図 **5.3**　閉曲線 C，C の単位接ベクトル $\hat{\boldsymbol{t}}$，曲面 S および S の単位法線ベクトル $\hat{\boldsymbol{n}}$

この定理もガウスの発散定理と同様にして簡単に理解できる。まず面積 $\varDelta S = \varDelta x\varDelta y$ をもつ微小な面（長方形）を考え，その中心の座標を $\begin{pmatrix} x \\ y \\ z \end{pmatrix}$ とする。

$\nabla \times \boldsymbol{F} = \begin{pmatrix} \dfrac{\partial F_z}{\partial y} - \dfrac{\partial F_y}{\partial z} \\ \dfrac{\partial F_x}{\partial z} - \dfrac{\partial F_z}{\partial x} \\ \dfrac{\partial F_y}{\partial x} - \dfrac{\partial F_x}{\partial y} \end{pmatrix}$ を差分化するのだが，一般性を失うことなく微小な面は xy 面上にある，すなわち法線ベクトルが $\begin{pmatrix} 0 \\ 0 \\ 1 \end{pmatrix}$ であるとしてよく

$$\begin{aligned}(\nabla \times \boldsymbol{F}) \cdot \hat{\boldsymbol{n}} &= \frac{\partial F_y}{\partial x} - \frac{\partial F_x}{\partial y} \\ &\simeq \frac{F_y\left(x + \dfrac{\Delta x}{2}, y, z\right) - F_y\left(x - \dfrac{\Delta x}{2}, y, z\right)}{\Delta x} \\ &\quad - \frac{F_x\left(x, y + \dfrac{\Delta y}{2}, z\right) - F_x\left(x, y - \dfrac{\Delta y}{2}, z\right)}{\Delta y} \end{aligned} \tag{5.5}$$

とできるので

$$\begin{aligned}(\nabla \times \boldsymbol{F}) \cdot \hat{\boldsymbol{n}} \Delta S \simeq{}& F_y\left(x + \frac{\Delta x}{2}, y, z\right) \Delta y - F_y\left(x - \frac{\Delta x}{2}, y, z\right) \Delta y \\ & - F_x\left(x, y + \frac{\Delta y}{2}, z\right) \Delta x + F_x\left(x, y - \frac{\Delta y}{2}, z\right) \Delta x \end{aligned} \tag{5.6}$$

と書ける。このとき，例えば $F_y\left(x + \dfrac{\Delta x}{2}, y, z\right) \Delta y$ の項は，微小面の $x + \dfrac{\Delta x}{2}$ の位置にある辺での F_y（つまり $\boldsymbol{F}$ のうち辺に平行な成分）にその辺の長さ Δy を掛けたものになっている。他の項についても同様に考えると，各項は微小面の辺における $\boldsymbol{F}$ と微小線要素ベクトルとの内積になっていることがわかる。ゆえに

$$(\nabla \times \boldsymbol{F}) \cdot \hat{\boldsymbol{n}} \Delta S = \sum_i \boldsymbol{F} \cdot \hat{\boldsymbol{t}}_i \, \Delta s_i \tag{5.7}$$

を得る。ここで i は各辺を表す添え字，$\hat{\boldsymbol{t}}_i$ は i 番目の辺に沿った単位接ベクトルである。

つぎに，閉曲線 C に囲まれた面を多数の微小面に分割することを考える（**図 5.4**）。このとき，隣り合う面の辺上で $\hat{\boldsymbol{t}}_i$ はたがいに逆符号であることから，面の縁以外では式 (5.7) の右辺は打ち消し合うことがわかる。したがって式 (5.7) を，面を構成するすべての微小面について足し合わせて $\Delta S \to 0$ かつ $\Delta s_i \to 0$ の極限をとると，左辺は $\boldsymbol{\nabla} \times \boldsymbol{F}$ の法線面積分，右辺は $\boldsymbol{F}$ の接線積分となり，ストークスの定理 (5.4) が成立することがわかる。

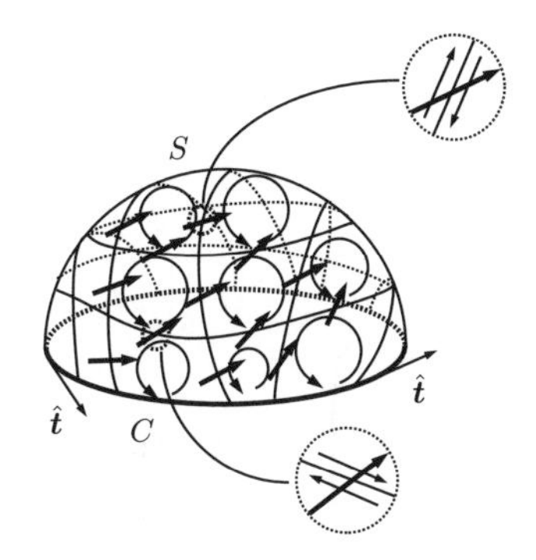

曲面 S を多数の微小面に分割している。短い矢印はベクトル場，丸い矢印は積分方向を表す。丸で囲んだ範囲を拡大すると，そこで向かい合っている辺上では $\boldsymbol{F}$ は同じものであるのに対して $\hat{\boldsymbol{t}}$ が逆向きになっているのがわかる。すなわち両方の辺で $\boldsymbol{F}_i \cdot \hat{\boldsymbol{t}}_i$ は打ち消し合ってゼロとなる。これが向かい合ったすべての辺について起こるので，向かい合う辺のない領域境界以外では $\boldsymbol{F}_i \cdot \hat{\boldsymbol{t}}_i \Delta s_i$ は打ち消し合うことがわかる。

図 5.4　領域の分割

ところで，$\boldsymbol{F}$ を流速場とすれば，式 (5.6) に出てくる $F_y\left(x+\dfrac{\Delta x}{2}, y, z\right)\Delta y - F_y\left(x-\dfrac{\Delta x}{2}, y, z\right)\Delta y$ と $-F_x\left(x, y+\dfrac{\Delta y}{2}, z\right)\Delta x + F_x\left(x, y-\dfrac{\Delta y}{2}, z\right)\Delta x$ は z 軸正の方向から見て $\boldsymbol{F}$ が長方形の周りで反時計回りにどれだけ強く「渦巻いているか」を表すものであるということはイメージできるであろうか。$F_y\left(x+\dfrac{\Delta x}{2}, y, z\right)\Delta y - F_y\left(x-\dfrac{\Delta x}{2}, y, z\right)\Delta y$ でいえば，これは長方形の左右の縦の辺で縦方向の流れの速さにどれだけの差があるかということであるから，この値が正で大きければ，そこに物体を置くとそれが反時計回りに回転することがわかるであろう（**図 5.5**）。このような考察から，3 章で述べた「回転は渦の強さである」ということの意味がわかるであろう。

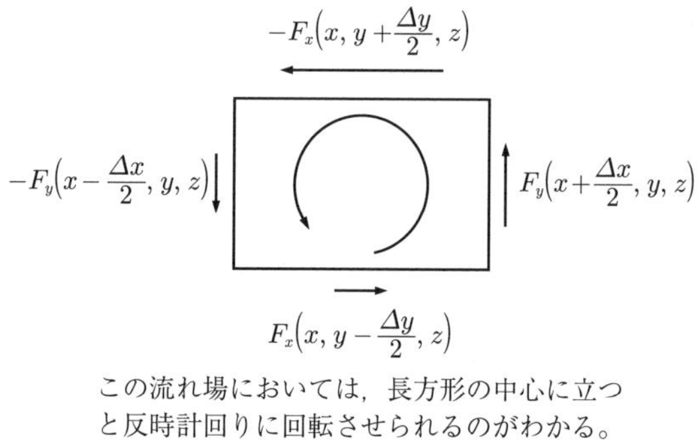

$-F_x\left(x,\, y+\dfrac{\Delta y}{2},\, z\right)$

$-F_y\left(x-\dfrac{\Delta x}{2},\, y,\, z\right)$　　$F_y\left(x+\dfrac{\Delta x}{2},\, y,\, z\right)$

$F_x\left(x,\, y-\dfrac{\Delta y}{2},\, z\right)$

この流れ場においては，長方形の中心に立つと反時計回りに回転させられるのがわかる。

図 5.5　回転の意味

例題 5.2

4 点 A$\begin{pmatrix} 1 \\ 1 \\ 0 \end{pmatrix}$, B$\begin{pmatrix} -1 \\ 1 \\ 0 \end{pmatrix}$, C$\begin{pmatrix} -1 \\ -1 \\ 0 \end{pmatrix}$, D$\begin{pmatrix} 1 \\ -1 \\ 0 \end{pmatrix}$ を，A→B→C→D→A と回る閉曲線を C とし，C によって囲まれる曲面を S とする。C と S およびベクトル場 $\boldsymbol{F} = \begin{pmatrix} y \\ z \\ x \end{pmatrix}$ に対してストークスの定理が成り立つことを確認せよ。

【解答】　S の法線ベクトルは明らかに $\hat{\boldsymbol{n}} = \hat{\boldsymbol{z}}$ である。そして $\boldsymbol{\nabla} \times \boldsymbol{F} = \begin{pmatrix} -1 \\ -1 \\ -1 \end{pmatrix}$ であるから

$$\int_S \boldsymbol{\nabla} \times \boldsymbol{F} \cdot \hat{\boldsymbol{n}} dS = -\int_S dS = -4 \tag{5.8}$$

を得る。つぎに線積分を考える。まず AB 上では $\hat{\boldsymbol{t}}ds = \hat{\boldsymbol{x}}dx$ であるから，そこでの線積分は

$$\int_{\mathrm{AB}} \boldsymbol{F} \cdot \hat{\boldsymbol{t}} ds = \int_1^{-1} y dx = -2 \tag{5.9}$$

である。ここで AB 上では $y = 1$ であることを用いた。なお，$\hat{\boldsymbol{x}}dx$ と書くと右

向きのベクトルに見えるかもしれないが，$dx < 0$ になっていると解釈してほしい。積分の下端が上端より大きいのはそのためである。同様に考えて，BC 上は $\hat{\boldsymbol{t}}ds = \hat{\boldsymbol{y}}dy$ であり

$$\int_{\mathrm{BC}} \boldsymbol{F} \cdot \hat{\boldsymbol{t}}ds = \int_{1}^{-1} zdy = 0 \tag{5.10}$$

である（BC 上，というより閉曲線上どこでも $z = 0$ である）。CD 上は $\hat{\boldsymbol{t}}ds = \hat{\boldsymbol{x}}dx$ であり

$$\int_{\mathrm{CD}} \boldsymbol{F} \cdot \hat{\boldsymbol{t}}ds = \int_{-1}^{1} ydx = -2 \tag{5.11}$$

である（CD 上で $y = -1$ である）。最後に DA 上は $\hat{\boldsymbol{t}}ds = \hat{\boldsymbol{y}}dy$ であり

$$\int_{\mathrm{DA}} \boldsymbol{F} \cdot \hat{\boldsymbol{t}}ds = \int_{-1}^{1} zdy = 0 \tag{5.12}$$

であるから，$\oint_C \boldsymbol{F} \cdot \hat{\boldsymbol{t}}ds = -4$ となり，式 (5.8) と合わせてストークスの定理が成り立つことが確認できた。

章　末　問　題

【1】 任意のスカラー場 ϕ とベクトル場 $\boldsymbol{A}$ に関して，以下の公式が成り立つことを示せ。なお V と S は，ϕ と $\boldsymbol{A}$ の共通の定義域内にある任意の体積とその境界面である。

$$\int_V \boldsymbol{A} \cdot \boldsymbol{\nabla}\phi dV = \int_S \phi \boldsymbol{A} \cdot d\boldsymbol{S} - \int_V \phi \boldsymbol{\nabla} \cdot \boldsymbol{A} dV$$

【2】 任意のスカラー場 ϕ と ψ に関して，以下の定理（**グリーンの定理**）が成り立つことを示せ。なお，V, S に関しては【1】と同様であり，$\Delta \equiv \boldsymbol{\nabla}^2 = \dfrac{\partial^2}{\partial x^2} + \dfrac{\partial^2}{\partial y^2} + \dfrac{\partial^2}{\partial z^2}$ はラプラシアンである。

$$\int_V (\boldsymbol{\nabla}\phi \cdot \boldsymbol{\nabla}\psi + \phi\Delta\psi)dV = \int_S \phi\boldsymbol{\nabla}\psi \cdot d\boldsymbol{S}$$

【3】 $\boldsymbol{A}$ をあるベクトル場とすると，ベクトル場 $\boldsymbol{F} = \boldsymbol{\nabla} \times \boldsymbol{A}$ はいかなる閉曲面上の法線面積分に対しても値をもたないことを示せ。

【4】 ベクトル場 $\boldsymbol{F}=\begin{pmatrix} x^2y+z^3 \\ z(x+y) \\ z(z+1) \end{pmatrix}$ を用い

$$\begin{pmatrix} 1 \\ 1 \\ -1 \end{pmatrix}, \begin{pmatrix} -1 \\ 1 \\ -1 \end{pmatrix}, \begin{pmatrix} -1 \\ -1 \\ -1 \end{pmatrix}, \begin{pmatrix} 1 \\ -1 \\ -1 \end{pmatrix},$$
$$\begin{pmatrix} 1 \\ 1 \\ 1 \end{pmatrix}, \begin{pmatrix} -1 \\ 1 \\ 1 \end{pmatrix}, \begin{pmatrix} -1 \\ -1 \\ 1 \end{pmatrix}, \begin{pmatrix} 1 \\ -1 \\ 1 \end{pmatrix}$$

を頂点とする立方体においてガウスの発散定理が成り立つことを確認せよ。つまり立方体の表面を S，内部を V として「S 上での $\boldsymbol{F}$ の面積分」と，「$\boldsymbol{F}$ の発散の V 内での体積積分」が等しいことを示せ。

【5】 円錐面 $S: z^2=x^2+y^2$（$z>0$）と平面 $\Sigma: z=R$（R は正定数）で囲まれた領域を V とする。ベクトル場 $\boldsymbol{F}=\begin{pmatrix} y-x \\ z-y \\ x-z \end{pmatrix}$ に対してガウスの発散定理が成り立つことを確認せよ。

【6】 一葉回転双曲面：$z^2=x^2+y^2-1$ および 2 平面：$z=\pm 1$ からなる曲面を S とし，V をそれによって囲まれた領域とする。ベクトル場 $\boldsymbol{F}=\begin{pmatrix} x \\ y \\ z \end{pmatrix}$ に関して，ガウスの発散定理が成り立つことを確認せよ。4 章章末問題**【12】**が参考になる。

【7】 曲面 S を $x^2+y^2+z^2=R^2$（R は正定数）の球面とし，V をそれによって囲まれた球内部とする。ベクトル場 $\boldsymbol{F}=\begin{pmatrix} x^3 \\ y^3 \\ z^3 \end{pmatrix}$ について $\displaystyle\int_S \boldsymbol{F}\cdot d\boldsymbol{S}$ を求めよ。

【8】 曲面 S を $x^2+y^2+z^2=R^2$（R は正定数）の球面とし，V をそれによって囲まれた球内部とする。

(1) $\displaystyle\int_V y^2z^2 dV$ を求めよ。

(2) ベクトル場 $\boldsymbol{F}(x,y,z)=\begin{pmatrix} x^5 \\ y^5 \\ z^5 \end{pmatrix}$ について $\displaystyle\int_S \boldsymbol{F}\cdot d\boldsymbol{S}$ を求めよ。

【9】 4 章章末問題【8】(2) の問題設定を使おう。そこでは A$\begin{pmatrix} 4 \\ 0 \\ 0 \end{pmatrix}$，B$\begin{pmatrix} 0 \\ 2 \\ 0 \end{pmatrix}$，C$\begin{pmatrix} 0 \\ 0 \\ 4 \end{pmatrix}$ とし，三角形 ABC を S として $\displaystyle\int_S \boldsymbol{F}\cdot d\boldsymbol{S}$ を計算したことに相当する。ここではさらに原点 O も用いて三角錐 OABC を考え，その全表面を S_{all} と書く。$\displaystyle\int_{S_{\mathrm{all}}} \boldsymbol{F}\cdot d\boldsymbol{S}$ を求めよ。

【10】 6 点 $\begin{pmatrix} 1 \\ 0 \\ 0 \end{pmatrix}, \begin{pmatrix} 0 \\ 1 \\ 0 \end{pmatrix}, \begin{pmatrix} -1 \\ 0 \\ 0 \end{pmatrix}, \begin{pmatrix} 0 \\ -1 \\ 0 \end{pmatrix}, \begin{pmatrix} 0 \\ 0 \\ 1 \end{pmatrix}, \begin{pmatrix} 0 \\ 0 \\ -1 \end{pmatrix}$ を頂点とする正八面体の表面を S と書く。位置ベクトル $\boldsymbol{r}$ および行列

$$A=\begin{pmatrix} a_{11} & a_{12} & a_{13} \\ a_{21} & a_{22} & a_{23} \\ a_{31} & a_{32} & a_{33} \end{pmatrix} \quad （各成分は実数）$$

に対して $\displaystyle\int_S (A\boldsymbol{r})\cdot d\boldsymbol{S}$ を求めよ。

【11】 球面 $S: x^2+y^2+z^2=R^2$（R は正定数）およびベクトル場 $\boldsymbol{F}=\begin{pmatrix} x^{2\,029} \\ y^{2\,029} \\ z^{2\,029} \end{pmatrix}$ と $\boldsymbol{G}=\begin{pmatrix} xy^{2\,028} \\ yz^{2\,028} \\ zx^{2\,028} \end{pmatrix}$ を考える。$I=\displaystyle\int_S \boldsymbol{F}\cdot d\boldsymbol{S}$ および $J=\displaystyle\int_S \boldsymbol{G}\cdot d\boldsymbol{S}$ を求めたい。

(1) $\displaystyle\int_V z^N dV = \frac{4\pi R^{N+3}}{(N+1)(N+3)}$ を示せ。ここで V は S によって囲まれた領域であり，N は正の偶数である。3 次元極座標を導入すると見通しがよくなる。

(2) I および J を求めよ。なお，系の対称性を使うと計算が楽になる。つまり，(1) の z のところを x や y にしても結果が同じであることを利用すると見通しがよい。

【12】 **拡散方程式**は，ある物質が文字どおり拡散する様子を表現する方程式であり，その密度[†1] ρ を用いて

$$\frac{\partial \rho}{\partial t} = D\Delta\rho \tag{5.13}$$

と書ける[7)]。ここで D は拡散係数と呼ばれる正定数である[†2]。「ある微小体積内の物質の量の変化は，それを囲む閉曲面から流出する量と等しい」，「物質の流れ $\boldsymbol{J}$ は $-D\boldsymbol{\nabla}\rho$ と書ける」という条件から式 (5.13) を導け。

【13】 任意のスカラー場 ϕ と ψ に関して，以下の公式が成り立つことを示せ。ここで C は ϕ と ψ の共通の定義域内にある曲面を縁どる閉曲線である。

$$\oint_C \phi\boldsymbol{\nabla}\psi\cdot d\boldsymbol{s} = -\oint_C \psi\boldsymbol{\nabla}\phi\cdot d\boldsymbol{s} \tag{5.14}$$

【14】 $f(x,y,z)$ をスカラー場とすると，ベクトル場 $\boldsymbol{F} = -\boldsymbol{\nabla} f$ はいかなる閉曲線 C 上の接線積分に対しても値をもたないことを示せ。$\boldsymbol{F}$ が力に対応するとすると，$\boldsymbol{F}$ の閉曲線上の接線積分が 0 であることは，スカラーポテンシャルの勾配で記述される力（例えば重力）はどのような経路に沿って物体に影響を及ぼしたとしてもその物体が元の場所に戻る限り仕事をしないことを意味する。

【15】 ある行列 T を用いて $\boldsymbol{r}' = \begin{pmatrix} x' \\ y' \\ z' \end{pmatrix} = \begin{pmatrix} T_{11}x + T_{12}y + T_{13}z \\ T_{21}x + T_{22}y + T_{23}z \\ T_{31}x + T_{32}y + T_{33}z \end{pmatrix}$ と変数変換したとする。

(1) T が対称行列ならば，任意の閉曲線 C について $\oint_C \boldsymbol{r}'\cdot d\boldsymbol{s} = 0$ となることを示せ。

(2) ベクトル場 $\boldsymbol{F}(x,y,z) = \begin{pmatrix} 4x + y + 2z \\ x + 6y + z \\ 2x + y + 2z \end{pmatrix}$ は，(1) により $\oint_C \boldsymbol{F}\cdot d\boldsymbol{s} = 0$ を満たすことがわかる。この $\boldsymbol{F}$ に対して，【14】における f はどのような形に書けるか。

【16】 2 次元極座標表示された xy 平面での曲線 $C : r^2 = 2a^2\cos 2\theta$（$a$ は正定数，$-\dfrac{\pi}{4} \leq \theta \leq \dfrac{\pi}{4}$）を考え，かつ xy 平面上で C に囲まれた領域を Σ とする。Σ と C を用い，ベクトル場 $\boldsymbol{F} = \begin{pmatrix} -y \\ x \\ x^2 + y^2 \end{pmatrix}$ に対してストークスの定理が成

---

†1　とりあえず質量密度と思ってもらってよい。

†2　拡散係数は正定数でなく空間依存する場合もあり，その際は式 (5.13) も形が変わるが，とりあえずここでは正定数としておく。

り立つことを確認せよ。

【17】 回転放物面 $S: z-x^2-y^2+4=0$ 上で $-4 \leq z \leq 0$ の領域を S_1 とし，S と xy 平面の交線を C とする。S_1 と C を用い，ベクトル場 $\boldsymbol{F} = \begin{pmatrix} (2x+z-1)y \\ x^2-2z^3+5z \\ 3(1-2z^2)y \end{pmatrix}$ に対してストークスの定理が成り立つことを確認せよ。

【18】 回転放物面 $\Sigma_1 : \dfrac{x^2+y^2}{9} - z = 0$ と平面 $\Sigma_2 : x+y+z-10=0$ の交線 L と，L によって囲まれた Σ_2 上の領域 S を考える。

(1) S の面積を求めよ。

(2) ベクトル場 $\boldsymbol{F} = \begin{pmatrix} 3x-2y+4z \\ -x+y+z \\ 3x+2y-2z \end{pmatrix}$ について，閉経路 L に沿った積分 $\displaystyle\oint_L \boldsymbol{F}\cdot d\boldsymbol{s}$ を求めよ。なお，Σ_2 に関して原点と反対側から見たとき，反時計回りに L を回るとする。

【19】 半径 R（>0）の円状の経路 C を考える。その中心は原点に固定されていて，向きは自由に変えられるものとする。ベクトル場 $\boldsymbol{F} = \begin{pmatrix} 2z-3y \\ 5z+x \\ -2x+4y \end{pmatrix}$ に対して C 上の 1 周線積分 $\displaystyle\oint_C \boldsymbol{F}\cdot d\boldsymbol{s}$ の最大値と最小値を求めよ。

【20】 球面 $\Sigma_1 : x^2+y^2+z^2 = R^2$（$R$ は正定数）と平面 $\Sigma_2 : x+2y+az=0$（a は実数）を考え，両曲面の交線を C とする。ベクトル場 $\boldsymbol{F} = \begin{pmatrix} 3x+2y \\ 4x+4y+2z \\ -2x+3y+5z \end{pmatrix}$ の C 上での 1 周線積分 $I = \displaystyle\oint_C \boldsymbol{F}\cdot d\boldsymbol{s}$ について考えたい。なお，積分する向きに右ねじを回したときに以下で求める単位法線ベクトル方向にねじが進むとする。

(1) 閉曲線 C によって囲まれた領域 S の面積を求めよ。なお，答えは a によらない。

(2) Σ_2 の単位法線ベクトル $\hat{\boldsymbol{n}}$ を a で表せ。なお，これは S の単位法線ベクトルでもあることに注意しよう。

(3) $\boldsymbol{\nabla}\times\boldsymbol{F}$ を求めよ。

(4) I を a で表せ。

(5) I の値を最大にする a の値を求めよ。また，そのときの I の値を求めよ。

【21】 3次元円筒座標 $\begin{pmatrix} r \\ \phi \\ z \end{pmatrix}$ を用いて表現されるベクトル場 $\boldsymbol{A} = r\hat{\boldsymbol{\phi}}$ を考える。

(1) $\begin{pmatrix} r \\ \phi \\ z \end{pmatrix} = \begin{pmatrix} 1 \\ 0 \\ 0 \end{pmatrix}, \begin{pmatrix} 1 \\ \frac{\pi}{2} \\ 0 \end{pmatrix}, \begin{pmatrix} 1 \\ \pi \\ 0 \end{pmatrix}, \begin{pmatrix} 1 \\ \frac{3\pi}{2} \\ 0 \end{pmatrix}$ で表される点をそれぞれA, B, C, Dとする。これら4点の座標をデカルト座標で書け。

(2) A→B→C→D→Aを4本の直線でつないで得られる閉経路 L を考える。まずA→B上で $x = t$ とパラメータ表示すれば，デカルト表示された微小線要素を $d\boldsymbol{s} = \begin{pmatrix} dx \\ dy \\ 0 \end{pmatrix}$ として $dx = dt$ と書ける。dy を dt で表せ。

(3) 同じくA→B上で $\boldsymbol{A}$ を t で表せ。これもデカルト表示で行う。

(4) L に沿った1周線積分 $\oint_L \boldsymbol{A} \cdot d\boldsymbol{s}$ を求めよ。A→Bでの積分 $\int_{\mathrm{A}\to\mathrm{B}} \boldsymbol{A} \cdot d\boldsymbol{s}$ の4倍となることに注意せよ。

(5) $\boldsymbol{\nabla} \times \boldsymbol{A}$ を求めよ。

(6) 平面 $z = 0$ 上で L によって囲まれた領域を S とする。S 上の面積分 $\int_S \boldsymbol{\nabla} \times \boldsymbol{A} \cdot \hat{\boldsymbol{n}} dS$ を計算し，ストークスの定理が成り立っていることを確かめよ。$\hat{\boldsymbol{n}}$ は S の外向き単位法線ベクトルで，先ほどの方向に経路を回ったとき，$\hat{\boldsymbol{n}}$ の方向に右ねじが進むとする。

コーヒーブレイク

ガウスはもちろんGaussと表記するが，Gaußとも表記される。ßはエスツェットという文字で，β（ベータ）とは違う文字である。このßというものはいろいろ数奇な運命をたどったようで，ドイツ語の正書法で廃止されたり復活したりしたようである。著者が第二外国語で学んだ頃はちょうど廃止が提言された頃だったような気がする。

ただ，最近の学生の第二外国語としてドイツ語はあまり人気がないようである。冠詞の変化が多いなど，面倒な点は確かにいろいろあるが，それでも同じゲルマン系である英語を知っているという前提があればそんなに大変ではないと思うのだが。

さらにいうと，第二外国語を学ばないケースも結構あるようである。確かに英語があればその必要はないのかもしれない。しかし，言語というものはその使用者の思想とリンクしているものなので，実際に使う・使わないということにこだわらず触れておくのはよいのではなかろうか。それこそ本書のテーマである「無駄でもよいから楽しむ」という思考に合うであろう。

逆にいえば，最近の自動翻訳の精度はかなり上がっているので，英語力の重要度はむしろ下がってくるかもしれない。極端なことをいえば「あなたが日本語をわかるべきだ」というくらいの主張をできることが真の国際化なのではなかろうか。

6 座標変換 (1)

ここまで2次元系あるいは3次元系をおもに扱ってきた。しかし系の次元を制限しなければならない必然性はどこにもなく，任意の次元のベクトル解析へと拡張することもできよう。本章ではこれまで扱ってきた微小面積要素・微小体積要素の概念の拡張，そして積分の方法の拡張を中心に，高次元系での物理量の取扱いを学ぶ。特に，その拡張の基礎にはこれまで学んできたことが基礎となっていることを認識してもらいたい。

6.1 ヤコビ行列とヤコビアン

5章までは，積分中に現れる微小体積要素を $d\boldsymbol{s}_w \cdot (d\boldsymbol{s}_u \times d\boldsymbol{s}_v)$ で計算してきた。もちろんそれで十分なのだが，ある座標空間での「体積」をより一般的に記述したい。その際に便利なのが**ヤコビアン**である。その定義は

$$
\begin{aligned}
|J| &= \left|\frac{\partial(x_1, x_2, \cdots, x_n)}{\partial(x'_1, x'_2, \cdots, x'_n)}\right| \\
&= \begin{vmatrix} \dfrac{\partial x_1}{\partial x'_1} & \dfrac{\partial x_1}{\partial x'_2} & \cdots & \dfrac{\partial x_1}{\partial x'_n} \\ \dfrac{\partial x_2}{\partial x'_1} & \dfrac{\partial x_2}{\partial x'_2} & \cdots & \dfrac{\partial x_2}{\partial x'_n} \\ \vdots & \vdots & \ddots & \vdots \\ \dfrac{\partial x_n}{\partial x'_1} & \dfrac{\partial x_n}{\partial x'_2} & \cdots & \dfrac{\partial x_n}{\partial x'_n} \end{vmatrix} = \begin{vmatrix} \dfrac{\partial x_1}{\partial x'_1} & \dfrac{\partial x_2}{\partial x'_1} & \cdots & \dfrac{\partial x_n}{\partial x'_1} \\ \dfrac{\partial x_1}{\partial x'_2} & \dfrac{\partial x_2}{\partial x'_2} & \cdots & \dfrac{\partial x_n}{\partial x'_2} \\ \vdots & \vdots & \ddots & \vdots \\ \dfrac{\partial x_1}{\partial x'_n} & \dfrac{\partial x_2}{\partial x'_n} & \cdots & \dfrac{\partial x_n}{\partial x'_n} \end{vmatrix}
\end{aligned}
\tag{6.1}
$$

である[†]。ここで n は自然数，$\begin{pmatrix} x_1 \\ x_2 \\ \vdots \\ x_n \end{pmatrix}$ は n 次元の直交直線（デカルト）座標系，$\begin{pmatrix} x'_1 \\ x'_2 \\ \vdots \\ x'_n \end{pmatrix}$ は一般的な座標系である。これは積分時の変数変換に用いられ，微小体積要素 $dx_1 dx_2 \cdots dx_n$ を $|J| dx'_1 dx'_2 \cdots dx'_n$ と書き直すことができる。また，これに伴い，一般の関数 F の体積積分も

$$\int F dx_1 dx_2 \cdots dx_n = \int F |J| dx'_1 dx'_2 \cdots dx'_n$$

と書き直せる。なお，ここでは式 (6.1) に現れる行列自体を J で表して**ヤコビ行列**と呼び，その行列式 $|J|$ をヤコビアンと呼ぶことにする。ヤコビアンといって行列を指す場合もある。

ヤコビアンを用いた微小体積の表現は，実は新しいことをいっているわけではない。式 (6.1) のヤコビアンの定義から

$$\begin{aligned} |J| dx'_1 dx'_2 \cdots dx'_n &= \begin{vmatrix} \dfrac{\partial x_1}{\partial x'_1} dx'_1 & \dfrac{\partial x_1}{\partial x'_2} dx'_2 & \cdots & \dfrac{\partial x_1}{\partial x'_n} dx'_n \\ \dfrac{\partial x_2}{\partial x'_1} dx'_1 & \dfrac{\partial x_2}{\partial x'_2} dx'_2 & \cdots & \dfrac{\partial x_2}{\partial x'_n} dx'_n \\ \vdots & \vdots & \ddots & \vdots \\ \dfrac{\partial x_n}{\partial x'_1} dx'_1 & \dfrac{\partial x_n}{\partial x'_2} dx'_2 & \cdots & \dfrac{\partial x_n}{\partial x'_n} dx'_n \end{vmatrix} \\ &= \left| d\boldsymbol{s}_{x'_1} \ d\boldsymbol{s}_{x'_2} \ \cdots \ d\boldsymbol{s}_{x'_n} \right| \end{aligned} \tag{6.2}$$

と書けることがわかる。これが n 個のベクトル $d\boldsymbol{s}_{x'_1}$, $d\boldsymbol{s}_{x'_2}$, $\cdots$, $d\boldsymbol{s}_{x'_n}$ の作る平行多面体の体積となることは，1 章の説明と調和的である。

---

† 行列を転置しても行列式の値は変わらないのでどちらで定義してもよい。式 (1.20) も参照せよ。

例題 6.1

1. 2 次元デカルト座標で書いた微小面積要素は $dxdy$ である。ヤコビアンを用いて，これを 2 次元極座標で表示せよ。
2. 2 次元デカルト座標で二つのベクトル

$$\hat{\boldsymbol{e}}_1 = \frac{1}{2}\begin{pmatrix} \sqrt{3} \\ 1 \end{pmatrix}, \quad \hat{\boldsymbol{e}}_2 = \frac{1}{2}\begin{pmatrix} 1 \\ \sqrt{3} \end{pmatrix}$$

を考える。この二つのベクトルを用いて, 位置座標が $\boldsymbol{r} = x_1\hat{\boldsymbol{e}}_1 + x_2\hat{\boldsymbol{e}}_2$ と展開されているとする。3 本の曲線 $x_1 = 1$, $x_2 = 0$ および $x_2 = x_1^2$ によって囲まれた領域の面積を求めよ。

【解答】

1. ヤコビアンは $|J| = \left|\dfrac{\partial(x,y)}{\partial(r,\theta)}\right| = \begin{vmatrix} \cos\theta & -r\sin\theta \\ \sin\theta & r\cos\theta \end{vmatrix} = r$ であるから，微小面積要素は $rdrd\theta$ と書ける。
2. 与えられた領域を Σ とすれば，ヤコビアンを用いて

$$\int_\Sigma dS = \int_\Sigma \left|\frac{\partial(x,y)}{\partial(x_1,x_2)}\right| dx_1 dx_2 = \frac{1}{2}\int_0^1 dx_1 \int_0^{x_1^2} dx_2 = \frac{1}{6} \tag{6.3}$$

と求められる。$\hat{\boldsymbol{e}}_1$ も $\hat{\boldsymbol{e}}_2$ も大きさは 1 であるが，直交はしていないのでヤコビアンは 1 にならない。

6.2 計量テンソル

以下では一般的な**直交曲線座標系** $\begin{pmatrix} x'_1 \\ x'_2 \\ \vdots \\ x'_n \end{pmatrix}$ を考える。これは，簡単にいえ

ばすべての点において座標軸が直交している座標系のことである。この座標系において，2 点間の距離 ds の 2 乗を

$$ds^2 = \sum_i \sum_j g_{ij} dx'_i dx'_j \tag{6.4}$$

と書くとき，g_{ij} を**計量テンソル**と呼ぶ†。例えば 3 次元デカルト座標ならば，$ds^2 = dx^2 + dy^2 + dz^2$ から $g = (g_{ij}) = \begin{pmatrix} 1 & 0 & 0 \\ 0 & 1 & 0 \\ 0 & 0 & 1 \end{pmatrix}$ という単位行列で書ける。

特に $\begin{pmatrix} x_1 \\ x_2 \\ \vdots \\ x_n \end{pmatrix}$ をデカルト座標系とし，これと直交曲線座標系 $\begin{pmatrix} x'_1 \\ x'_2 \\ \vdots \\ x'_n \end{pmatrix}$ がある変換によって結びつくとき

$$d\boldsymbol{r} = \begin{pmatrix} dx_1 \\ dx_2 \\ \vdots \\ dx_n \end{pmatrix} = \frac{\partial \boldsymbol{r}}{\partial x'_1} dx'_1 + \frac{\partial \boldsymbol{r}}{\partial x'_2} dx'_2 + \cdots + \frac{\partial \boldsymbol{r}}{\partial x'_n} dx'_n \tag{6.5}$$

を用いて

$$ds^2 = d\boldsymbol{r}^2 = \sum_i \sum_j \frac{\partial \boldsymbol{r}}{\partial x'_i} \cdot \frac{\partial \boldsymbol{r}}{\partial x'_j} dx'_i dx'_j \tag{6.6}$$

† 本当は反変ベクトルと共変ベクトルを区別して，$ds^2 = \sum_i \sum_j g_{ij} dx'^i dx'^j$ のように空間座標の添え字は上付きにしたほうがよい。ただし，直交曲線座標系であれば両ベクトルの区別は必要ないことから，この後も下付き添え字だけで進めていく。本書には「まずベクトル量を扱うことの基本を身につけてもらいたい」という趣旨があるので，まずは簡単なケースを取り扱うのがよいであろう。加えて，テンソルについては 7 章で詳しく扱う。

であるから，$\begin{pmatrix} x'_1 \\ x'_2 \\ \vdots \\ x'_n \end{pmatrix}$ 座標系での計量テンソルは $g_{ij} = \dfrac{\partial \boldsymbol{r}}{\partial x'_i} \cdot \dfrac{\partial \boldsymbol{r}}{\partial x'_j} = \sum_k \dfrac{\partial x_k}{\partial x'_i} \dfrac{\partial x_k}{\partial x'_j}$

となる。これとヤコビ行列の表式より $g = {}^tJJ$ となり，$|g| = |J|^2$ の関係を得る。

実は $\begin{pmatrix} x'_1 \\ x'_2 \\ \vdots \\ x'_n \end{pmatrix}$ が直交曲線座標系ならば g は対角的である。すなわち任意の整数 $1 \leq i, j \leq n$ に対して $i = j$ のときのみ $g_{ij} \neq 0$ であり，$i \neq j$ では $g_{ij} = 0$ になる。2 次元系の場合に限るが，章末問題**【12】**でその証明を考える。

例題 6.2

2 次元極座標における計量テンソルを求めよ。

【解答】　$ds^2 = dr^2 + r^2 d\theta^2$ より

$$g = \begin{pmatrix} 1 & 0 \\ 0 & r^2 \end{pmatrix} \tag{6.7}$$

と容易に得られる。なお，この結果と例題 6.1 の 1. から，$|g| = |J|^2$ が成り立っていることも容易に確かめられる。

6.3　一般的な直交曲線座標系でのラプラシアンの計算

一般的な直交曲線座標系でのラプラシアンがどのように書けるか考えてみよう。これは軸対称・球対称といった対称性のある問題を考えるときに有効になってくる。なお，以下では 3 次元を例に考えるが，それ以外の次元であっても同様に考えられる。

3次元の直交曲線座標系を考える，すなわち計量テンソルが対角的である場合を考える。すると $dq_1 = \sqrt{g_{11}}dx'_1$, $dq_2 = \sqrt{g_{22}}dx'_2$, $dq_3 = \sqrt{g_{33}}dx'_3$ となるような座標系 $\begin{pmatrix} q_1 \\ q_2 \\ q_3 \end{pmatrix}$ を考えることができる†。このとき $h_1 = \sqrt{g_{11}}$, $h_2 = \sqrt{g_{22}}$, $h_3 = \sqrt{g_{33}}$ とすると，あるスカラー場 $f(x'_1, x'_2, x'_3)$ の勾配は

$$\begin{aligned} \boldsymbol{\nabla} f(x'_1, x'_2, x'_3) &= \begin{pmatrix} \dfrac{1}{h_1}\dfrac{\partial f}{\partial x'_1} \\ \dfrac{1}{h_2}\dfrac{\partial f}{\partial x'_2} \\ \dfrac{1}{h_3}\dfrac{\partial f}{\partial x'_3} \end{pmatrix} \\ &= \frac{1}{h_1}\frac{\partial f}{\partial x'_1}\hat{\boldsymbol{q}}_1 + \frac{1}{h_2}\frac{\partial f}{\partial x'_2}\hat{\boldsymbol{q}}_2 + \frac{1}{h_3}\frac{\partial f}{\partial x'_3}\hat{\boldsymbol{q}}_3 \end{aligned} \tag{6.8}$$

と書けることになる。h_1, h_2, h_3 により各成分が長さの次元をもち，デカルト座標と同等に扱えるようになったと思ってもらってよい。

つぎに辺の長さが dq_1, dq_2, dq_3 の（近似的）直方体の表面 S を考える。$\begin{pmatrix} q_1 \\ q_2 \\ q_3 \end{pmatrix}$ が直交曲線座標系であるため，これが「直方体」といえることに注意しよう。

さて，任意のベクトル場 $\boldsymbol{F}$ を考え，$\boldsymbol{F}$ がこの直方体からどれだけ流れ出るかを求めよう。すなわち $\boldsymbol{\nabla}\cdot\boldsymbol{F}dq_1dq_2dq_3$ を求めるということである。そのためには5章で述べたように考えればよいのだが，少し違う点もある。ここでは dq_1, dq_2, dq_3 がすべて x'_1, x'_2, x'_3 の関数になり得るのである。例えば q_1 方向に垂直な面を通過する流れを考えると

$$\begin{aligned} &F_1(x'_1 + dx'_1, x'_2, x'_3)dq_2(x'_1 + dx'_1, x'_2, x'_3)dq_3(x'_1 + dx'_1, x'_2, x'_3) \\ &\quad -F_1(x'_1, x'_2, x'_3)dq_2(x'_1, x'_2, x'_3)dq_3(x'_1, x'_2, x'_3) \end{aligned} \tag{6.9}$$

† これも直交曲線座標系である。

が流出することになる。直方体が無限に小さい極限を考えたいので，式 (6.9) を dx'_1 で割り $dx'_1 \to 0$ の極限を考えると

$$
\begin{aligned}
&\lim_{dx'_1 \to 0} \frac{1}{dx'_1} \left(F_1(x'_1 + dx'_1, x'_2, x'_3) h_2(x'_1 + dx'_1, x'_2, x'_3) h_3(x'_1 + dx'_1, x'_2, x'_3)\right. \\
&\quad \left. - F_1(x'_1, x'_2, x'_3) h_2(x'_1, x'_2, x'_3) h_3(x'_1, x'_2, x'_3)\right) dx'_1 dx'_2 dx'_3 \\
&\quad = \left(\frac{\partial}{\partial x'_1} (h_2 h_3 F_1) \right) dx'_1 dx'_2 dx'_3
\end{aligned}
\tag{6.10}
$$

が流れ出るといえる。h_2 と h_3 も微分の中にあることに注意しよう。そして x'_2，x'_3 方向も同様に考えて

$$
\begin{aligned}
&\boldsymbol{\nabla} \cdot \boldsymbol{F} dq_1 dq_2 dq_3 \\
&\quad = \left(\frac{\partial}{\partial x'_1} (h_2 h_3 F_1) + \frac{\partial}{\partial x'_2} (h_3 h_1 F_2) + \frac{\partial}{\partial x'_3} (h_1 h_2 F_3) \right) dx'_1 dx'_2 dx'_3
\end{aligned}
\tag{6.11}
$$

が得られる。ゆえに

$$
\boldsymbol{\nabla} \cdot \boldsymbol{F} = \frac{1}{h_1 h_2 h_3} \left(\frac{\partial}{\partial x'_1} (h_2 h_3 F_1) + \frac{\partial}{\partial x'_2} (h_3 h_1 F_2) + \frac{\partial}{\partial x'_3} (h_1 h_2 F_3) \right)
\tag{6.12}
$$

が得られ，式 (6.8) と (6.12) から

$$
\begin{aligned}
\boldsymbol{\nabla}^2 f = \frac{1}{h_1 h_2 h_3} &\left(\frac{\partial}{\partial x'_1} \left(\frac{h_2 h_3}{h_1} \frac{\partial f}{\partial x'_1} \right) + \frac{\partial}{\partial x'_2} \left(\frac{h_3 h_1}{h_2} \frac{\partial f}{\partial x'_2} \right) \right. \\
&\left. + \frac{\partial}{\partial x'_3} \left(\frac{h_1 h_2}{h_3} \frac{\partial f}{\partial x'_3} \right) \right)
\end{aligned}
\tag{6.13}
$$

を得る。この式により任意の直交曲線座標系でのラプラシアンが計算できる。

例題 6.3

式 (6.13) に対応する，2 次元でのラプラシアンを求める公式を導け。計量テンソルは対角的であるとする。

【解答】　上で述べたことと同じことを 2 次元でやればよい。式 (6.8) および (6.12) は，2 次元ではそれぞれ

$$\nabla f(x_1, x_2) = \begin{pmatrix} \dfrac{1}{h_1}\dfrac{\partial f}{\partial x_1'} \\ \dfrac{1}{h_2}\dfrac{\partial f}{\partial x_2'} \end{pmatrix}, \quad \nabla \cdot \boldsymbol{F} = \frac{1}{h_1 h_2}\left(\frac{\partial}{\partial x_1'}(h_2 F_1) + \frac{\partial}{\partial x_2'}(h_1 F_2)\right)$$

となるので $\Delta f = \dfrac{1}{h_1 h_2}\left(\dfrac{\partial}{\partial x_1'}\left(\dfrac{h_2}{h_1}\dfrac{\partial f}{\partial x_1'}\right) + \dfrac{\partial}{\partial x_2'}\left(\dfrac{h_1}{h_2}\dfrac{\partial f}{\partial x_2'}\right)\right)$ を得る。

◇

章　末　問　題

【1】 デカルト座標系で書いた3次元微小体積要素は $dxdydz$ である。ヤコビアンを用いて，これを3次元極座標で表示せよ。

【2】 $ds^2 = dx^2 + dy^2 + dz^2$ を3次元極座標で書くことで計量テンソルを求め，【1】と比較することで $|g| = |J|^2$ を確かめよ。

【3】 3次元極座標系でのラプラシアンは見慣れたように

$$\Delta f = \frac{1}{r^2}\frac{\partial}{\partial r}\left(r^2\frac{\partial f}{\partial r}\right) + \frac{1}{r^2 \sin\theta}\frac{\partial}{\partial\theta}\left(\sin\theta\frac{\partial f}{\partial\theta}\right) + \frac{1}{r^2\sin^2\theta}\frac{\partial^2 f}{\partial\phi^2}$$

と書ける。式 (6.13) と【2】の結果からこれを確認せよ。

【4】 2次元極座標 $\begin{pmatrix} r \\ \theta \end{pmatrix}$ でのラプラシアンを書け。

【5】 円筒座標 $\begin{pmatrix} r \\ \phi \\ z \end{pmatrix}$ でのラプラシアンを書け。【4】を用いると簡単に求められる。

【6】 **ミンコフスキー空間**における距離は $ds^2 = c^2dt^2 - dx^2 - dy^2 - dz^2 = dx_0^2 - dx_1^2 - dx_2^2 - dx_3^2$ と書ける[†]。この空間における計量テンソルを書け。

【7】 x 軸方向一定の速さ v で動く座標系での物理量は，光速 c と**ローレンツ因子** $\gamma = \dfrac{1}{\sqrt{1 - v^2/c^2}}$ を用いて

$$\begin{cases} t' = \gamma\left(t - \dfrac{vx}{c^2}\right) \\ x' = \gamma\,(x - vt) \\ y' = y \\ z' = z \end{cases} \tag{6.14}$$

† ミンコフスキー空間，および【7】のローレンツ変換については，例えば引用・参考文献4) を参照せよ。

と書ける（**ローレンツ変換**）。この座標変換によって微小体積要素が不変に保たれることを示せ。

【8】 積分 $I = \int_{-\infty}^{\infty} e^{-\alpha x^2} dx$ を求めたい。ここで α は正定数である。

(1) $I^2 = \int_{-\infty}^{\infty} e^{-\alpha x^2} dx \int_{-\infty}^{\infty} e^{-\alpha y^2} dy = \int_{-\infty}^{\infty} dx \int_{-\infty}^{\infty} dy e^{-\alpha(x^2+y^2)}$ を求めよ。2 次元極座標への変換が有益である。

(2) I を求めよ。なお，この積分は物理学の至るところに出てくる。

これ以降の問題も含めて，面積分は 4 章の方法でもちろん計算できる。多様なアプローチの練習として取り組んでもらいたい。

【9】 $0 \leq 5x - y \leq 4$, $0 \leq x + 2y \leq 3$ の領域 S で面積分 $\int_S (5x-y)(x+2y)^2 dxdy$ を求めよ。

【10】 $0 \leq x+y \leq \dfrac{\pi}{4}$, $0 \leq 2x-y \leq \dfrac{\pi}{4}$ の領域 S で面積分 $\int_S \sin(x+y)\cos(2x-y)dxdy$ を求めよ。

【11】 2 次元系において，デカルト座標系 $\begin{pmatrix} x \\ y \end{pmatrix}$ と座標系 $\begin{pmatrix} u \\ v \end{pmatrix}$ がある変換によって結びつくとき，$\begin{pmatrix} u \\ v \end{pmatrix}$ が直交曲線座標系であるとは，$d\boldsymbol{s}_u = \begin{pmatrix} \dfrac{\partial x}{\partial u} \\ \dfrac{\partial y}{\partial u} \end{pmatrix} du$ と $d\boldsymbol{s}_v = \begin{pmatrix} \dfrac{\partial x}{\partial v} \\ \dfrac{\partial y}{\partial v} \end{pmatrix} dv$ が直交すること，すなわち

$$\frac{\partial x}{\partial u}\frac{\partial x}{\partial v} + \frac{\partial y}{\partial u}\frac{\partial y}{\partial v} = 0$$

を満たすことであると解釈できる。$u + iv$ が $z = x + iy$ の正則関数 $f(z)$ であるとき，$\begin{pmatrix} u \\ v \end{pmatrix}$ はつねに直交曲線座標系になることを示せ。なお，正則関数の逆関数も正則関数であり，$x + iy$ が $w = u + iv$ の正則関数 $h(w)$ であると考えてよい。

【12】 **【11】**の条件では以下の関係式も成り立つことを示せ。

$$\left(\frac{\partial x}{\partial u}\right)^2 + \left(\frac{\partial y}{\partial u}\right)^2 = \left(\frac{\partial x}{\partial v}\right)^2 + \left(\frac{\partial y}{\partial v}\right)^2$$

【11】と本問から，$\begin{pmatrix} u \\ v \end{pmatrix}$ 座標系での計量テンソルが単位テンソルのスカラー倍になっていることを確かめよ。

【13】 **【11】**での $f(z)$ を $f(z) = \operatorname{arccosh} \dfrac{z}{a}$ （a は正定数）とする。

(1) $\begin{pmatrix} x \\ y \end{pmatrix}$ と $\begin{pmatrix} u \\ v \end{pmatrix}$ の間に

$$\begin{cases} x = a\cosh u \cos v \\ y = a\sinh u \sin v \end{cases}$$

の関係があることを示せ。

(2) 等 u 線と等 v 線がそれぞれ楕円と双曲線になることを示せ。

(3) ヤコビアン $\left|\dfrac{\partial(x,y)}{\partial(u,v)}\right|$ および $\begin{pmatrix} u \\ v \end{pmatrix}$ 座標系での計量テンソルとラプラシアンを計算せよ。

(4) $0 \leq u \leq u_0$, $0 \leq v \leq 2\pi$（u_0 はある正定数）で定められる領域を S として $\displaystyle\int_S dS$ を求めよ。この結果は当然ある面積を表しているが，具体的にどのような図形の面積か，(2) の結果と関係づけて説明せよ。

【14】 **【11】**での $f(z)$ を $f(z) = 2i \operatorname{arccoth} \dfrac{z}{a}$（$a$ は正定数）とする。arccoth は coth の逆関数である。

(1) $\begin{pmatrix} x \\ y \end{pmatrix}$ と $\begin{pmatrix} u \\ v \end{pmatrix}$ の間に

$$\begin{cases} x = a\dfrac{\sinh v}{\cosh v - \cos u} \\ y = a\dfrac{\sin u}{\cosh v - \cos u} \end{cases}$$

の関係があることを示せ。

(2) ヤコビアン $\left|\dfrac{\partial(x,y)}{\partial(u,v)}\right|$ および $\begin{pmatrix} u \\ v \end{pmatrix}$ 座標系での計量テンソルとラプラシアンを計算せよ。

【15】 **【11】**での $f(z)$ を $f(z) = \log z$ とする。

(1) $\begin{pmatrix} x \\ y \end{pmatrix}$ と $\begin{pmatrix} u \\ v \end{pmatrix}$ の間に

$$\begin{cases} x = e^u \cos v \\ y = e^u \sin v \end{cases}$$

の関係があることを示せ。

(2) ヤコビアン $\left|\dfrac{\partial(x,y)}{\partial(u,v)}\right|$ を求めよ。

(3) $\begin{pmatrix} u \\ v \end{pmatrix}$ 座標系での計量テンソルとラプラシアンを書け。

(4) 4 本の曲線 $u = 0, u = \ln 2, v = \dfrac{\pi}{4}, v = \dfrac{\pi}{2}$ によって囲まれた領域の面積を求めよ。

【16】 **【11】**での $f(z)$ を $f(z) = \sqrt{2z}$ とする。

(1) $\begin{pmatrix} x \\ y \end{pmatrix}$ と $\begin{pmatrix} u \\ v \end{pmatrix}$ の間に

$$\begin{cases} x = \dfrac{u^2 - v^2}{2} \\ y = uv \end{cases}$$

の関係があることを示せ。

(2) ヤコビアン $\left| \dfrac{\partial(x, y)}{\partial(u, v)} \right|$ を求めよ。

(3) $\begin{pmatrix} u \\ v \end{pmatrix}$ 座標系での計量テンソルとラプラシアンを計算せよ。

(4) 4 本の曲線 $u = 1, u = 2, v = 1, v = 2$ によって囲まれた領域の面積を求めよ。

なお,**【13】**から本問は『岩波数学公式 I』[8)] を参考にした。

【17】 **【13】**~**【16】**の結果からわかるように, 正則関数を用いた 2 次元での変換は, 計量テンソルが単位テンソルのスカラー倍になる。このことを, 具体的な $f(z)$ の形を仮定せずに示せ。なお, この結果は**【11】**と調和的であることに注意せよ。

【18】 4 次元球の体積を求めたい。いろいろ方法はあるのだが, ここでは 4 次元極座標を導入して求めてみよう。

(1) 4 次元デカルト座標 $\begin{pmatrix} x_1 \\ x_2 \\ x_3 \\ x_4 \end{pmatrix}$ に対して, 4 次元極座標 $\begin{pmatrix} r \\ \theta \\ \phi \\ \psi \end{pmatrix}$ を以下のように定義する (1 章章末問題**【22】**も参照せよ)。

$$\begin{cases} x_1 = r \sin\theta \sin\phi \sin\psi \\ x_2 = r \sin\theta \sin\phi \cos\psi \\ x_3 = r \sin\theta \cos\phi \\ x_4 = r \cos\theta \end{cases}$$

ここで $0 \leq r \leq \infty$, $0 \leq \theta \leq \pi$, $0 \leq \phi \leq \pi$, $0 \leq \psi \leq 2\pi$ である。

ヤコビアン $\left|\dfrac{\partial(x_1,x_2,x_3,x_4)}{\partial(r,\theta,\phi,\psi)}\right|$ を求めよ。ここで $d\boldsymbol{s}_u \equiv \begin{pmatrix} \dfrac{\partial x_1}{\partial u} \\ \dfrac{\partial x_2}{\partial u} \\ \dfrac{\partial x_3}{\partial u} \\ \dfrac{\partial x_4}{\partial u} \end{pmatrix} du$

$(u = r, \theta, \phi, \psi)$ がすべてたがいに直交することは証明せずに用いてよい（もちろん素直に 4×4 の行列式を計算してもよい）。

(2) $\begin{pmatrix} x_1 \\ x_2 \\ x_3 \\ x_4 \end{pmatrix}$ 空間での微小体積要素は $dx_1dx_2dx_3dx_4$ である。これと (1) の結果を用いて，半径 $r = R$ の 4 次元球の体積を求めよ。

【19】 4 次元系でもガウスの法則が成り立つことを確かめたい。ベクトル場 $\boldsymbol{F} = \begin{pmatrix} x_1 \\ x_2 \\ x_3 \\ x_4 \end{pmatrix}$ について，半径 R の 4 次元球の表面を S，内部を V としてガウスの発散定理が成り立つことを確かめよ。

【20】 方程式

$$F(\lambda) = \frac{x^2}{a-\lambda} + \frac{y^2}{b-\lambda} + \frac{z^2}{c-\lambda} - 1 = 0 \tag{6.15}$$

で与えられる曲面について考える。ここで λ および $0 < a < b < c$ は実数である。

(1) 式 (6.15) が与える曲面のうち，原点以外の点 $\begin{pmatrix} x \\ y \\ z \end{pmatrix}$ を通るものが必ず 3 面あることを示せ。とりあえず x, y, z を定数だと思って $F(\lambda)$ のグラフを描いてみるとよい。

(2) (1) で得られた 3 面を記述する λ の値を小さいほうから順に u, v, w とする。等 u 面，等 v 面，等 w 面はそれぞれどのような曲面か。

(3) $\begin{pmatrix} x \\ y \\ z \end{pmatrix}$ と $\begin{pmatrix} u \\ v \\ w \end{pmatrix}$ の間に

$$\left\{\begin{array}{l} x^2 = \dfrac{(a-u)(a-v)(a-w)}{(b-a)(c-a)} \\ y^2 = \dfrac{(b-u)(b-v)(b-w)}{(c-b)(a-b)} \\ z^2 = \dfrac{(c-u)(c-v)(c-w)}{(a-c)(b-c)} \end{array}\right. \tag{6.16}$$

の関係があることを示せ。

(4) $\begin{pmatrix} u \\ v \\ w \end{pmatrix}$ 座標系におけるラプラシアンを求めよ。

コーヒーブレイク

ヤコビアンにその名を残すヤコビの本名はカール・グスタフ・ヤコブ・ヤコビというそうである。ヤコブ（Jacob）は，いうまでもないが聖書由来の人名である。西洋の人名の由来にはいくつか種類があり，ヤコブのように聖書由来のものもあれば，動物の名前や，職業名に由来するものも多い。このような由来というのはいろいろな言語に遍く広まっているようで，有名な例ではムクドリに由来するマルタン（仏），コクマルガラスのカフカ（チェコ），鍛冶屋のスミス（英），シュミット（独），クズネツォフ（露）あたりがある[9)]。あるいは，○○の息子という意味で○○センや○○ソン（北欧），マック○○（スコットランド）という接辞が付くということも広く見られる。

こういった「普遍性」というのは物理の視点から見ても興味深い。由来ごとに人名を分類したとき，その数はべき分布なのか，べき値はいくつなのか，国ごとにべき値は違うのか，そしてそれは何が決めているのか，などいろいろなアプローチがあると思われる。社会系の物理学はそれほど扱う人がいないが，逆に発展性もあるのではなかろうか。

7 座標変換 (2)

6 章では一般的な座標変換を扱った。ここではその中でも物理の問題でよく使われる座標系の回転というものに着目したい。ある角度だけ回転させたり等速で回転させたりするが，あくまでも一般的な座標変換の中の一つの例であるから，これまで学んだことが理解できていれば問題なく理解してもらえるだろう。加えて，ベクトルという物理量の拡張としてテンソルという物理量も導入したい。ベクトルやテンソルが座標変換に伴ってどのように変形するか，じっくり味わってもらいたい。

7.1 座標系の回転

座標系を回転させたときに，座標の値がどのように変化するか見てみよう。**図 7.1** を参考にすると，z 軸の周りに角度 θ だけ回転させた座標系で見たとき，元の座標系で $\begin{pmatrix} x \\ y \\ z \end{pmatrix}$ であった点の座標 $\begin{pmatrix} X \\ Y \\ Z \end{pmatrix}$ は

$$\begin{pmatrix} X \\ Y \\ Z \end{pmatrix} = \begin{pmatrix} \cos\theta & \sin\theta & 0 \\ -\sin\theta & \cos\theta & 0 \\ 0 & 0 & 1 \end{pmatrix} \begin{pmatrix} x \\ y \\ z \end{pmatrix} \tag{7.1}$$

と書けることがわかる。x, y 軸についても同様であり，これらを組み合わせることもできる。旧座標系 $\begin{pmatrix} x \\ y \\ z \end{pmatrix}$ を x 軸の周りに角度 α だけ回転させて $\begin{pmatrix} x \\ y' \\ z' \end{pmatrix}$

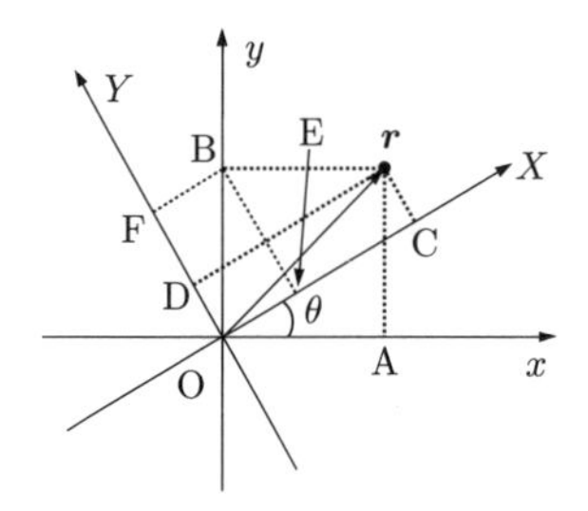

OE = OB sin θ，EC = OA cos θ，OF = OB cos θ，DF = OA sin θ であり，OA は点 $\boldsymbol{r}$ の x 座標，OB はその y 座標であるから，式 (7.1) が確かめられるであろう。なお，この図では $0 \leq \theta \leq \frac{\pi}{2}$ かつ第 1 象限の点に限定しているが，それ以外の角度・象限でも同様に確認できる。

図 7.1　回転された座標系

とし，さらにそれを y' 軸の周りに角度 β だけ回転させて $\begin{pmatrix} x' \\ y' \\ Z \end{pmatrix}$ とする。さらにそれを Z 軸の周りに角度 γ だけ回転させて $\begin{pmatrix} X \\ Y \\ Z \end{pmatrix}$ になったとすると，旧座標系と新座標系は

$$\begin{pmatrix} X \\ Y \\ Z \end{pmatrix} = \begin{pmatrix} \cos\gamma & \sin\gamma & 0 \\ -\sin\gamma & \cos\gamma & 0 \\ 0 & 0 & 1 \end{pmatrix} \begin{pmatrix} \cos\beta & 0 & -\sin\beta \\ 0 & 1 & 0 \\ \sin\beta & 0 & \cos\beta \end{pmatrix} \cdot \begin{pmatrix} 1 & 0 & 0 \\ 0 & \cos\alpha & \sin\alpha \\ 0 & -\sin\alpha & \cos\alpha \end{pmatrix} \begin{pmatrix} x \\ y \\ z \end{pmatrix} \tag{7.2}$$

で結びつく。

例題 7.1

$\begin{pmatrix} x \\ y \\ z \end{pmatrix}$ 座標系と，それを z 軸中心に反時計回りに $\dfrac{\pi}{6}$ 回転させた $\begin{pmatrix} X \\ Y \\ Z \end{pmatrix}$ 座標系を考える。平面 $\Sigma : x - \sqrt{3}y = 0$ が XZ 平面になることを示し，こ

の理由を考えよ。

【解答】 XYZ は

$$\begin{pmatrix} X \\ Y \\ Z \end{pmatrix} = \begin{pmatrix} \frac{\sqrt{3}}{2} & \frac{1}{2} & 0 \\ -\frac{1}{2} & \frac{\sqrt{3}}{2} & 0 \\ 0 & 0 & 1 \end{pmatrix} \begin{pmatrix} x \\ y \\ z \end{pmatrix} = \begin{pmatrix} \frac{\sqrt{3}x + y}{2} \\ \frac{-x + \sqrt{3}y}{2} \\ z \end{pmatrix} \tag{7.3}$$

と書けるので，平面 $x - \sqrt{3}y = 0$ が平面 $Y = 0$，すなわち XZ 平面になることは明らかである。

そもそも Σ が xz 平面と $\frac{\pi}{6}$ の角度をなし，原点を通る平面であることは明らかである。ゆえに xyz 座標系を z 軸中心に $\frac{\pi}{6}$ だけ回転させた XYZ 座標系を導入すればそれが XZ 平面と一致するのは自明である。

7.2 等速回転座標系

z 軸周りに角速度 ω で等速回転する座標系 $\begin{pmatrix} X \\ Y \\ Z \end{pmatrix}$ で見た座標が元の $\begin{pmatrix} x \\ y \\ z \end{pmatrix}$ 系での座標を用いてどのように書けるか，7.1 節の結果を応用して考えてみよう。これは例えば地球のように自転する系の表面上で起こる現象の記述に適している。これを考えると，式 (7.1) を用いて

$$X = x\cos\omega t + y\sin\omega t, \quad Y = -x\sin\omega t + y\cos\omega t, \quad Z = z \tag{7.4}$$

と書けるのがわかる。そしてこれらの逆変換†は

---

† 式 (7.4) を x, y, z について解いたと考えてもよいし，$\begin{pmatrix} X \\ Y \\ Z \end{pmatrix}$ 系を $-\omega t$ だけ回転させたものが $\begin{pmatrix} x \\ y \\ z \end{pmatrix}$ 系であると考えてもよい。

$$x = X\cos\omega t - Y\sin\omega t, \quad y = X\sin\omega t + Y\cos\omega t, \quad z = Z \tag{7.5}$$

と得られる。ここでは運動方程式が $\begin{pmatrix} X \\ Y \\ Z \end{pmatrix}$ 系でどのように書けるか考察するために，これの時間での二階微分を考えたい。まず x 成分だけ計算すると

$$\begin{aligned} \frac{d^2x}{dt^2} &= (\ddot{X}\cos\omega t - \ddot{Y}\sin\omega t) - 2\omega(\dot{X}\sin\omega t + \dot{Y}\cos\omega t) \\ &\quad - \omega^2(X\cos\omega t - Y\sin\omega t) \end{aligned} \tag{7.6}$$

を得る。ここでドットは時間微分を表す。一方，$\begin{pmatrix} x \\ y \\ z \end{pmatrix}$ 系，$\begin{pmatrix} X \\ Y \\ Z \end{pmatrix}$ 系で書いた力の成分をそれぞれ $\begin{pmatrix} F_x \\ F_y \\ F_z \end{pmatrix}$，$\begin{pmatrix} F_X \\ F_Y \\ F_Z \end{pmatrix}$ と書くと，やはり式 (7.1)（の逆変換）を用いて

$$\begin{aligned} &F_x = F_X\cos\omega t - F_Y\sin\omega t, \quad F_x = F_X\sin\omega t + F_Y\cos\omega t, \\ &F_z = F_Z \end{aligned} \tag{7.7}$$

となる。ゆえに運動方程式の x 成分は

$$\begin{aligned} &m(\ddot{X}\cos\omega t - \ddot{Y}\sin\omega t) - 2m\omega(\dot{X}\sin\omega t + \dot{Y}\cos\omega t) \\ &\quad - m\omega^2(X\cos\omega t - Y\sin\omega t) \\ &\qquad = F_X\cos\omega t - F_Y\sin\omega t \end{aligned} \tag{7.8}$$

であり，y 成分に関しても同じ計算をし整理すると（z 成分については問題ないであろう）

$$\begin{cases} m\ddot{X} = F_X + 2m\omega\dot{Y} + m\omega^2 X \\ m\ddot{Y} = F_Y - 2m\omega\dot{X} + m\omega^2 Y \\ m\ddot{Z} = F_Z \end{cases} \tag{7.9}$$

を得る。X, Y 成分に現れる第 2 項が**コリオリ力**，第 3 項が**遠心力**を表す。さらに整理して $\boldsymbol{r}' = \begin{pmatrix} X \\ Y \\ Z \end{pmatrix}$，$\boldsymbol{F}' = \begin{pmatrix} F_X \\ F_Y \\ F_Z \end{pmatrix}$ とすれば

$$m\ddot{\boldsymbol{r}}' = \boldsymbol{F}' + 2m\dot{\boldsymbol{r}}' \times \boldsymbol{\omega} - m\boldsymbol{\omega} \times (\boldsymbol{\omega} \times \boldsymbol{r}') \tag{7.10}$$

という運動方程式を得る。ここで $\boldsymbol{\omega} = \omega\hat{\boldsymbol{n}}$（$\hat{\boldsymbol{n}}$ は回転軸方向を指す単位ベクトル）である。繰り返しになるが，右辺第 2 項がコリオリ力，第 3 項が遠心力を表す。

例題 7.2

北緯 30° の地点において，質量 180 g のボールを地面に対して水平に北へ向かって 40 m/s で投げる。このボールに働くコリオリ力の大きさを答えよ。重力や空気抵抗などによる速度変化は考えず，地球は正確に 24 時間で 1 回転するものとする。

【解答】 与えられた式に値を代入して $2 \cdot 0.18 \cdot 40 \cdot \dfrac{2\pi}{60 \cdot 60 \cdot 24} \cdot \sin 30^\circ = \dfrac{\pi}{6\,000}$〔N〕と得られる。

7.3 テ ン ソ ル

いままでベクトルとは何かを特に意識せずにきた。いくつかの成分をもつ量，という程度の認識だったかもしれないが，今回出てきた式 (7.2) が実はベクトルの定義であると思ってもらってよい。「座標変換に対して式 (7.2) のように変換するもの」がベクトルであると思ってもらえば問題ない。

このような変換性をもつ量をさらに拡張して**テンソル**という量を考えることができる（すでに 6 章で計量テンソルが出てきているが）。添え字が 2 個，3 個，… とあるわけで，特に 0 階のテンソルがスカラー，1 階のテンソルがベクトル

である。なお,「2 階のテンソル $\neq$ 行列」という意識は軽くでももっておくとよい。たまたま 2 階のテンソルが行列で書けるだけである。ただ,実際には行列で物理量を扱っているのだと考えてもそれほど問題はない。

例題 7.3

1. 上述のように,高階のテンソル量もベクトルと同じように座標系の変換によって成分を変える。簡単のため z 軸の周りに角度 θ だけ回転させた座標系を考えよう。このとき,元の座標系での 2 階のテンソル A が A' に変換されるとする。A' の第 (i,j) 成分 A'_{ij} は当然 A の第 (k,l) 成分 A_{kl} を用いて書けるが,その関係式は,式 (7.1) の右辺の係数行列を P と置いて

$$A'_{ij} = P_{ik}P_{jl}A_{kl} \tag{7.11}$$

となる。A'_{ij} を具体的に書き下せ。

2. 1. の A_{kl} をクロネッカーのデルタ δ_{kl} に置き換えると,得られる A'_{ij} はやはりクロネッカーのデルタとなること,すなわち $A'_{11} = A'_{22} = A'_{33} = 1$ で他の成分はゼロとなることを示せ。

3. 2 階のテンソル B に対して,行列と同様に ${}^tB$ を定義する。すなわち B を n 次正方行列表示して (n は自然数),n 以下の任意の i, j に対して $B_{ij} = {}^tB_{ji}$ である。このとき $C = \dfrac{B + {}^tB}{2}$ と $D = \dfrac{B - {}^tB}{2}$ を定義すると,$C = {}^tC$, $D = -{}^tD$ となることを示せ。

【解答】

1. 与えられた関係式から

$$\begin{pmatrix} A'_{11} & A'_{12} & A'_{13} \\ A'_{21} & A'_{22} & A'_{23} \\ A'_{31} & A'_{32} & A'_{33} \end{pmatrix}$$
$$= \begin{pmatrix} \cos\theta & \sin\theta & 0 \\ -\sin\theta & \cos\theta & 0 \\ 0 & 0 & 1 \end{pmatrix} \begin{pmatrix} A_{11} & A_{12} & A_{13} \\ A_{21} & A_{22} & A_{23} \\ A_{31} & A_{32} & A_{33} \end{pmatrix} \begin{pmatrix} \cos\theta & -\sin\theta & 0 \\ \sin\theta & \cos\theta & 0 \\ 0 & 0 & 1 \end{pmatrix}$$

$$
= \begin{pmatrix} A_{11}\cos^2\theta + A_{22}\sin^2\theta & -(A_{11}-A_{22})\cos\theta\sin\theta & A_{13}\cos\theta + A_{23}\sin\theta \\ \quad +(A_{12}+A_{21})\cos\theta\sin\theta & \quad +A_{12}\cos^2\theta - A_{21}\sin^2\theta & \\ & & \\ -(A_{11}-A_{22})\cos\theta\sin\theta & A_{11}\sin^2\theta + A_{22}\cos^2\theta & -A_{13}\sin\theta + A_{23}\cos\theta \\ \quad -A_{12}\sin^2\theta + A_{21}\cos^2\theta & \quad -(A_{12}+A_{21})\cos\theta\sin\theta & \\ & & \\ A_{31}\cos\theta + A_{32}\sin\theta & -A_{31}\sin\theta + A_{32}\cos\theta & A_{33} \end{pmatrix} \tag{7.12}
$$

となる。簡単な 1 軸周りの回転でも複雑な表現になることがわかるだろう。なお，式 (7.12) の中段一番右の行列が P の転置になっていることに注意せよ。なぜこのようになるのか，式 (7.11) の添え字をよく見て考えてみよう。

2. 1. の結果の式で $A_{11} = A_{22} = A_{33} = 1$，他の A の成分をゼロとすると，題意を満たしていることは容易に確認できる。
3. $C_{ij} = \dfrac{B_{ij}+B_{ji}}{2} = \dfrac{B_{ji}+B_{ij}}{2} = C_{ji}$，$D_{ij} = \dfrac{B_{ij}-B_{ji}}{2} = -\dfrac{B_{ji}-B_{ij}}{2} = -D_{ji}$ よりすぐにわかる。

章　末　問　題

【1】 原点を共有する直交座標どうしの移り変わりに限っても，例えば軸の拡大・縮小を伴う座標変換は式 (7.2) では表現できない。この他で，回転によってたがいに移り変われない座標変換の例を挙げよ。

【2】 式 (7.1) は z 軸を中心とした回転を考えており $Z = z$ は当然である。ゆえに xy 平面内の座標変換として

$$
\begin{pmatrix} X \\ Y \end{pmatrix} = \begin{pmatrix} \cos\theta & \sin\theta \\ -\sin\theta & \cos\theta \end{pmatrix} \begin{pmatrix} x \\ y \end{pmatrix} \tag{7.13}
$$

としてよい。さて，ここで θ が微小量 $\delta\theta\,(\ll 1)$ であるとき，$\boldsymbol{R} = \begin{pmatrix} X \\ Y \end{pmatrix}$，$\boldsymbol{r} = \begin{pmatrix} x \\ y \end{pmatrix}$ として

$$
\boldsymbol{R} \sim \boldsymbol{r} + \frac{\partial \boldsymbol{r}}{\partial \phi}\delta\theta \tag{7.14}
$$

と近似されることを示せ。ここで 2 次元極座標 $\begin{pmatrix} r \\ \phi \end{pmatrix}$ を導入した†。

【3】 簡単な例を用いて，座標系の回転が順番に依存することを実感しよう。デカルト座標系で $\boldsymbol{c} = \begin{pmatrix} 1 \\ 0 \\ 0 \end{pmatrix}$ というベクトルを考える。元の座標系を $\begin{pmatrix} x \\ y \\ z \end{pmatrix}$ とし，まずこれを x 軸周りに $\dfrac{\pi}{2}$ 回転させた座標系を $\begin{pmatrix} x_1 \\ y_1 \\ z_1 \end{pmatrix}$，これをさらに y_1 軸周りに $\dfrac{\pi}{2}$ 回転させた座標系を $\begin{pmatrix} x_2 \\ y_2 \\ z_2 \end{pmatrix}$ とする。一方，元の座標系を y 軸周りに $\dfrac{\pi}{2}$ 回転させた座標系を $\begin{pmatrix} x_3 \\ y_3 \\ z_3 \end{pmatrix}$，これをさらに x_3 軸周りに $\dfrac{\pi}{2}$ 回転させた座標系を $\begin{pmatrix} x_4 \\ y_4 \\ z_4 \end{pmatrix}$ とする。座標系 $\begin{pmatrix} x_2 \\ y_2 \\ z_2 \end{pmatrix}$ と $\begin{pmatrix} x_4 \\ y_4 \\ z_4 \end{pmatrix}$ において $\boldsymbol{c}$ は成分表示でどのように書けるか。

【4】 式 (7.1) や (7.2) はあくまでも「座標系を回転させたときにベクトルの表示がどのように変わるか」ということを表していることに注意しよう。ベクトルを回転させているのではない。それではベクトル $\begin{pmatrix} 2 \\ 0 \\ 0 \end{pmatrix}$ を z 軸周り反時計回りに $\dfrac{\pi}{6}$ 回転させたとき，成分表示はどのように変わるか。

【5】 式 (7.2) で $|J| = \left| \dfrac{\partial(x, y, z)}{\partial(X, Y, Z)} \right| = 1$ を示せ。これは，座標系の回転だけでは微小体積要素の大きさの変化が起こらないことを意味している。

【6】 方程式 $5x^2 + 4xy + 2y^2 + 3x + ay + 1 = 0$（$a$ は実数）が xy 平面上の楕円の方程式となるとき，a がとり得る値の範囲を求めよ。

【7】 球 $(x - x_0)^2 + (y - y_0)^2 + (z - z_0)^2 = R^2$ を考える（x_0, y_0, z_0 は定数，R は正定数）。原点を中心としたどのような座標系の回転を施しても球の方程式が

† これまで 2 次元極座標の角度成分は θ で書いてきたが，座標系間の回転角と区別するため ϕ を用いている。

得られることを示せ。またそのとき中心の座標はどのように書けるか。

【8】 回転放物面 $S: z = x^2 + y^2$ を平面 $\Sigma: x + 4y - 2z = 2$ で切ることを考える。切断面を xy 平面に射影したときに円が得られるのは3章章末問題【6】で示したが，yz 平面に射影したときは楕円が得られることを示せ。

【9】 回転放物面 $S_1: z = x^2 + y^2$ と平面 $S_2: x + z - 6 = 0$ がある。

(1) 両者の交線 L を xy 平面に射影した曲線の方程式を求め，それが円になることを示せ。

(2) (1)の結果を用いて L が囲む領域の面積を求めよ。

(3) 元の座標系を y 軸周りに $\dfrac{\pi}{4}$ だけ回転させた座標系を $\begin{pmatrix} X \\ Y \\ Z \end{pmatrix}$ とする。この座標系で L を記述し，L が楕円であることを示せ。

(4) (3)の結果を用いて L が囲む領域の面積を求め，(2)の結果と一致することを確かめよ。

(5) y 軸周りに $\dfrac{\pi}{4}$ だけ回転と天下り的に与えたが，この方法でうまく計算できる理由を考えよ。

【10】 楕円面 $S_1: x^2 + \dfrac{y^2}{4} + z^2 = 1$ と平面 $S_2: -\sqrt{3}y + z + 1 = 0$ の交線 L が囲む領域の面積を求めよ。

【11】 二葉回転双曲面 $\Sigma_1: z^2 = \dfrac{x^2 + y^2}{4} + 1$ および平面 $\Sigma_2: 7y - 22z + 38 = 0$ を考え，両曲面上の3点として A $\begin{pmatrix} 4 \\ 4 \\ 3 \end{pmatrix}$，B $\begin{pmatrix} -4 \\ 4 \\ 3 \end{pmatrix}$，C $\begin{pmatrix} 0 \\ -\dfrac{3}{2} \\ \dfrac{5}{4} \end{pmatrix}$ をとる。

(1) Σ_2 面上にあり，かつ Σ_1 に A で接する直線 l_A の方程式を求めよ。

(2) 同様に，Σ_2 面上にあり，かつ Σ_1 に B で接する直線 l_B，C で接する直線 l_C の方程式を求めよ。

(3) l_A と l_B の交点を P，l_B と l_C の交点を Q，l_C と l_A の交点を R とする。3点 P，Q，R の座標を求めよ。

(4) 三角形 PQR の面積を求めよ。

(5) 題意より点 P，Q，R は Σ_2 上にある。Σ_2 が平面 $Z = Z_0$（Z_0 は定数）となるような座標系 $\begin{pmatrix} X \\ Y \\ Z \end{pmatrix}$ を得て三角形 PQR の面積を求め，(4)と一致することを確かめよ。

【12】 閉曲線 $C: 4x^2 + y^2 = 1,\ z = \sqrt{3}x$ を考える。C によって囲まれた領域の面積 S を二つの方法で求めたい。

(1) C を xy 平面上に射影した曲線を C' とする。C' に囲まれた領域の面積 S' を求めよ。

(2) C を含む平面が xy 平面と $\dfrac{\pi}{3}$ の角度をなすことを利用して S を求めよ。

(3) 別のアプローチを考える。$\begin{pmatrix} x \\ y \\ z \end{pmatrix}$ 座標系を y 軸の周りに $-\dfrac{\pi}{3}$ だけ回転させた座標系を $\begin{pmatrix} X \\ Y \\ Z \end{pmatrix}$ 座標系とする。C の方程式を X, Y, Z で表せ。

(4) (3) の結果を用いて S を求めよ。

【13】 閉曲線 $C: 3x^2 + 2xy + 3y^2 - 2 = 0,\ x + y - \sqrt{2}z = 0$ を考える。C によって囲まれた領域の面積 S を二つの方法で求めたい。

(1) C を xy 平面上に射影した曲線を C' とする。xyz 座標系を z 軸の周りに $\dfrac{\pi}{4}$ だけ回転させた座標系を $\begin{pmatrix} x' \\ y' \\ z' \end{pmatrix}$ 座標系として，C' の方程式を x', y', z' で表せ。

(2) (1) の結果を利用し，C' によって囲まれた領域の面積 S' を求めよ。

(3) C を含む平面が $x'y'$ 平面となす角度 β を求めよ。ただし $0 \leq \beta \leq \dfrac{\pi}{2}$ とする。

(4) S を求めよ。

(5) 別のアプローチを考える。$\begin{pmatrix} x' \\ y' \\ z' \end{pmatrix}$ 座標系を y' 軸の周りに $-\beta$ だけ回転させた座標系を $\begin{pmatrix} X \\ Y \\ Z \end{pmatrix}$ 座標系とする。C の方程式を X, Y, Z で表せ。

(6) (5) の結果を用いて S を求めよ。

【14】 3 次元デカルト座標系 I と，z 軸周りに角速度 ω で等速回転している座標系 R を考える。任意のベクトル場 $\boldsymbol{F}$ の I，R で見た時間微分をそれぞれ $\left(\dfrac{d\boldsymbol{F}}{dt}\right)_I$，$\left(\dfrac{d\boldsymbol{F}}{dt}\right)_R$ とすると，以下の公式が成り立つことを示せ。

$$\left(\frac{d\boldsymbol{F}}{dt}\right)_I = \left(\frac{d\boldsymbol{F}}{dt}\right)_R + \boldsymbol{\omega} \times \boldsymbol{F}$$

ここで $\boldsymbol{\omega} = \begin{pmatrix} 0 \\ 0 \\ \omega \end{pmatrix}$ は角速度ベクトルである。

【15】 台風の巻く向きが北半球では反時計回りになる理由を，式 (7.10) を用いて説明せよ。

【16】 木星で例題 7.2 と同じ設定を考えてみよう。木星の北緯 30° の地点において，質量 180 g のボールを地面に対して水平に北へ向かって 40 m/s で投げたとき，このボールに働くコリオリ力の大きさは例題 7.2 の結果の何倍か。重力や空気抵抗などによる速度変化は考えない。また木星の半径は地球の 11 倍，自転周期は（地球で測った時間で）10 時間とする。

【17】 2 階のテンソル T について，$T_{ij,j}$ という物理量を考える。ここで $i,j=1,2,3$ であり，またコンマ j は第 j 成分で偏微分することを表す。ある領域 V とその表面 S を考えたとき，「$T_{ij,j}$ の V 内での体積積分」と「T_{ij} の S 上での法線面積分」が等しくなることを示せ。

【18】 4 階のテンソルの各成分を C_{ijkl} と書く（$i,j,k,l=1,2,3$）。成分は $3^4=81$ 個あることになるが，ここに以下の条件を考える。

$$C_{ijkl} = C_{jikl}, \quad C_{ijkl} = C_{ijlk}, \quad C_{ijkl} = C_{klij} \tag{7.15}$$

このとき，独立な成分が 21 個になることを示せ。

【19】 均質等方な線形弾性体におけるひずみテンソル ε_{ij} と応力テンソル σ_{ij}（$i,j=1,2,3$）は，変位場 $\boldsymbol{u}$ と**ラメ定数** λ，μ を用いて以下のように与えられる。

$$\varepsilon_{ij} = \frac{1}{2}\left(\frac{\partial u_i}{\partial x_j} + \frac{\partial u_j}{\partial x_i}\right), \ \sigma_{ij} = \lambda\varepsilon_{kk}\delta_{ij} + 2\mu\varepsilon_{ij} \tag{7.16}$$

ひずみは連続体内の変形を表現し，応力はそこで力がどのように働いているかを記述できる物理量である†。また運動方程式は（導出はすべて省略して）

$$\rho\ddot{u}_i = \sigma_{ij,j} \tag{7.17}$$

となる。ここで ρ は連続体の密度（一定）であり，コンマ j は**【17】**と同様に第 j 成分で偏微分することを表す。なお，外力 $\boldsymbol{f}$ を考えるのがより一般的だ

† 応力自体が力というわけではない。このあたりを本書内で詳しく述べることは難しいので，知りたい人は引用・参考文献 10) などを参照してほしい。

が，ここでは無視する。変位 $\boldsymbol{u}$ はあくまでも「場」であって，特定の質点がどのように動いたかを記述するものとは異なるという点に注意してほしい。

連続体の運動の取扱いにはあまり慣れていないかもしれないが，少なくとも **【17】**から「$\rho\ddot{u}_i$ の体積積分」が「σ_{ij} の表面積分」で表されることはイメージできるのではないだろうか。式 (7.17) が意味するところは，簡単にいってしまえば「連続体の運動量変化は表面に働く応力の足し合わせで書ける」ということである。

(1) 運動方程式 (7.17) が

$$\rho\frac{\partial^2\boldsymbol{u}}{\partial t^2} = (\lambda+2\mu)\boldsymbol{\nabla}(\boldsymbol{\nabla}\cdot\boldsymbol{u}) - \mu\boldsymbol{\nabla}\times(\boldsymbol{\nabla}\times\boldsymbol{u}) \tag{7.18}$$

と書けることを示せ。ただし任意のベクトル場 $\boldsymbol{A}$ に対して成り立つ公式 $\boldsymbol{\nabla}\times(\boldsymbol{\nabla}\times\boldsymbol{A}) = \boldsymbol{\nabla}(\boldsymbol{\nabla}\cdot\boldsymbol{A}) - \Delta\boldsymbol{A}$ を用いてよい。

(2) $\boldsymbol{\nabla}\cdot\boldsymbol{u}$ と $\boldsymbol{\nabla}\times\boldsymbol{u}$ がともに波動方程式を満たすことを示せ。またそれぞれの伝播速度 α と β を求めよ。

(3) 通常の弾性体では $\lambda=\mu$ とできることが多い。このとき $\dfrac{\alpha}{\beta}$ を求めよ。

(4) (3) の値は 1 より大きくなったはずであるが，これは地震の P 波が S 波よりも速く伝わることを意味する。つまり α が P 波速度，β が S 波速度なのである。ところで，P 波が縦波（疎密波），S 波が横波というのは聞いたことがあるだろう。式の上からなぜ前者が疎密波，後者が横波といえるのか，理由を説明せよ。

【20】 $y=0,\ z=d$ の無限直線に線電荷密度 ρ_l で，$y=0,\ z=-d$ の無限直線に線電荷密度 $-\rho_l$ で，それぞれ帯電している系を考える。ここで d は正定数である。このとき平面 $z=0$ 上での電場は

$$\boldsymbol{E} = -\frac{\rho_l d}{\pi\varepsilon_0(y^2+d^2)}\hat{\boldsymbol{z}} \tag{7.19}$$

で与えられる（ε_0 は真空の誘電率）。

(1) 磁束密度がなく電場 $\boldsymbol{E}$ のみが存在するとき，マクスウェルの応力テンソルは $T_{ij} = \varepsilon_0 E_i E_j - \dfrac{1}{2}\delta_{ij}\varepsilon_0 E^2$ で与えられる（$i,j=1,2,3,\ E=|\boldsymbol{E}|$）†。$z=0$ 上での T_{ij} をすべて求めよ。ただし $x_1=x,\ x_2=y,\ x_3=z$ とせよ。

(2) $\displaystyle\int T_{3i}n_i dS$ を求めよ。ここで積分は平面 $z=0$ 上の範囲 $-\infty<y<\infty$ および $0\leq x\leq L$ で行う（L は正定数）。また n_i はその平面の単位法線ベクトル $\hat{\boldsymbol{n}}$ の第 i 成分である。

---

† マクスウェルの応力テンソルの詳細については引用・参考文献 11) などを参照してほしい。

コーヒーブレイク

夜空に輝く星は，当然だが 3 次元空間に分布している。しかし人間からはそのようには見えない。天球という球面上に射影した姿しか認識できないのである。ゆえに，二つの星が人間から見て近い位置にあるからといって，それらが 3 次元的に近いとは限らない。北斗七星や南斗六星，オリオン座やさそり座のように形の整ったまとまりが見えるのも偶然である。

その偶然の結びつきから，人間は星座を考えてきた。それは現在 88 あるが，印刷室座や電気機械座など，消えていったものも多数ある。また現在残っているものでも望遠鏡座や顕微鏡座，炉座（化学炉）など，作った当時では最新鋭でもいま見てみるとさすがに図柄が古くなってしまったものも見受けられる。今後これらの代わりに新たな星座が設定されるということもあるのだろうか。

天の北極方向に図柄の上がくるなど，星座は基本的に北半球の人間が見るのが前提であるように作られているものが多い。天の南極付近は，古代ギリシャの時代ではそもそも見えなかったので仕方ないとは思う。ただ現代ではもちろんそこにも星座が設定されており，見るとそれはそれで綺麗にできているようにも思う。このような星座は新しい物語を紡いでいるといえるのかもしれない。

引用・参考文献

1）佐武一郎：線形代数，共立出版 (1997)
2）齋藤正彦：基礎数学 1 線形代数入門，東京大学出版会 (1998)
3）J. H. シルヴァーマン（鈴木治郎 訳）：はじめての数論，ピアソン・エデュケーション (2007)
4）佐藤勝彦：相対性理論，岩波書店 (2001)
5）V. D. バーガー，M. G. オルソン（小林澈郎，土佐幸子 訳）：電磁気学 [新しい視点にたって] I，培風館 (1998)
6）三井敏之，山崎　了：物理数学 ベクトル解析・複素解析・フーリエ解析，日本評論社 (2018)
7）金子　晃：基礎数学 12 偏微分方程式入門，東京大学出版会 (2013)
8）森口繁一，宇田川銈久，一松　信：岩波数学公式 I（微分積分・平面曲線），岩波書店 (2009)
9）岩波書店辞典編集部 編：世界の名前，岩波書店 (2016)
10）生井澤　寛：物理のキーポイント・4 キーポイント 連続体力学，岩波書店 (1998)
11）V. D. バーガー，M. G. オルソン（小林澈郎，土佐幸子 訳）：電磁気学 [新しい視点にたって] II，培風館 (1998)
12）有馬朗人，神戸　勉：物理のための数学入門 複素関数論，共立出版 (1993)

章末問題解答

1章

【1】 点Aと辺BCの中点を結ぶ直線上の点は α を実数パラメータとして $\boldsymbol{a}+\alpha\left(\dfrac{\boldsymbol{b}+\boldsymbol{c}}{2}-\boldsymbol{a}\right)$ と書ける。同様に点Bと辺CAの中点を結ぶ直線上の点は $\boldsymbol{b}+\beta\left(\dfrac{\boldsymbol{c}+\boldsymbol{a}}{2}-\boldsymbol{b}\right)$, 点Cと辺ABの中点を結ぶ直線上の点は $\boldsymbol{c}+\gamma\left(\dfrac{\boldsymbol{a}+\boldsymbol{b}}{2}-\boldsymbol{c}\right)$ と書ける（β, γ は実数パラメータ）。一方で，$\boldsymbol{g}$ で与えられる点Gにおいては

$$\begin{aligned}\boldsymbol{g} &= \frac{\boldsymbol{a}+\boldsymbol{b}+\boldsymbol{c}}{3}\\ &= \boldsymbol{a}+\frac{2}{3}\left(\frac{\boldsymbol{b}+\boldsymbol{c}}{2}-\boldsymbol{a}\right) = \boldsymbol{b}+\frac{2}{3}\left(\frac{\boldsymbol{c}+\boldsymbol{a}}{2}-\boldsymbol{b}\right) = \boldsymbol{c}+\frac{2}{3}\left(\frac{\boldsymbol{a}+\boldsymbol{b}}{2}-\boldsymbol{c}\right)\end{aligned}$$

が成り立ち，$\alpha=\beta=\gamma=\dfrac{2}{3}$ となっていることがわかる。これは点Gが3直線上にあることを意味する。加えて，3本の直線が一点で交わる場合，他の交点がないのは自明であるから，点Gが唯一の交点である。

【2】 オイラーの公式から，2022より小さいどのような整数 N を選んでも，それを $\phi(2\,022)=\phi(2\times 3\times 337)=672$ 乗すると，2022で割った余りが必ず1になる。ゆえに N^n を2022で割った余りは672通りの値しかとることができない。すなわち $\{\boldsymbol{a}_n(N)\}$ の第 i 成分のみ1であるとすると，i は0から2021までの2022通りの値をとることができず，2022個の独立なベクトルとすることも当然できない。

【3】 点A, B, Cを表す位置ベクトルを順に $\boldsymbol{a}$, $\boldsymbol{b}$, $\boldsymbol{c}$ と書くと，$(\boldsymbol{b}-\boldsymbol{a})\cdot(\boldsymbol{c}-\boldsymbol{a})=\begin{pmatrix}-2\\-3\\-1\end{pmatrix}\cdot\begin{pmatrix}-3\\-5\\1\end{pmatrix}=20$ であり，一方，$|\boldsymbol{b}-\boldsymbol{a}|=\sqrt{14}$, $|\boldsymbol{c}-\boldsymbol{a}|=\sqrt{35}$ であるから，求める角度を θ と置くと

$$\cos\theta=\frac{(\boldsymbol{b}-\boldsymbol{a})\cdot(\boldsymbol{c}-\boldsymbol{a})}{|\boldsymbol{b}-\boldsymbol{a}||\boldsymbol{c}-\boldsymbol{a}|}=\frac{2\sqrt{10}}{7}$$

すなわち $\theta=\arccos\dfrac{2\sqrt{10}}{7}$ を得る。

【4】 $\boldsymbol{a}\cdot\boldsymbol{b} = pq + p^2q^2 + p^3q^3 = pq(1 + pq + p^2q^2)$ である。この右辺に注目すると，まず $pq \neq 0$ である。そして括弧内は $|p|$ で割っても $|q|$ で割っても余りが 1 であり，値をゼロにすることも当然できない。すなわち $\boldsymbol{a}$ と $\boldsymbol{b}$ は直交しない。

【5】 与えられた条件から $|\boldsymbol{c}_1| = |\boldsymbol{c}_2| = \sqrt{a^2 + b^2 + c^2} = 1$, $\boldsymbol{c}_1\cdot\boldsymbol{c}_2 = ab+bc+ca = 0$ である。ゆえに $(a + b + c)^2 = a^2 + b^2 + c^2 + 2(bc + ca + ab) = 1$ より $a + b + c = \pm 1$ を得る。

【6】 $a = \mp\dfrac{n}{n^2 + n + 1}$, $b = \pm\dfrac{n + 1}{n^2 + n + 1}$, $c = \pm\dfrac{n^2 + n}{n^2 + n + 1}$ ととればよい（複号同順。また n は任意の整数）。なお，a，b，c は順不同である。これらが $a^2 + b^2 + c^2 = 1$ かつ $a + b + c = \pm 1$ を満たすのはすぐに確かめられる。

a, b, c はすべて有理数なので, $a+b+c = \pm 1$ を満たしつつ $a'^2+b'^2+c'^2 = d'^2$ を満たす整数 a', b', c', d' を求める問題に帰着する $\left(a = \dfrac{a'}{d'},\ b = \dfrac{b'}{d'},\ c = \dfrac{c'}{d'}\right)$。そして恒等式

$$n^2 + (n + 1)^2 + (n^2 + n)^2 = (n^2 + n + 1)^2 \tag{A.1}$$

および $(-n) + (n + 1) + (n^2 + n) = n^2 + n + 1$ に着目すれば解答にたどり着けるであろう。

仮に式 (A.1) に至らなかったら,「連続する平方数の差にはすべての奇数が現れる」ということから考えてみるとよい。平方数を小さいほうから並べた数列は $\{1,\ 4,\ 9,\ 16, \cdots\}$ であるが，この各項の差をとると $\{3,\ 5,\ 7, \cdots\}$ となり，すべての奇数が現れる。ゆえにその奇数の中から平方数の和を選べば自動的に a', b', c', d' は構成できる。例えば後者の数列から 5 を選ぶと，$1^2 + 2^2 = 5$ かつ $3^2 - 2^2 = 5$ が成り立つので $1^2 + 2^2 = 3^2 - 2^2$，すなわち $1^2 + 2^2 + 2^2 = 3^2$ とできる。あとは $a + b + c = \pm 1$ となるように符号を調整すればよい。なお，具体例で挙げたものは上の表現で $n = 1$ としたものに相当する。

【7】 ベクトル $\boldsymbol{a}_i$ を各辺とする 2023 次元の平行多面体の体積で最大のものを求めよ，という問題である。これは明らかに各ベクトルが直交して 2023 次元の直方体となるとき最大値をとり，その値は各辺の長さの積，すなわち 2023! となる。

【8】 (1) $\boldsymbol{e}_k$ は k が奇数のとき第 k 成分と第 $k + 1$ 成分が $\dfrac{1}{\sqrt{2}}$ で他はすべてゼロ，k が偶数のとき第 $k - 1$ 成分が $-\dfrac{1}{\sqrt{2}}$ で第 k 成分が $\dfrac{1}{\sqrt{2}}$，他はすべてゼロである。これから $\boldsymbol{e}_i$ が一次独立であること，またすべての i について $|\boldsymbol{e}_i| = 1$ は明らかである。さらに $\boldsymbol{e}_k\cdot\boldsymbol{e}_j$（$j$ は自然数）は $|k - j| \geq 2$ のとき，つねにゼロとなる。加えて $\boldsymbol{e}_k\cdot\boldsymbol{e}_{k+1}$ を考えると，k を奇数とすれば $\boldsymbol{e}_k\cdot\boldsymbol{e}_{k+1} = -\dfrac{1}{2} + \dfrac{1}{2} = 0$ もすぐにわかる。一方，k が偶数のとき（た

だし2022以下)，$\boldsymbol{e}_k$ と $\boldsymbol{e}_{k+1}$ は同じ l 成分（$l = 1, 2, \cdots, 2024$）に非ゼロの値をもつことはないから $\boldsymbol{e}_k \cdot \boldsymbol{e}_{k+1} = 0$ がわかり，題意は示された。

(2) $A_{MMDD} = \boldsymbol{e}_{MMDD} \cdot \boldsymbol{a}$ の計算をすればよい。

【9】 (1) $2C_1 + C_2 = x$, $C_1 + 4C_2 = y$ より $C_1 = \dfrac{4x - y}{7}$, $C_2 = \dfrac{-x + 2y}{7}$ を得る。すなわち $\boldsymbol{r} = \dfrac{4x - y}{7}\boldsymbol{c}_1 + \dfrac{-x + 2y}{7}\boldsymbol{c}_2$ と展開できる。

(2) $\boldsymbol{r} \cdot \boldsymbol{c}_1 = 2x + y$ であり，明らかにこれは C_1 と等しくない。基底ではあっても「正規」「直交」基底でなければ，内積をとるだけで展開係数を求めることはできない。

【10】 (1) $\boldsymbol{a}_2 \cdot \hat{\boldsymbol{e}}_1 = \sqrt{2}$ であるから，$\boldsymbol{f}_2 = \boldsymbol{a}_2 - (\boldsymbol{a}_2 \cdot \hat{\boldsymbol{e}}_1)\hat{\boldsymbol{e}}_1 = \begin{pmatrix} 1 \\ 1 \\ 1 \end{pmatrix}$ とすると

$\hat{\boldsymbol{e}}_2 = \dfrac{\boldsymbol{f}_2}{|\boldsymbol{f}_2|} = \dfrac{1}{\sqrt{3}}\begin{pmatrix} 1 \\ 1 \\ 1 \end{pmatrix}$ を得る。また $\boldsymbol{a}_3 \cdot \hat{\boldsymbol{e}}_1 = \sqrt{2}$, $\boldsymbol{a}_3 \cdot \hat{\boldsymbol{e}}_2 = -\dfrac{2}{\sqrt{3}}$ より

$$\boldsymbol{f}_3 = \boldsymbol{a}_3 - (\boldsymbol{a}_3 \cdot \hat{\boldsymbol{e}}_1)\hat{\boldsymbol{e}}_1 - (\boldsymbol{a}_3 \cdot \hat{\boldsymbol{e}}_2)\hat{\boldsymbol{e}}_2 = -\frac{1}{3}\begin{pmatrix} 1 \\ -2 \\ 1 \end{pmatrix}$$

として $\hat{\boldsymbol{e}}_3 = \dfrac{\boldsymbol{f}_3}{|\boldsymbol{f}_3|} = -\dfrac{1}{\sqrt{6}}\begin{pmatrix} 1 \\ -2 \\ 1 \end{pmatrix}$ を得る。

(2) 正規直交基底系が得られたので展開係数を求めるのは容易である。$\boldsymbol{c} \cdot \hat{\boldsymbol{e}}_1 = \dfrac{Y - D}{\sqrt{2}}$, $\boldsymbol{c} \cdot \hat{\boldsymbol{e}}_2 = \dfrac{Y + M + D}{\sqrt{3}}$, $\boldsymbol{c} \cdot \hat{\boldsymbol{e}}_3 = -\dfrac{Y - 2M + D}{\sqrt{6}}$ となるから，求めるべき展開式は以下である。

$$\boldsymbol{c} = \frac{Y - D}{\sqrt{2}}\hat{\boldsymbol{e}}_1 + \frac{Y + M + D}{\sqrt{3}}\hat{\boldsymbol{e}}_3 - \frac{Y - 2M + D}{\sqrt{6}}\hat{\boldsymbol{e}}_3$$

【11】 (1) これまで用いてきたものと同様の方法により，$\hat{\boldsymbol{e}}_1 = \begin{pmatrix} 0 \\ 1 \\ 0 \end{pmatrix}$, $\hat{\boldsymbol{e}}_2 = \dfrac{1}{\sqrt{2}}\begin{pmatrix} 1 \\ 0 \\ 1 \end{pmatrix}$, $\hat{\boldsymbol{e}}_3 = \dfrac{1}{\sqrt{2}}\begin{pmatrix} 1 \\ 0 \\ -1 \end{pmatrix}$ となる。

(2) やはり正規直交基底系なので展開は容易である。$\hat{\boldsymbol{e}}_1 \cdot \boldsymbol{M}_{\text{日本}} = 14$, $\hat{\boldsymbol{e}}_2 \cdot \boldsymbol{M}_{\text{日本}} = \dfrac{44}{\sqrt{2}}$, $\hat{\boldsymbol{e}}_3 \cdot \boldsymbol{M}_{\text{日本}} = \dfrac{10}{\sqrt{2}}$ より $\boldsymbol{M}_{\text{日本}} = 14\hat{\boldsymbol{e}}_1 + \dfrac{44}{\sqrt{2}}\hat{\boldsymbol{e}}_2 + \dfrac{10}{\sqrt{2}}\hat{\boldsymbol{e}}_3$ と展開できる。

【12】 行列 $A = (\boldsymbol{a}_1\ \boldsymbol{a}_2\ \cdots\ \boldsymbol{a}_N)$ を考え，その j 行目の行ベクトルを ${}^t\boldsymbol{b}_j$ としよう。このとき仮定より ${}^t\boldsymbol{b}_{j_0} = (N_0\ N_0\ \cdots N_0)$ となる。一方，$\boldsymbol{a}_i$ の定め方よりすべての i について $\displaystyle\sum_{j\neq j_0} a_{i,j}$ が同じ値となり，${}^t\boldsymbol{b}_{j_0} \propto \displaystyle\sum_{j\neq j_0} {}^t\boldsymbol{b}_j$ が成り立つ。すなわち α を定数として $\displaystyle\sum_{j\neq j_0} {}^t\boldsymbol{b}_j - \alpha {}^t\boldsymbol{b}_{j_0} = 0$ が成り立つので，$\{{}^t\boldsymbol{b}_j\}$ は一次従属となり $\det A = 0$ となる。

【13】 Y, M, D の値によらず，$N \geq 3$ のとき，第 j 列の成分を $\boldsymbol{a}_j$ と書けば $\boldsymbol{a}_j = \dfrac{1}{2}(\boldsymbol{a}_{j-1} + \boldsymbol{a}_{j+1})$ となるので（$j = 2, 3, \cdots, N-1$），$\det A = 0$ となる。一方，$N \leq 2$ では $\det A \neq 0$ がすぐに確かめられるから，最大値は $N = 2$ である。

【14】 まず，定義より A が

$$A = \begin{pmatrix} {}^t\boldsymbol{a}_1 \\ {}^t\boldsymbol{a}_2 \\ {}^t\boldsymbol{a}_3 \end{pmatrix} (\boldsymbol{a}_1\ \boldsymbol{a}_2\ \boldsymbol{a}_3)$$

と書けることに注意する。式 (1.19) を踏まえると

$$\det A = \det \begin{pmatrix} {}^t\boldsymbol{a}_1 \\ {}^t\boldsymbol{a}_2 \\ {}^t\boldsymbol{a}_3 \end{pmatrix} \det(\boldsymbol{a}_1\ \boldsymbol{a}_2\ \boldsymbol{a}_3)$$

が成り立つが，$\det \begin{pmatrix} {}^t\boldsymbol{a}_1 \\ {}^t\boldsymbol{a}_1 \\ {}^t\boldsymbol{a}_1 \end{pmatrix}$ も $\det(\boldsymbol{a}_1\ \boldsymbol{a}_2\ \boldsymbol{a}_3)$ も $\boldsymbol{a}_1, \boldsymbol{a}_2, \boldsymbol{a}_3$ が直交するときに最大値 $2^3 = 8$ をとる。ゆえに $\det A$ の最大値は $8^2 = 64$ となる。

【15】 $\boldsymbol{a}_1$～$\boldsymbol{a}_3$ が一次独立なのは容易に確認できる。したがって題意を満たすための必要十分条件は

$$\begin{vmatrix} 1 & 2 & 1 & 1 \\ 2 & -1 & 3 & 1 \\ 4 & 5 & -1 & 2 \\ 4 & 0 & 0 & a \end{vmatrix} = 0$$

であり，これから $a = 1$ を得る。

【16】 (1) 底面が面積 2 の平行四辺形であり，高さが 3 の平行六面体であるから体積は 6 と容易に求められる。

(2) これもすぐに計算できて 6 となり，明らかに一致している。行列式が体積と関係づけられることを意識してほしい。

【17】 (1) 余因子を使えば A^{-1} はすぐに計算でき，${}^tA = A^{-1}$ も容易に確認できる。

(2) $|\boldsymbol{a}_1| = |\boldsymbol{a}_2| = |\boldsymbol{a}_3| = 1$ はすぐに確認できる。加えて例えば $\boldsymbol{a}_1 \cdot \boldsymbol{a}_2 = \dfrac{1}{\sqrt{2}} \cdot 0 + 0 \cdot 1 - \dfrac{1}{\sqrt{2}} \cdot 0 = 0$ など，任意の異なった二つのベクトルの内積がゼロであることも簡単に確かめられる。

(3) $A = (\boldsymbol{a}_1\ \boldsymbol{a}_2\ \boldsymbol{a}_3)$ であるから，${}^tA = \begin{pmatrix} {}^t\boldsymbol{a}_1 \\ {}^t\boldsymbol{a}_2 \\ {}^t\boldsymbol{a}_3 \end{pmatrix}$ である。このとき

$$
{}^tAA = \begin{pmatrix} {}^t\boldsymbol{a}_1 \\ {}^t\boldsymbol{a}_2 \\ {}^t\boldsymbol{a}_3 \end{pmatrix} (\boldsymbol{a}_1\ \boldsymbol{a}_2\ \boldsymbol{a}_3) = \begin{pmatrix} \boldsymbol{a}_1 \cdot \boldsymbol{a}_1 & \boldsymbol{a}_1 \cdot \boldsymbol{a}_2 & \boldsymbol{a}_1 \cdot \boldsymbol{a}_3 \\ \boldsymbol{a}_2 \cdot \boldsymbol{a}_1 & \boldsymbol{a}_2 \cdot \boldsymbol{a}_2 & \boldsymbol{a}_2 \cdot \boldsymbol{a}_3 \\ \boldsymbol{a}_3 \cdot \boldsymbol{a}_1 & \boldsymbol{a}_3 \cdot \boldsymbol{a}_2 & \boldsymbol{a}_3 \cdot \boldsymbol{a}_3 \end{pmatrix}
$$

より，${}^tA = A^{-1}$ が成り立つことと $\{\boldsymbol{a}_1,\ \boldsymbol{a}_2,\ \boldsymbol{a}_3\}$ が正規直交基底系をなしていることは同値である。

【18】 N 次正方行列 A の n 番目の固有値とそれに対する固有ベクトルをそれぞれ λ_n と $\boldsymbol{x}_n$ と書く（$1 \leq n \leq N$）。このとき，任意の自然数 i, j（$1 \leq i, j \leq N$）に対して

$$
\begin{aligned}
{}^t\boldsymbol{x}_i A \boldsymbol{x}_j &= \lambda_j {}^t\boldsymbol{x}_i \boldsymbol{x}_j = \lambda_j \boldsymbol{x}_i \cdot \boldsymbol{x}_j \\
&= {}^t({}^tA\boldsymbol{x}_i)\boldsymbol{x}_j = {}^t(A\boldsymbol{x}_i)\boldsymbol{x}_j = \lambda_i {}^t\boldsymbol{x}_i \boldsymbol{x}_j = \lambda_i \boldsymbol{x}_i \cdot \boldsymbol{x}_j
\end{aligned}
$$

すなわち $(\lambda_i - \lambda_j)\boldsymbol{x}_i \cdot \boldsymbol{x}_j = 0$ となるが，$\boldsymbol{x}_i$ も $\boldsymbol{x}_j$ もゼロベクトルではなく，かつ $\lambda_i \neq \lambda_j$ であるから $\boldsymbol{x}_i$ と $\boldsymbol{x}_j$ は直交しなければならない。

【19】 固有値 λ は $\det(\lambda I - A) = 0$ より $\lambda^3 - 8\lambda^2 + 19\lambda - 12 = 0$ を満たす。これを解くことで $\lambda = 1, 3, 4$ が得られ，対応する固有ベクトルとして，それぞれ $\dfrac{1}{\sqrt{2}}\begin{pmatrix} 1 \\ 0 \\ -1 \end{pmatrix}$，$\dfrac{1}{3}\begin{pmatrix} 2 \\ 1 \\ 2 \end{pmatrix}$，$\dfrac{\sqrt{2}}{6}\begin{pmatrix} 1 \\ -4 \\ 1 \end{pmatrix}$ を得る。対角化にはこれを並べた行列

$$P = \begin{pmatrix} \frac{1}{\sqrt{2}} & \frac{2}{3} & \frac{\sqrt{2}}{6} \\ 0 & \frac{1}{3} & -\frac{2\sqrt{2}}{3} \\ -\frac{1}{\sqrt{2}} & \frac{2}{3} & \frac{\sqrt{2}}{6} \end{pmatrix}$$

が必要となるが，ここで A が実対称行列であることに注意しよう。すなわち計算しなくても転置をとるだけで

$$P^{-1} = \begin{pmatrix} \frac{1}{\sqrt{2}} & 0 & -\frac{1}{\sqrt{2}} \\ \frac{2}{3} & \frac{1}{3} & \frac{2}{3} \\ \frac{\sqrt{2}}{6} & -\frac{2\sqrt{2}}{3} & \frac{\sqrt{2}}{6} \end{pmatrix}$$

と書けてしまうのである。これらを用いて対角化すれば以下となる。

$$P^{-1}AP = \begin{pmatrix} 1 & 0 & 0 \\ 0 & 3 & 0 \\ 0 & 0 & 4 \end{pmatrix}$$

【20】 $f = \boldsymbol{a}\cdot\boldsymbol{b} = \sin\theta(\cos\phi + \sin\phi) + \cos\theta$ として f を θ と ϕ の関数と考え，その最大値・最小値を求めてもよいが，ここでは問題の意味をイメージしたほうがわかりやすい。$\boldsymbol{b}$ は原点から出る任意の方向を向いた単位ベクトルであるから（3 次元極座標の表示を思い出そう），与えられた内積が最大となるのはそれが $\boldsymbol{a}$ の方向を向いた場合であり，最小となるのはそれが $-\boldsymbol{a}$ の方向を向いた場合である。ゆえに $\boldsymbol{a}\cdot\boldsymbol{b}$ の最大値は $\sqrt{3}$（$=|\boldsymbol{a}|$），最小値は $-\sqrt{3}$ となる。また最大値をとるとき $\theta = \arccos\frac{1}{\sqrt{3}}$，$\phi = \frac{\pi}{4}$（$\boldsymbol{a}$ を極座標表示したときの θ と ϕ そのもの）であり，最小値をとるとき $\theta = \arccos\frac{-1}{\sqrt{3}}$，$\phi = \frac{5\pi}{4}$ である。

【21】 $\boldsymbol{b}$ は，4 次元極座標において原点から出る任意の方向を向いた単位ベクトルを表す。したがって**【20】**に基づき，最大値は $\boldsymbol{a}$ と $\boldsymbol{b}$ が平行のときで $\boldsymbol{a}\cdot\boldsymbol{b} = |\boldsymbol{a}| = \sqrt{99}$，最小値は両者が反平行（逆向き）のときで $\boldsymbol{a}\cdot\boldsymbol{b} = -|\boldsymbol{a}| = -\sqrt{99}$ である。

【22】 r，θ_1，θ_2，$\cdots$，θ_{N-1} を用いて

$$\begin{aligned}\boldsymbol{r} &= \cos\theta_1\hat{\boldsymbol{x}}_1 + \sin\theta_1\cos\theta_2\hat{\boldsymbol{x}}_2 + \cdots \\ &\quad + \sin\theta_1\sin\theta_2\cdots\sin\theta_{N-2}\cos\theta_{N-1}\hat{\boldsymbol{x}}_{N-1} \\ &\quad + \sin\theta_1\sin\theta_2\cdots\sin\theta_{N-1}\hat{\boldsymbol{x}}_N\end{aligned}$$

$$= \cos\theta_1 \hat{\boldsymbol{x}}_1 + \sum_{i=2}^{N-1} \prod_{j=1}^{i-1} \sin\theta_j \cos\theta_i \hat{\boldsymbol{x}}_i + \prod_{j=1}^{N-1} \sin\theta_j \hat{\boldsymbol{x}}_N$$

と書ける。なお，θ_0 や θ_N を導入して $\sin\theta_0 = 1$ および $\cos\theta_N = 1$ とすれば一つの総和記号で書ける。

【23】 $\{\hat{\boldsymbol{r}},\ \hat{\boldsymbol{\theta}},\ \hat{\boldsymbol{\phi}}\}$ を $\{\hat{\boldsymbol{x}},\ \hat{\boldsymbol{y}},\ \hat{\boldsymbol{z}}\}$ で展開した

$$\hat{\boldsymbol{r}} = \sin\theta\cos\phi\hat{\boldsymbol{x}} + \sin\theta\sin\phi\hat{\boldsymbol{y}} + \cos\theta\hat{\boldsymbol{z}}$$
$$\hat{\boldsymbol{\theta}} = \cos\theta\cos\phi\hat{\boldsymbol{x}} + \cos\theta\sin\phi\hat{\boldsymbol{y}} - \sin\theta\hat{\boldsymbol{z}}$$
$$\hat{\boldsymbol{\phi}} = -\sin\phi\hat{\boldsymbol{x}} + \cos\phi\hat{\boldsymbol{y}}$$

を用いれば

(1) $\hat{\boldsymbol{x}}, \hat{\boldsymbol{y}}, \hat{\boldsymbol{z}}$ の直交性からすぐに以下を得る。

$$\hat{\boldsymbol{x}} \cdot \hat{\boldsymbol{r}} = \sin\theta\cos\phi,\ \hat{\boldsymbol{x}} \cdot \hat{\boldsymbol{\theta}} = \cos\theta\cos\phi,\ \hat{\boldsymbol{x}} \cdot \hat{\boldsymbol{\phi}} = -\sin\theta$$
$$\hat{\boldsymbol{y}} \cdot \hat{\boldsymbol{r}} = \sin\theta\sin\phi,\ \hat{\boldsymbol{y}} \cdot \hat{\boldsymbol{\theta}} = \cos\theta\sin\phi,\ \hat{\boldsymbol{y}} \cdot \hat{\boldsymbol{\phi}} = \cos\theta$$
$$\hat{\boldsymbol{z}} \cdot \hat{\boldsymbol{r}} = \cos\theta,\ \hat{\boldsymbol{z}} \cdot \hat{\boldsymbol{\theta}} = -\sin\theta,\ \hat{\boldsymbol{z}} \cdot \hat{\boldsymbol{\phi}} = 0$$

(2) (1) の結果を用いて以下を得る。

$$\begin{aligned}\boldsymbol{x}_1 \cdot \boldsymbol{x}_2 &= 5\hat{\boldsymbol{x}} \cdot \hat{\boldsymbol{r}} - 10\hat{\boldsymbol{x}} \cdot \hat{\boldsymbol{\theta}} + 10\hat{\boldsymbol{x}} \cdot \hat{\boldsymbol{\phi}} + \hat{\boldsymbol{y}} \cdot \hat{\boldsymbol{r}} \\ &\quad - 2\hat{\boldsymbol{y}} \cdot \hat{\boldsymbol{\theta}} + 2\hat{\boldsymbol{y}} \cdot \hat{\boldsymbol{\phi}} + 3\hat{\boldsymbol{z}} \cdot \hat{\boldsymbol{r}} - 6\hat{\boldsymbol{z}} \cdot \hat{\boldsymbol{\theta}} + 6\hat{\boldsymbol{z}} \cdot \hat{\boldsymbol{\phi}} \\ &= 5\sin\theta\cos\phi - 10\cos\theta\cos\phi - 10\sin\theta + \sin\theta\sin\phi \\ &\quad - 2\cos\theta\sin\phi + 2\cos\phi + 3\cos\theta + 6\sin\theta\end{aligned}$$

基底どうしの内積さえわかっていれば，一般のベクトルの内積はすぐに求めることができる。

【24】 円筒座標でも**【23】**と同様に考えられる。

$$\hat{\boldsymbol{r}} = \cos\phi\hat{\boldsymbol{x}} + \sin\phi\hat{\boldsymbol{y}},\ \hat{\boldsymbol{\phi}} = -\sin\phi\hat{\boldsymbol{x}} + \cos\phi\hat{\boldsymbol{y}}$$

を用いれば（両座標系で $\hat{\boldsymbol{z}}$ が同じものであることは明らかである）

(1) $\hat{\boldsymbol{x}}, \hat{\boldsymbol{y}}, \hat{\boldsymbol{z}}$ の直交性からすぐに以下を得る。

$$\hat{\boldsymbol{x}} \cdot \hat{\boldsymbol{r}} = \cos\phi,\ \hat{\boldsymbol{x}} \cdot \hat{\boldsymbol{\phi}} = -\sin\phi,\ \hat{\boldsymbol{x}} \cdot \hat{\boldsymbol{z}} = 0$$
$$\hat{\boldsymbol{y}} \cdot \hat{\boldsymbol{r}} = \sin\phi,\ \hat{\boldsymbol{y}} \cdot \hat{\boldsymbol{\theta}} = \cos\phi,\ \hat{\boldsymbol{y}} \cdot \hat{\boldsymbol{z}} = 0$$
$$\hat{\boldsymbol{z}} \cdot \hat{\boldsymbol{r}} = 0,\ \hat{\boldsymbol{z}} \cdot \hat{\boldsymbol{\phi}} = 0,\ \hat{\boldsymbol{z}} \cdot \hat{\boldsymbol{z}} = 1$$

(2) (1) の結果を用いて以下を得る。

$$\begin{aligned}\boldsymbol{x}_1\cdot\boldsymbol{x}_2 &= 6\hat{\boldsymbol{x}}\cdot\hat{\boldsymbol{r}}+\hat{\boldsymbol{x}}\cdot\hat{\boldsymbol{\phi}}-\hat{\boldsymbol{x}}\cdot\hat{\boldsymbol{z}}-24\hat{\boldsymbol{y}}\cdot\hat{\boldsymbol{r}}-4\hat{\boldsymbol{y}}\cdot\hat{\boldsymbol{\phi}}+4\hat{\boldsymbol{y}}\cdot\hat{\boldsymbol{z}}\\ &\quad+12\hat{\boldsymbol{z}}\cdot\hat{\boldsymbol{r}}+2\hat{\boldsymbol{z}}\cdot\hat{\boldsymbol{\phi}}-2\hat{\boldsymbol{z}}\cdot\hat{\boldsymbol{z}}\\ &=6\cos\phi-\sin\phi-24\sin\phi-4\cos\phi-2\end{aligned}$$

【25】 $\boldsymbol{a}=x^2\hat{\boldsymbol{x}}+y^2\hat{\boldsymbol{y}}+z^2\hat{\boldsymbol{z}}$ であることに注意する。

(1) **【23】**の結果から

$$\begin{aligned}\boldsymbol{a}\cdot\hat{\boldsymbol{r}}&=(r\sin\theta\cos\phi)^2\sin\theta\cos\phi+(r\sin\theta\sin\phi)^2\sin\theta\sin\phi\\&\quad+(r\cos\theta)^2\cos\theta\\ \boldsymbol{a}\cdot\hat{\boldsymbol{\theta}}&=(r\sin\theta\cos\phi)^2\cos\theta\cos\phi+(r\sin\theta\cos\phi)^2\cos\theta\sin\phi\\&\quad-(r\cos\theta)^2\sin\theta\\ \boldsymbol{a}\cdot\hat{\boldsymbol{\phi}}&=-(r\sin\theta\cos\phi)^2\sin\theta+(r\sin\theta\cos\phi)^2\cos\theta\end{aligned}$$

と書くことができ以下のように展開できる。

$$\begin{aligned}\boldsymbol{a}=r^2[&[(\sin\theta\cos\phi)^2\sin\theta\cos\phi+(\sin\theta\sin\phi)^2\sin\theta\sin\phi+(\cos\theta)^2\cos\theta]\hat{\boldsymbol{r}}\\&+[(\sin\theta\cos\phi)^2\cos\theta\cos\phi+(\sin\theta\cos\phi)^2\cos\theta\sin\phi-(\cos\theta)^2\sin\theta]\hat{\boldsymbol{\theta}}\\&+[-(\sin\theta\cos\phi)^2\sin\theta+(\sin\theta\cos\phi)^2\cos\theta]\hat{\boldsymbol{\phi}}]\end{aligned}$$

(2) **【24】**の結果から

$$\begin{aligned}\boldsymbol{a}\cdot\hat{\boldsymbol{r}}&=(r\cos\phi)^2\cos\phi+(r\cos\phi)^2\sin\phi\\ \boldsymbol{a}\cdot\hat{\boldsymbol{\phi}}&=-(r\sin\phi)^2\sin\phi+(r\sin\phi)^2\cos\phi,\ \boldsymbol{a}\cdot\hat{\boldsymbol{z}}=z^2\end{aligned}$$

と書くことができ以下のように展開できる。

$$\boldsymbol{a}=r^2[\cos^2\phi(\cos\phi+\sin\phi)\hat{\boldsymbol{r}}+\sin^2\phi(\cos\phi-\sin\phi)\hat{\boldsymbol{\phi}}]+z^2\hat{\boldsymbol{z}}$$

2章

【1】 ベクトル三重積の公式から

$$\begin{aligned}&\boldsymbol{a}\times(\boldsymbol{b}\times\boldsymbol{c})+\boldsymbol{b}\times(\boldsymbol{c}\times\boldsymbol{a})+\boldsymbol{c}\times(\boldsymbol{a}\times\boldsymbol{b})\\&\quad=(\boldsymbol{a}\cdot\boldsymbol{c})\boldsymbol{b}-(\boldsymbol{a}\cdot\boldsymbol{b})\boldsymbol{c}+(\boldsymbol{b}\cdot\boldsymbol{a})\boldsymbol{c}-(\boldsymbol{b}\cdot\boldsymbol{c})\boldsymbol{a}+(\boldsymbol{c}\cdot\boldsymbol{b})\boldsymbol{a}-(\boldsymbol{c}\cdot\boldsymbol{a})\boldsymbol{b}=\boldsymbol{0}\end{aligned}$$

と示される。同様にベクトル三重積の公式から

$$(\boldsymbol{a}\times\boldsymbol{b})\times(\boldsymbol{b}\times\boldsymbol{c}) = -(\boldsymbol{b}\times\boldsymbol{c})\times(\boldsymbol{a}\times\boldsymbol{b})$$
$$= -((\boldsymbol{b}\times\boldsymbol{c})\cdot\boldsymbol{b})\boldsymbol{a} + ((\boldsymbol{b}\times\boldsymbol{c})\cdot\boldsymbol{a})\boldsymbol{b} = (\boldsymbol{a}\cdot(\boldsymbol{b}\times\boldsymbol{c}))\boldsymbol{b}$$

と示される。なお，$\boldsymbol{b}\cdot(\boldsymbol{b}\times\boldsymbol{c}) = \boldsymbol{c}\cdot(\boldsymbol{b}\times\boldsymbol{b}) = 0$ に注意せよ。

【2】 式 (2.4) は $\varepsilon_{ijk}A_iB_jC_k$，式 (2.5) の第 i 成分は $\varepsilon_{ijk}\varepsilon_{klm}A_jB_lC_m$ である。一般に $(\boldsymbol{A}\times\boldsymbol{B})_i = \varepsilon_{ijk}A_jB_k$ であることを利用すると簡単である。なお，式 (2.5) の右辺第 i 成分を変形していくと

$$B_iA_jC_j - A_jB_jC_i = (\delta_{il}\delta_{jm} - \delta_{im}\delta_{jl})A_jB_lC_m$$
$$= \varepsilon_{ijk}\varepsilon_{lmk}A_jB_lC_m = \varepsilon_{ijk}\varepsilon_{klm}A_jB_lC_m$$

となる。基本的に $\delta_{ij}A_iB_j = A_iB_i = A_jB_j$ であり，クロネッカーのデルタは和の中で添え字を消す役割がある。p.6 の脚注も参照せよ。積分中における δ 関数の役割を思い出してもらうとイメージできる。

【3】 (1) 以下のように計算できる。

$$\boldsymbol{a}_3\cdot(\boldsymbol{a}_1\times\boldsymbol{a}_2) = \begin{pmatrix}3\\0\\3\end{pmatrix}\cdot\left(\begin{pmatrix}2\\0\\0\end{pmatrix}\times\begin{pmatrix}1\\1\\0\end{pmatrix}\right) = 6$$

(2) この結果は 1 章章末問題【16】の解答と一致している。いろいろな手法で体積を求められるようにしてほしい。

【4】 デカルト座標系で展開してから計算すれば容易に示せる。

(1) 実際に計算してみると以下のように示される。

$$\hat{\boldsymbol{r}}\times\hat{\boldsymbol{\phi}} = (\cos\phi\hat{\boldsymbol{x}} + \sin\phi\hat{\boldsymbol{y}})\times(-\sin\phi\hat{\boldsymbol{x}} + \cos\phi\hat{\boldsymbol{y}})$$
$$= \cos^2\phi\hat{\boldsymbol{z}} + \sin^2\phi\hat{\boldsymbol{z}} = \hat{\boldsymbol{z}}$$

(2) こちらも実際にやってみると以下のように示される。

$$\hat{\boldsymbol{r}}\times\hat{\boldsymbol{\theta}} = (\sin\theta\cos\phi\hat{\boldsymbol{x}} + \sin\theta\sin\phi\hat{\boldsymbol{y}} + \cos\theta\hat{\boldsymbol{z}})$$
$$\times(\cos\theta\cos\phi\hat{\boldsymbol{x}} + \cos\theta\sin\phi\hat{\boldsymbol{y}} - \sin\theta\hat{\boldsymbol{z}})$$
$$= \sin\theta\cos\theta\sin\phi\cos\phi\hat{\boldsymbol{z}} + \sin^2\theta\cos\phi\hat{\boldsymbol{y}}$$
$$- \sin\theta\cos\theta\sin\phi\cos\phi\hat{\boldsymbol{z}} - \sin^2\theta\sin\phi\hat{\boldsymbol{x}}$$
$$+ \cos^2\theta\cos\phi\hat{\boldsymbol{y}} - \cos^2\theta\sin\phi\hat{\boldsymbol{x}}$$
$$= -\sin\phi\hat{\boldsymbol{x}} + \cos\phi\hat{\boldsymbol{y}} = \hat{\boldsymbol{\phi}}$$

【5】 $\boldsymbol{n}$ は $\boldsymbol{b}-\boldsymbol{a}$ に比例するので，パラメータ t を用いて $\boldsymbol{r}=\boldsymbol{a}+t(\boldsymbol{b}-\boldsymbol{a})$ と表せる。

【6】 題意を満たす平面の法線ベクトルは

$$(\boldsymbol{b}-\boldsymbol{a})\times(\boldsymbol{c}-\boldsymbol{a})=\boldsymbol{b}\times\boldsymbol{c}-\boldsymbol{b}\times\boldsymbol{a}-\boldsymbol{a}\times\boldsymbol{c}=\boldsymbol{b}\times\boldsymbol{c}+\boldsymbol{a}\times(\boldsymbol{b}-\boldsymbol{c})$$

と書ける。なお，$\boldsymbol{a}\times\boldsymbol{a}=\boldsymbol{0}$ および $\boldsymbol{b}\times\boldsymbol{a}=-\boldsymbol{a}\times\boldsymbol{b}$ を用いた。これを用いて，方程式は $(\boldsymbol{r}-\boldsymbol{a})\cdot(\boldsymbol{b}\times\boldsymbol{c}+\boldsymbol{a}\times(\boldsymbol{b}-\boldsymbol{c}))=0$ となる。

【7】 Σ_1, Σ_2 の交線は二つの平面に平行で $\boldsymbol{n}_1, \boldsymbol{n}_2$ と直交する。ゆえに点 A を通り Σ_1, Σ_2 に平行な直線上の点 $\boldsymbol{r}$ は $(\boldsymbol{r}-\boldsymbol{a})\times(\boldsymbol{n}_1\times\boldsymbol{n}_2)=\boldsymbol{0}$ を満たす。与えられた具体例でいえば，以下が Σ_1, Σ_2 の方程式である。

$$\Sigma_1 : 2(x-1)-y+z-1=2x-y+z-3=0$$

$$\Sigma_2 : x-1+3(y-2)-6(z-5)=x+3y-6z+23=0$$

また，$\boldsymbol{n}_1\times\boldsymbol{n}_2=\begin{pmatrix}3\\13\\7\end{pmatrix}$ であるから，L は以下の方程式で書ける。

$$L : \boldsymbol{r}\times\begin{pmatrix}3\\13\\7\end{pmatrix}=\begin{pmatrix}7y-13z\\3z-7x\\13x-3y\end{pmatrix}=\boldsymbol{0}$$

【8】 まず $\boldsymbol{a}_1, \boldsymbol{a}_2, \boldsymbol{a}_3$ が一次独立でないことに注意する。実際 $\begin{vmatrix}1&-1&1\\2&0&1\\0&2&-1\end{vmatrix}=0$ であり，$\boldsymbol{a}_2=\boldsymbol{a}_1-2\boldsymbol{a}_3$ となる。ゆえに W_1 の基底として $\boldsymbol{a}_1$ と $\boldsymbol{a}_2$ をとれば十分である（これらが一次独立なのは明らかである）。$\boldsymbol{b}_1$ と $\boldsymbol{b}_2$ は一次独立であるから，要するに W_1 も W_2 も空間内の（原点を通る）2 次元平面ということになる。ゆえに $W_1\cap W_2$ はこれら 2 平面が一致するときは 2 次元（平面），しないときは 1 次元（直線）である。ここで $\boldsymbol{a}_1\times\boldsymbol{a}_2=\begin{pmatrix}4\\-2\\2\end{pmatrix}$ $(\equiv\boldsymbol{n}_1)$ と $\boldsymbol{b}_1\times\boldsymbol{b}_2=\begin{pmatrix}1\\3\\-6\end{pmatrix}$ $(\equiv\boldsymbol{n}_2)$ が独立であることから，$W_1\cap W_2$ は 1 次元で

あることがわかる。そして基底としては $\boldsymbol{n}_1$ にも $\boldsymbol{n}_2$ にも垂直なベクトル，すなわち $\boldsymbol{n}_1 \times \boldsymbol{n}_2 = \begin{pmatrix} 6 \\ 26 \\ 14 \end{pmatrix}$ に比例するベクトルをとればよい。

【7】との類似性（まったく同じではないが）に気づいてほしい。本問に現れたベクトル $\hat{\boldsymbol{n}}_1$ は【7】の $\hat{\boldsymbol{n}}_1$ の 2 倍，$\hat{\boldsymbol{n}}_2$ は【7】の $\hat{\boldsymbol{n}}_2$ とまったく同じである。

【9】 (1) 両平面の法線ベクトルは $\boldsymbol{n}_1 = \begin{pmatrix} 2 \\ 3 \\ -1 \end{pmatrix}$ と $\boldsymbol{n}_2 = \begin{pmatrix} 3 \\ -2 \\ -4 \end{pmatrix}$ であるから，$\boldsymbol{n}$ として $\boldsymbol{n} = \boldsymbol{n}_1 \times \boldsymbol{n}_2 = \begin{pmatrix} -14 \\ 5 \\ -13 \end{pmatrix}$ とすればよい。点 $\begin{pmatrix} 1 \\ 0 \\ -1 \end{pmatrix}$ を通るから以下のようになる。

$$\begin{pmatrix} x-1 \\ y \\ z+1 \end{pmatrix} \times \begin{pmatrix} -14 \\ 5 \\ -13 \end{pmatrix} = \begin{pmatrix} -13y-5z-5 \\ -14z+13x-27 \\ 5x+14y-5 \end{pmatrix} = \boldsymbol{0} \tag{A.2}$$

(2) Σ_1 と Σ_2 の方程式から x を消去すると $-13y-5z-5=0$ が得られ，これは式 (A.2) の第 1 式と同じである。同様に，両平面の方程式から y, z を消去するとそれぞれ $-14z+13x-27=0$, $5x+14y-5=0$ が得られ，これらはそれぞれ (A.2) の第 2，第 3 式と同じである。

2 平面の法線ベクトルから求める直線がどの方向を向いているのか調べたが，得られる方程式には結局「両平面の共通部分」という意味があるのである。

【10】 $\boldsymbol{n}_3$ が $\boldsymbol{n}_1$ と $\boldsymbol{n}_2$ が張る空間内になければならないので，α, β を任意の実数として $\boldsymbol{n}_3 = \alpha\boldsymbol{n}_1 + \beta\boldsymbol{n}_2$ が満たされるべき方程式である。

【11】 点 A, B, C を表す位置ベクトルをそれぞれ $\boldsymbol{a}$, $\boldsymbol{b}$, $\boldsymbol{c}$ とする。まず ∠B の二等分線 L_B を表す方程式を求めよう。$\boldsymbol{a}-\boldsymbol{b} = \begin{pmatrix} -2 \\ -2 \\ 1 \end{pmatrix}$, $\boldsymbol{c}-\boldsymbol{b} = \begin{pmatrix} -4 \\ 0 \\ -3 \end{pmatrix}$ であるから，$\boldsymbol{a}-\boldsymbol{b}$, $\boldsymbol{c}-\boldsymbol{b}$ 方向の単位ベクトルをそれぞれ $\hat{\boldsymbol{e}}_1, \hat{\boldsymbol{e}}_2$ とすると $\hat{\boldsymbol{e}}_1 = \dfrac{1}{3}\begin{pmatrix} -2 \\ -2 \\ 1 \end{pmatrix}$, $\hat{\boldsymbol{e}}_2 = \dfrac{1}{5}\begin{pmatrix} -4 \\ 0 \\ -3 \end{pmatrix}$ である。ゆえに L_B 上の点は，α を実数

パラメータとして

$$\boldsymbol{b}+\alpha(\hat{\boldsymbol{e}}_1+\hat{\boldsymbol{e}}_2)=\begin{pmatrix} 4-\dfrac{22\alpha}{15} \\ 2-\dfrac{2\alpha}{3} \\ -\dfrac{4\alpha}{15} \end{pmatrix}$$

と書ける。同様に ∠C の二等分線 L_C 上の点は

$$\boldsymbol{c}+\beta(\hat{\boldsymbol{e}}_3+\hat{\boldsymbol{e}}_4)=\begin{pmatrix} \left(\dfrac{1}{\sqrt{6}}+\dfrac{4}{5}\right)\beta \\ 2-\dfrac{\beta}{\sqrt{6}} \\ -3+\left(\dfrac{2}{\sqrt{6}}+\dfrac{3}{5}\right)\beta \end{pmatrix}$$

と書ける（β は実数パラメータ，$\hat{\boldsymbol{e}}_3\equiv\dfrac{\boldsymbol{a}-\boldsymbol{c}}{|\boldsymbol{a}-\boldsymbol{c}|}$，$\hat{\boldsymbol{e}}_4\equiv\dfrac{\boldsymbol{b}-\boldsymbol{c}}{|\boldsymbol{b}-\boldsymbol{c}|}=-\hat{\boldsymbol{e}}_2$）。これらが交わる点（すなわち内心）では $\alpha=\dfrac{12-3\sqrt{6}}{4}$ および $\beta=2\sqrt{6}-3$ が得られ，内心の座標は $\begin{pmatrix} \dfrac{11\sqrt{6}-4}{10} \\ \dfrac{\sqrt{6}}{2} \\ \dfrac{\sqrt{6}-4}{5} \end{pmatrix}$ となる。実は内心の座標を求める公式もあるのだが，それを覚えるよりも導出できるようになってもらいたい。

【12】 まずは点 A から辺 BC に下した垂線の方程式を求めよう。この直線はベクトル $\boldsymbol{c}-\boldsymbol{b}\propto\begin{pmatrix} 4 \\ 0 \\ 3 \end{pmatrix}$ にも，$\vec{\mathrm{AB}}\times\vec{\mathrm{AC}}=(\boldsymbol{b}-\boldsymbol{a})\times(\boldsymbol{c}-\boldsymbol{a})=\begin{pmatrix} -6 \\ 10 \\ 8 \end{pmatrix}\propto\begin{pmatrix} -3 \\ 5 \\ 4 \end{pmatrix}$ にも垂直である。前者の条件が垂線の定義から得られることは明らかであろう。後者の条件は，その直線が三角形 ABC 上になければならないということを意味している。この準備を踏まえると，改めて先の垂線の方向は $\begin{pmatrix} 4 \\ 0 \\ 3 \end{pmatrix}\times\begin{pmatrix} -3 \\ 5 \\ 4 \end{pmatrix}=\begin{pmatrix} -15 \\ -25 \\ 20 \end{pmatrix}\propto\begin{pmatrix} 3 \\ 5 \\ -4 \end{pmatrix}$ であるから，その方程式は

$\boldsymbol{r} = \begin{pmatrix} 2 \\ 0 \\ 1 \end{pmatrix} + s \begin{pmatrix} 3 \\ 5 \\ -4 \end{pmatrix}$（$s$ はパラメータ）となる。同様の考え方で点 B から辺 CA に下した垂線を表す方程式は $\boldsymbol{r} = \begin{pmatrix} 4 \\ 2 \\ 0 \end{pmatrix} + t \begin{pmatrix} 7 \\ 5 \\ -1 \end{pmatrix}$ となる（t はパラメータ）。両直線の交点が垂心であるから，両方程式を用いて $s = \frac{1}{5}, t = -\frac{1}{5}$ が得られ，求める垂心は $\begin{pmatrix} \frac{13}{5} \\ 1 \\ \frac{1}{5} \end{pmatrix}$ である。

外心については，点 $\boldsymbol{M}_1 \equiv \frac{\boldsymbol{a}+\boldsymbol{b}}{2} = \begin{pmatrix} 3 \\ 1 \\ \frac{1}{2} \end{pmatrix}$ を通り $(\boldsymbol{b}-\boldsymbol{a}) \times (\boldsymbol{c}-\boldsymbol{a}) \propto \begin{pmatrix} -3 \\ 5 \\ 4 \end{pmatrix}$ にも $\boldsymbol{b}-\boldsymbol{a} = \begin{pmatrix} 2 \\ 2 \\ -1 \end{pmatrix}$ にも垂直な直線 L_1 と，点 $\boldsymbol{M}_2 \equiv \frac{\boldsymbol{b}+\boldsymbol{c}}{2} = \begin{pmatrix} 2 \\ 2 \\ -\frac{3}{2} \end{pmatrix}$ を通り $\begin{pmatrix} -3 \\ 5 \\ 4 \end{pmatrix}$ にも $\boldsymbol{c}-\boldsymbol{b} = \begin{pmatrix} -4 \\ 0 \\ -3 \end{pmatrix}$ にも垂直な直線 L_2 の交点であることに注意する。L_1 の方程式は，$\begin{pmatrix} -3 \\ 5 \\ 4 \end{pmatrix} \times \begin{pmatrix} 2 \\ 2 \\ -1 \end{pmatrix} = \begin{pmatrix} -13 \\ 5 \\ -16 \end{pmatrix}$ より s をパラメータとして $\boldsymbol{r} = \begin{pmatrix} 3 \\ 1 \\ \frac{1}{2} \end{pmatrix} + s \begin{pmatrix} -13 \\ 5 \\ -16 \end{pmatrix}$ となる。一方，L_2 の方程式は，$\begin{pmatrix} -3 \\ 5 \\ 4 \end{pmatrix} \times \begin{pmatrix} -4 \\ 0 \\ -3 \end{pmatrix} = \begin{pmatrix} -15 \\ -25 \\ 20 \end{pmatrix} \propto \begin{pmatrix} 3 \\ 5 \\ -4 \end{pmatrix}$ より t をパラメータとして $\boldsymbol{r} = \begin{pmatrix} 2 \\ 2 \\ -\frac{3}{2} \end{pmatrix} + t \begin{pmatrix} 3 \\ 5 \\ -4 \end{pmatrix}$ である。これらを等置すると

$s = \dfrac{1}{10}$, $t = -\dfrac{1}{10}$ が得られ，L_1, L_2 の方程式から外心の座標は以下である。

$$\begin{pmatrix} \dfrac{17}{10} \\ \dfrac{3}{2} \\ -\dfrac{11}{10} \end{pmatrix}$$

【13】 この問題では，実は新たな計算はほぼ必要ない。条件を満たす軌道は，三角形 ABC の内心を通り，面に直交する直線である。内心の座標は**【11】**ですでに求められているように $\begin{pmatrix} \dfrac{11\sqrt{6}-4}{10} \\ \dfrac{\sqrt{6}}{2} \\ \dfrac{\sqrt{6}-4}{5} \end{pmatrix}$ である。加えて，面に直交するのであるが，その方向もすでに**【12】**で $\vec{\mathrm{AB}} \times \vec{\mathrm{AC}} = (\boldsymbol{b}-\boldsymbol{a}) \times (\boldsymbol{c}-\boldsymbol{a}) \propto \begin{pmatrix} -3 \\ 5 \\ 4 \end{pmatrix}$ と求められている。ゆえに求める方程式は，t をパラメータとして次式となる。

$$\boldsymbol{r} = \begin{pmatrix} \dfrac{11\sqrt{6}-4}{10} \\ \dfrac{\sqrt{6}}{2} \\ \dfrac{\sqrt{6}-4}{5} \end{pmatrix} + t \begin{pmatrix} -3 \\ 5 \\ 4 \end{pmatrix}$$

【14】 条件を満たす点の集合は 2 点の中心 $\dfrac{\boldsymbol{a}+\boldsymbol{b}}{2}$ を通り $\boldsymbol{b}-\boldsymbol{a}$ を法線ベクトルとする平面，すなわち 2 点の垂直二等分面であるから（解図 **2.1**），$\left(\boldsymbol{r} - \dfrac{\boldsymbol{a}+\boldsymbol{b}}{2}\right) \cdot (\boldsymbol{b}-\boldsymbol{a}) =$

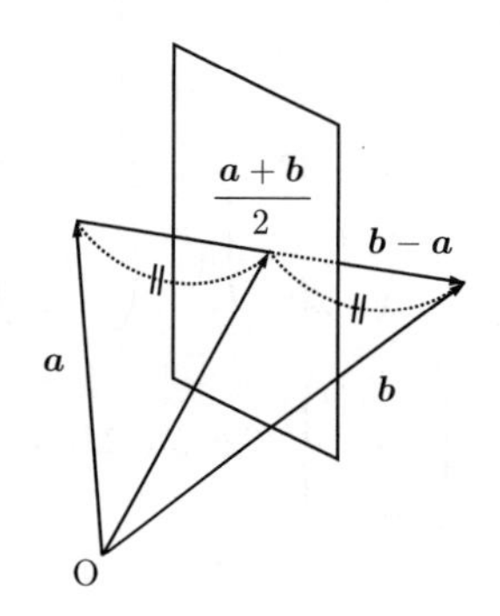

解図 2.1　2 点 $\boldsymbol{a}$ と $\boldsymbol{b}$ から等距離にある点の集合

0 が求めるべき方程式である。

【15】 まず，題意を満たす直線は各辺の垂直二等分面の交線であることに注意する。3 点 A, B, C を表す位置ベクトルをそれぞれ $\boldsymbol{a}$, $\boldsymbol{b}$, $\boldsymbol{c}$ とする。まず辺 AB の垂直二等分面の方程式は，**【14】**の結果を利用して

$$\left(\boldsymbol{r}-\frac{\boldsymbol{a}+\boldsymbol{b}}{2}\right)\cdot(\boldsymbol{b}-\boldsymbol{a})=\begin{pmatrix}x-3\\ y+\dfrac{1}{2}\\ z+\dfrac{5}{2}\end{pmatrix}\cdot\begin{pmatrix}4\\ -1\\ -1\end{pmatrix}$$
$$=4x-y-z-15=0 \tag{A.3}$$

である。つぎに辺 AC の垂直二等分面の方程式は，同様に

$$\left(\boldsymbol{r}-\frac{\boldsymbol{a}+\boldsymbol{c}}{2}\right)\cdot(\boldsymbol{c}-\boldsymbol{a})=\begin{pmatrix}x-1\\ y-1\\ z-1\end{pmatrix}\cdot\begin{pmatrix}0\\ 2\\ 6\end{pmatrix}$$
$$=2y+6z-8=0 \tag{A.4}$$

である。ゆえに求める直線の方程式は式 (A.3) および (A.4) である。

なお，辺 BC の垂直二等分面を実際に求めてみると $4x-3y-7z-7=0$ となるが，これは式 (A.3) から (A.4) を辺々引けば得られる方程式である。すなわち独立なものではなく，辺 BC の垂直二等分面は式 (A.3) および (A.4) で表現される直線を自動的に含むのである。

【16】 点 A, B, C, D を表す位置ベクトルをそれぞれ $\boldsymbol{a}, \boldsymbol{b}, \boldsymbol{c}, \boldsymbol{d}$ とする。

(1) L_1 の方向は $\vec{\mathrm{BC}}\times\vec{\mathrm{BD}}=(\boldsymbol{c}-\boldsymbol{b})\times(\boldsymbol{d}-\boldsymbol{b})$ の方向であるが，$\boldsymbol{c}-\boldsymbol{b}=\begin{pmatrix}-4\\ 4\\ 1\end{pmatrix}$，$\boldsymbol{d}-\boldsymbol{b}=\begin{pmatrix}-7\\ 1\\ -2\end{pmatrix}$ であることより $(\boldsymbol{c}-\boldsymbol{b})\times(\boldsymbol{d}-\boldsymbol{b})=\begin{pmatrix}-9\\ -15\\ 24\end{pmatrix}$，すなわち L_1 の方程式は，t をパラメータとして

$$\boldsymbol{r}=\boldsymbol{a}+t\begin{pmatrix}3\\ 5\\ -8\end{pmatrix} \tag{A.5}$$

である。なお，L_1 の方向を表すベクトルは定数倍しても問題ないので，

$\begin{pmatrix} -9 \\ -15 \\ 24 \end{pmatrix}$ ではなく $\begin{pmatrix} 3 \\ 5 \\ -8 \end{pmatrix}$ を用いている。

(2) 同様に考えて L_2 の方程式は

$$\begin{aligned}&(\boldsymbol{b}-\boldsymbol{a})\times(\boldsymbol{d}-\boldsymbol{a})\\&=\begin{pmatrix} 4 \\ -1 \\ 1-\alpha \end{pmatrix}\times\begin{pmatrix} -3 \\ 0 \\ -1-\alpha \end{pmatrix}=\begin{pmatrix} \alpha+1 \\ 7\alpha+1 \\ -3 \end{pmatrix}\end{aligned} \tag{A.6}$$

から t' をパラメータとして

$$\boldsymbol{r}=\boldsymbol{c}+t'\begin{pmatrix} \alpha+1 \\ 7\alpha+1 \\ -3 \end{pmatrix} \tag{A.7}$$

である。式 (A.5) と (A.7) を等置して

$$\begin{aligned}&1+3t=1+(\alpha+1)t',\ 1+5t=4+(7\alpha+1)t',\\&\alpha-8t=2-3t'\end{aligned} \tag{A.8}$$

を得る。これから $\alpha=\dfrac{1}{2},\ t=-\dfrac{3}{4},\ t'=-\dfrac{3}{2}$ となる。なお，式 (A.8) から α の二次方程式を得たとき，$\alpha=\dfrac{1}{8}$ も解として出てくるが，$t'=\dfrac{3(\alpha-1)}{8\alpha-1}$ という関係があるのでそれは不適である。また交点の座標は以下となる。

$$\begin{pmatrix} 1 \\ 1 \\ \frac{1}{2} \end{pmatrix}-\frac{3}{4}\begin{pmatrix} 3 \\ 5 \\ -8 \end{pmatrix}=\begin{pmatrix} -\frac{5}{4} \\ -\frac{11}{4} \\ \frac{13}{2} \end{pmatrix}$$

【17】 (1) Σ_1，Σ_2 の単位法線ベクトルをそれぞれ $\hat{\boldsymbol{n}}_1$，$\hat{\boldsymbol{n}}_2$ とすると，両平面の方程式から $\hat{\boldsymbol{n}}_1=\dfrac{1}{3}\begin{pmatrix} 2 \\ 1 \\ 2 \end{pmatrix}$，$\hat{\boldsymbol{n}}_2=\dfrac{1}{7}\begin{pmatrix} 3 \\ -2 \\ 6 \end{pmatrix}$ を得る。なお，実はこれに負号をつけたものでも正解であることに注意しよう。それでも以下の結果は変わらない。

(2) 【7】と同様に考えると，$\boldsymbol{l}$ は $\hat{\boldsymbol{n}}_1 \times \hat{\boldsymbol{n}}_2 = \dfrac{1}{21}\begin{pmatrix} 10 \\ -6 \\ -7 \end{pmatrix}$ に比例することがわかる。ゆえに $\boldsymbol{l}$ として $\begin{pmatrix} 10 \\ -6 \\ -7 \end{pmatrix}$ をとれる。

(3) 求めるベクトル $\boldsymbol{c}_3$ は $\hat{\boldsymbol{n}}_1$ と $\hat{\boldsymbol{n}}_2$ を 2 辺とするひし形の対角線でなければならない（$\hat{\boldsymbol{n}}_1$ と $\hat{\boldsymbol{n}}_2$ の大きさがともに 1 であることがポイントである）。ゆえに $\boldsymbol{c}_3 = \hat{\boldsymbol{n}}_1 \pm \hat{\boldsymbol{n}}_2 = \begin{pmatrix} \frac{23}{21} \\ \frac{1}{21} \\ \frac{32}{21} \end{pmatrix}, \begin{pmatrix} \frac{5}{21} \\ \frac{13}{21} \\ -\frac{4}{21} \end{pmatrix}$ を得る。二つ出てくる理由は**解図 2.2** を参照してほしい。なお，以下では上で得られた二つの $\boldsymbol{c}_3$ のうち前者を $\boldsymbol{c}_{31}$，後者を $\boldsymbol{c}_{32}$ と書く。

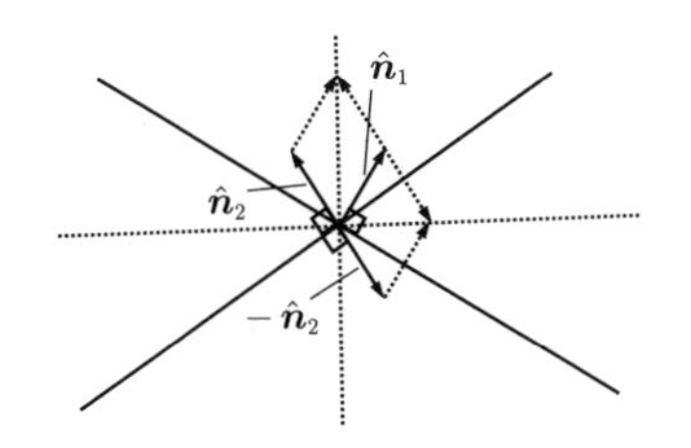

点線で描かれた 2 本の直線（元は平面）はともに条件を満たす。

解図 2.2　断面図

(4) $\boldsymbol{l}$ も $\boldsymbol{c}_{31}$（$\boldsymbol{c}_{32}$）も Σ_3 に平行である。ゆえに求めるべき法線ベクトル $\boldsymbol{n}_{31}$（$\boldsymbol{n}_{32}$）は両者に直交するから以下のように得られる。

$$\boldsymbol{n}_{31} = \boldsymbol{l} \times \boldsymbol{c}_{31} \propto \begin{pmatrix} 185 \\ 481 \\ -148 \end{pmatrix},\ \boldsymbol{n}_{32} = \boldsymbol{l} \times \boldsymbol{c}_{32} \propto \begin{pmatrix} 23 \\ 1 \\ 32 \end{pmatrix}$$

(5) Σ_3 が点 $\begin{pmatrix} 1 \\ 1 \\ -2 \end{pmatrix}$ を通ることから，$\boldsymbol{n}_{31}$（$\boldsymbol{n}_{32}$）を法線ベクトルとする平面をそれぞれ Σ_{31}，Σ_{32} とすれば $\Sigma_{31} : 185(x-1)+481(y-1)-148(z+2) = 185x + 481y - 148z - 962 = 0$, $\Sigma_{32} : 23(x-1) + y - 1 + 32(z+2) = 23x + y + 32z + 40 = 0$ と得られる。

なお，(1) で符号を付けても結果が変わらないことの意味もわかるだろう。$\boldsymbol{c}_3$ に負号が付いてもよく，得られた方程式の全体の符号が変わるだけである。

【18】 $\boldsymbol{a}$ を Σ へ射影したベクトルを $\boldsymbol{b}$ とすると，$\boldsymbol{b}$ を正規化したベクトル $\boldsymbol{b}'$ が最大値を与え，$-\boldsymbol{b}'$ が最小値を与える。Σ の法線ベクトルを $\hat{\boldsymbol{n}}$ とし，グラム・シュミットの正規直交化法を用いて

$$\begin{aligned}\boldsymbol{b} &= \boldsymbol{a} - (\boldsymbol{a}\cdot\hat{\boldsymbol{n}})\hat{\boldsymbol{n}}\\ &= \begin{pmatrix}2\\0\\1\end{pmatrix} - \left(\begin{pmatrix}2\\0\\1\end{pmatrix}\cdot\frac{1}{7}\begin{pmatrix}2\\-6\\3\end{pmatrix}\right)\frac{1}{7}\begin{pmatrix}2\\-6\\3\end{pmatrix} = \frac{1}{7}\begin{pmatrix}12\\6\\4\end{pmatrix}\end{aligned}$$

より

$$\boldsymbol{b}' = \frac{1}{|\boldsymbol{b}|}\boldsymbol{b} = \frac{1}{7}\begin{pmatrix}6\\3\\2\end{pmatrix}$$

であるから，最大値として $\boldsymbol{a}\cdot\boldsymbol{b}' = 2$, 最小値として $-\boldsymbol{a}\cdot\boldsymbol{b}' = -2$ を得る。

【19】 Σ_2 の法線ベクトルは

$$\begin{pmatrix}1\\-5\\1\end{pmatrix}\times\begin{pmatrix}1\\1\\1\end{pmatrix} = \begin{pmatrix}-6\\0\\6\end{pmatrix} \propto \begin{pmatrix}1\\0\\-1\end{pmatrix}$$

であるから，$x - z = 0$ が求めるべき方程式である。

【20】 題意を満たす平面の法線ベクトルは $\begin{pmatrix}-1\\-1\\\sqrt{2}\end{pmatrix}$ である。かつ，この平面が原点を通るのは自明であるから，求める方程式は $x + y - \sqrt{2}z = 0$ となる。

【21】 (1) $\begin{pmatrix}0\\2\\0\end{pmatrix} - \begin{pmatrix}1\\0\\0\end{pmatrix} = \begin{pmatrix}-1\\2\\0\end{pmatrix}$, $\begin{pmatrix}0\\0\\3\end{pmatrix} - \begin{pmatrix}1\\0\\0\end{pmatrix} = \begin{pmatrix}-1\\0\\3\end{pmatrix}$ であるから，三角形 ABC の法線ベクトル $\boldsymbol{n}$ は

$$\boldsymbol{n} = \begin{pmatrix}-1\\2\\0\end{pmatrix}\times\begin{pmatrix}-1\\0\\3\end{pmatrix} = \begin{pmatrix}6\\3\\2\end{pmatrix}$$

である。ゆえに求める方程式として

$$\left(\boldsymbol{r}-\begin{pmatrix}1\\0\\0\end{pmatrix}\right)\cdot\begin{pmatrix}6\\3\\2\end{pmatrix}=6(x-1)+3y+2z=0$$

を得る。もちろん $\alpha x+\beta y+\gamma z+\delta=0$ と置く方法でもできる。

(2) (1) の結果より容易に以下を得る。

$$S=\frac{1}{2}\left|\begin{pmatrix}-1\\2\\0\end{pmatrix}\times\begin{pmatrix}-1\\0\\3\end{pmatrix}\right|=\frac{7}{2}$$

(3) 三角形 ABC を xy 平面に射影した場合，三角形 ABO になるのは明らかであり（O は原点），その面積は 1 である。そして $\cos\theta=\dfrac{n_z}{|\boldsymbol{n}|}=\dfrac{2}{7}$ であるから，$S\cdot\dfrac{2}{7}=1$ より $S=\dfrac{7}{2}$ を得る。

【22】 2 025 次元空間での平面でも，これまでの考え方と変わらない。Σ と平行ということは，2 025 次元の法線ベクトル $\boldsymbol{n}=\begin{pmatrix}1\\1\\\vdots\\1\end{pmatrix}$ を共有するということである。ゆえに求めるべき方程式は

$$x_1+x_2+\cdots+(x_Y-Y)+\cdots+(x_M-M)+\cdots+(x_D-D)+\cdots$$
$$+x_{2\,025}=\sum_{i=1}^{2\,025}x_i-(Y+M+D)=0$$

と得られる。自明ではあるが，$Y+M+D$ が同じ人はすべて同じ答えになる。

【23】 与えられた点を通り，与えられた平面に直交する直線の方程式は，その方向が $\begin{pmatrix}a\\b\\c\end{pmatrix}$ に比例するから，パラメータ表示により

$$\boldsymbol{r}=\begin{pmatrix}x_0\\y_0\\z_0\end{pmatrix}+t\begin{pmatrix}a\\b\\c\end{pmatrix}$$

と書ける。この直線が平面と交わるときの t の値を t_p と置くと，$a(x_0-t_pa)+b(y-t_pb)+c(z-t_pc)+d=0$ から $t_p=\dfrac{ax_0+by_0+cz_0+d}{a^2+b^2+c^2}$ となる。求める距離 l は，$\begin{pmatrix} a \\ b \\ c \end{pmatrix}$ の大きさ $\times|t_p|$ で与えられるから以下のようになる。

$$l=|t_p|\sqrt{a^2+b^2+c^2}=\frac{|ax_0+by_0+cz_0+d|}{\sqrt{a^2+b^2+c^2}}$$

3 章

【1】 (1) x 軸上の点ということは $\theta=0,\pi$ ということであるから，$x=\pm\sqrt{2}a$ で交わることになる。

(2) $r^2=2a^2\cos 2\theta=2a^2(\cos^2\theta-\sin^2\theta)$ より

$$r^4=(x^2+y^2)^2=2a^2r^2(\cos^2\theta-\sin^2\theta)=2a^2(x^2-y^2)$$

すなわち $x^4+2x^2y^2+y^4=2a^2(x^2-y^2)$ と書ける。

【2】 $r(1-\cos\theta)=2a$ から $r-x=2a$ となるが，x を移項して両辺を 2 乗し整理すると $y^2=4a(x+a)$ となる。これは原点を焦点，直線 $x=-2a$ を準線とする放物線を表す。

【3】 **解図 3.1** のとおりである。特に $\theta<0$ の範囲では無限回回転している。**【19】**も参照せよ。

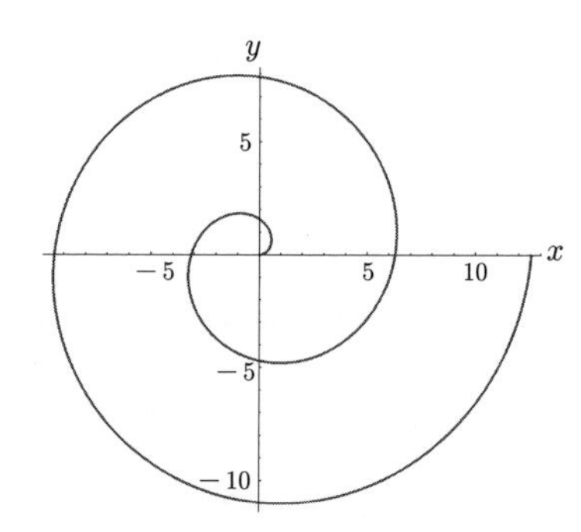

解図 3.1　対数螺旋

【4】 (1) $r^2\geq 0$ であるから $\cos 2\theta\geq 0$ でなければならない。ゆえに $0\leq\theta\leq\dfrac{\pi}{4}$，$\dfrac{3\pi}{4}\leq\theta\leq\dfrac{5\pi}{4}$，$\dfrac{7\pi}{4}\leq\theta\leq 2\pi$ の範囲の値をとり得る。

(2) **解図 3.2** のとおりである。

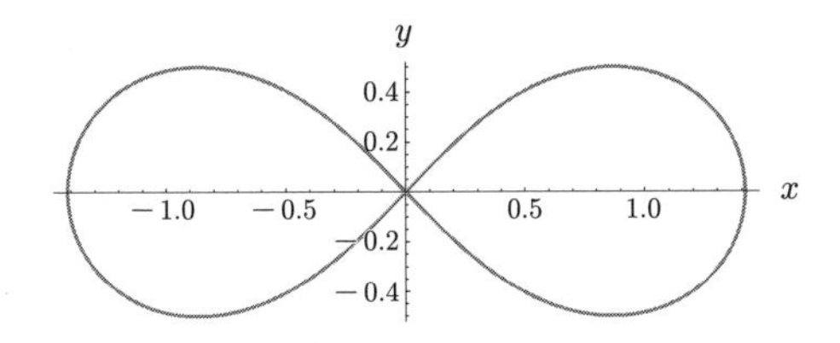

解図 3.2　レムニスケート

【5】 $r^2\cos 2\theta = r^2(\cos^2\theta - \sin^2\theta) = a$ から，デカルト座標では $z^2 - x^2 - y^2 = a$ と書けるが，これは例題 3.2 の 1. とまったく同じ曲面である。すなわち $a > 0$ で二葉回転双曲面，$a = 0$ で円錐面，$a < 0$ で一葉回転双曲面である。

【6】 両方程式から z を消去すればよい。z を消去して整理すると

$$\left(x + \frac{1}{4}\right)^2 + (y+1)^2 = \frac{1}{16}$$

を得る。これは中心 $\begin{pmatrix} -\dfrac{1}{4} \\ -1 \end{pmatrix}$ で半径 $\dfrac{1}{4}$ の円を表す。

【7】 $\dfrac{d\boldsymbol{L}}{dt} = \dfrac{d\boldsymbol{r}}{dt} \times \boldsymbol{p} + \boldsymbol{r} \times \dfrac{d\boldsymbol{p}}{dt} = \boldsymbol{v} \times m\boldsymbol{v} + \boldsymbol{r} \times \boldsymbol{F} = \boldsymbol{r} \times \boldsymbol{F}$ と示される。$\boldsymbol{v} \times \boldsymbol{v} = \boldsymbol{0}$ であることに注意しよう。そして $\boldsymbol{F}$ が中心力，すなわち $\boldsymbol{r}$ に比例する力であれば，$\boldsymbol{r} \times \boldsymbol{F} \propto \boldsymbol{r} \times \boldsymbol{r} = \boldsymbol{0}$ となり，$\boldsymbol{L}$ が保存量であることもわかる。

【8】 $\boldsymbol{\nabla} f = \begin{pmatrix} 2ax + by \\ bx + 2cy \end{pmatrix}$ である。これと $d\boldsymbol{r} = \begin{pmatrix} dx \\ dy \end{pmatrix}$ の内積をとると $\boldsymbol{\nabla} f \cdot d\boldsymbol{r} = (2ax + by)dx + (bx + 2cy)dy$ となるが，これは

$$\begin{aligned}(2ax + by)dx + (bx + 2cy)dy &= d(ax^2 + 2bxy + cy^2) \\ &= d(ax^2 + 2bxy + cy^2 + d) = df\end{aligned}$$

と書ける。ここで，定数 d を加えても増分には影響しないことを用いた。$d\boldsymbol{r}$ が等値線の接線方向を指すならば，定義より df（つまり f の増分）は当然ゼロである。すなわち $\boldsymbol{\nabla} f \cdot d\boldsymbol{r} = 0$ であり，$\boldsymbol{\nabla} f$ と $d\boldsymbol{r}$ は直交する。

【9】 $f(x, y, z) = 4x^2 + 4y^2 - z^2 - 4$ と置くと，S は $f = 0$ の等値面である。ゆえにその法線ベクトルは $\boldsymbol{\nabla} f = \begin{pmatrix} 8x \\ 8y \\ -2z \end{pmatrix}$ である。なお，ここでは法線ベクトル「場」であること，すなわち法線ベクトルに空間依存性があることに注意してほしい。

【10】 ダミーインデックスを用いて記述する。第2式については第 i 成分 $(i=1,2,3)$ について示す。具体的に計算して以下により示すことができる。

$$\begin{aligned}\boldsymbol{\nabla}\cdot(\boldsymbol{A}\times\boldsymbol{B}) &= \nabla_i(\varepsilon_{ijk}A_jB_k) = \varepsilon_{ijk}(B_k\nabla_iA_j + A_j\nabla_iB_k)\\ &= B_k\varepsilon_{kij}\nabla_iA_j - A_j\varepsilon_{jik}\nabla_iB_k\\ &= \boldsymbol{B}\cdot(\boldsymbol{\nabla}\times\boldsymbol{A}) - \boldsymbol{A}\cdot(\boldsymbol{\nabla}\times\boldsymbol{B})\end{aligned}$$

$$\begin{aligned}(\boldsymbol{\nabla}\times(\boldsymbol{A}\times\boldsymbol{B}))_i &= \varepsilon_{ijk}\nabla_j(\varepsilon_{klm}A_lB_m) = \varepsilon_{ijk}\varepsilon_{klm}\nabla_j(A_lB_m)\\ &= (\delta_{il}\delta_{jm} - \delta_{im}\delta_{jl})\nabla_j(A_lB_m)\\ &= \nabla_j(A_iB_j) - \nabla_j(A_jB_i)\\ &= B_j\nabla_jA_i + A_i\nabla_jB_j - B_i\nabla_jA_j - A_j\nabla_jB_i\\ &= ((\boldsymbol{B}\cdot\boldsymbol{\nabla})\boldsymbol{A} + \boldsymbol{A}(\boldsymbol{\nabla}\cdot\boldsymbol{B})\\ &\quad - \boldsymbol{B}(\boldsymbol{\nabla}\cdot\boldsymbol{A}) - (\boldsymbol{A}\cdot\boldsymbol{\nabla})\boldsymbol{B})_i\end{aligned}$$

【11】 (1) 実際に計算すれば以下は容易に示される。

$$\boldsymbol{\nabla}\times\boldsymbol{F} = \begin{pmatrix} 4yz-4yz \\ 1-1 \\ 4x-4x \end{pmatrix} = \boldsymbol{0}$$

(2) $\boldsymbol{F}$ の各成分から $\psi = -2x^2y - zx + f_1(y,z) = -2x^2y - y^2z^2 + f_2(z,x) = -y^2z^2 - zx + f_3(x,y)$ が成り立たなければならないことがわかる。ここで $f_1(y,z), f_2(z,x), f_3(x,y)$ はそれぞれ y と z の，z と x の，そして x と y の任意の関数である。これから $\psi = -2x^2y - y^2z^2 - zx$ と求められる。なお，定数分の不定性は無視した。

【12】 $f(x,y,z) = 9x^2 + z^2 - 25$, $g(x,y,z) = e^{xy} - z + 3$ と置く。

$$\boldsymbol{\nabla}f = \begin{pmatrix} 18x \\ 0 \\ 2z \end{pmatrix},\quad \boldsymbol{\nabla}g = \begin{pmatrix} ye^{xy} \\ xe^{xy} \\ -1 \end{pmatrix}$$

であるから

$$\boldsymbol{\nabla}f|_{x=1,y=0,z=4} = \begin{pmatrix} 18 \\ 0 \\ 8 \end{pmatrix},\quad \boldsymbol{\nabla}g|_{x=1,y=0,z=4} = \begin{pmatrix} 0 \\ 1 \\ -1 \end{pmatrix}$$

である。題意を満たす直線はこの両者に直交するので，その方向は

$$\begin{pmatrix} 18 \\ 0 \\ 8 \end{pmatrix} \times \begin{pmatrix} 0 \\ 1 \\ -1 \end{pmatrix} = \begin{pmatrix} -8 \\ 18 \\ 18 \end{pmatrix} \propto \begin{pmatrix} 4 \\ -9 \\ -9 \end{pmatrix}$$

と書ける。ゆえに，tをパラメータとして $\boldsymbol{r} = \begin{pmatrix} 1 \\ 0 \\ 4 \end{pmatrix} + t \begin{pmatrix} 4 \\ -9 \\ -9 \end{pmatrix}$ となる。

【13】 $f(x,y,z) = 2x^2 + 3y^2 - z$ と置くと $\boldsymbol{\nabla} f|_{x=2,\ y=-1,\ z=11} = \begin{pmatrix} 8 \\ -6 \\ -1 \end{pmatrix}$ となる。

ゆえに $8(x-2) - 6(y+1) - (z-11) = 8x - 6y - z - 11 = 0$ と得られる。

【14】 (1) $f(x,y,z) = z - \dfrac{1}{4}(x^2 + y^2)$ とすると $\boldsymbol{\nabla} f|_{x=4,\ y=4,\ z=8} = \begin{pmatrix} -2 \\ -2 \\ 1 \end{pmatrix}$

であるから，この方向を表す単位ベクトルとして $\dfrac{1}{3}\begin{pmatrix} 2 \\ 2 \\ -1 \end{pmatrix}$ をとる。

ゆえに点 A を通るこの方向の直線の方程式は，パラメータ表示で $\boldsymbol{r} = \boldsymbol{a} + \dfrac{t}{3}\begin{pmatrix} 2 \\ 2 \\ -1 \end{pmatrix}$，ただし $\boldsymbol{a} = \begin{pmatrix} 4 \\ 4 \\ 8 \end{pmatrix}$ である。この方程式で $z = 0$ とすれば $t = 24$ が得られ，球の中心の座標として $\begin{pmatrix} 20 \\ 20 \\ 0 \end{pmatrix}$ を得る。また条件を満たす球の半径が 24 であることもわかるので，求める方程式は $(x-20)^2 + (y-20)^2 + z^2 = 24^2$ となる。

(2) (1) と同じ文字を使うと，ここでは題意から $\pm t = 8 - \dfrac{t}{3}$ が成り立たなければならず，$t = 6, -12$ を得る。$t = 6$ のとき $x = 8$, $y = 8$, $z = 6$ となるから $(x-8)^2 + (y-8)^2 + (z-6)^2 = 6^2$ となり，$t = -12$ のとき $x = -4$, $y = -4$, $z = 12$ となるから $(x+4)^2 + (y+4)^2 + (z-12)^2 = 12^2$ となる。

【15】 この系を z 軸を含む平面で切る（**解図 3.3**。横軸は $r = \sqrt{x^2+y^2}\,\mathrm{sign}(x)$ 軸としてある）。解図 3.3 のように原点 O に加えて点 A, B, C, P, Q を定義すると，まず OP : 5 = (OP − 8) : 3 により OP = 20 となる。また

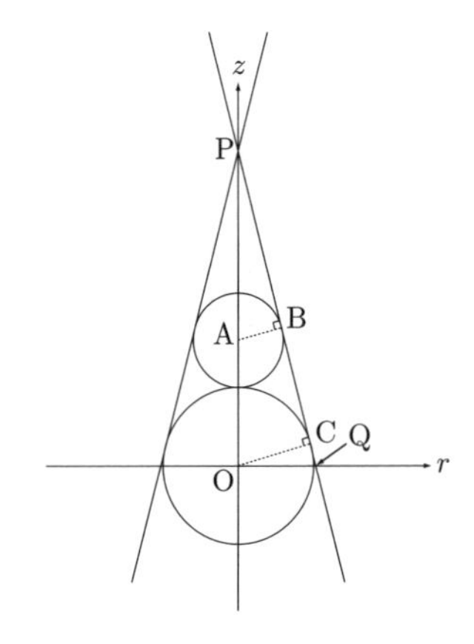

解図 3.3　断面図

$\mathrm{PC} = \sqrt{\mathrm{OP}^2 - \mathrm{OC}^2} = 5\sqrt{15}$ から $\mathrm{OQ} = \mathrm{OP} \cdot \dfrac{\mathrm{OC}}{\mathrm{PC}} = \dfrac{4\sqrt{15}}{3}$ である。解図 3.3 を $r-z$ 平面と見なせば，直線の方程式は $z - 20 = \dfrac{-20}{\frac{4\sqrt{15}}{3}} r = \pm\sqrt{15(x^2+y^2)}$ である。解答としては，z 軸周りの回転も考えて $(z-20)^2 - 15(x^2+y^2) = 0$ となる。

【16】 (1) S は点 $\begin{pmatrix} 1 \\ 1 \\ 1 \end{pmatrix}$ を中心とする半径 1 の球面であり，Σ は $\boldsymbol{n} = \begin{pmatrix} 6 \\ 2 \\ 3 \end{pmatrix}$ を法線ベクトルとする平面である。S と Σ が接するためには，球の中心と接点を結ぶベクトルが $\boldsymbol{n}$ と平行または反平行でなければならない。つまり球の中心の位置座標に Σ の法線ベクトルと平行または反平行で大きさが 1 のベクトルを加えたものが接点の位置座標である。$\boldsymbol{n}$ に平行で大きさが 1 のベクトルは $\dfrac{1}{7}\begin{pmatrix} 6 \\ 2 \\ 3 \end{pmatrix}$ であるから，求める接点の座標は以下となる。

$$\begin{pmatrix} 1 \\ 1 \\ 1 \end{pmatrix} \pm \frac{1}{7}\begin{pmatrix} 6 \\ 2 \\ 3 \end{pmatrix} = \begin{pmatrix} \frac{13}{7} \\ \frac{9}{7} \\ \frac{10}{7} \end{pmatrix}, \begin{pmatrix} \frac{1}{7} \\ \frac{5}{7} \\ \frac{4}{7} \end{pmatrix}$$

(2) 両点の座標を S の方程式に代入して，順に $a = 18, 4$ を得る。

(3) 題意より $a = 18$ を考える。A$\begin{pmatrix} 3 \\ 0 \\ 0 \end{pmatrix}$, B$\begin{pmatrix} 0 \\ 9 \\ 0 \end{pmatrix}$, C$\begin{pmatrix} 0 \\ 0 \\ 6 \end{pmatrix}$ がわかるので，求める面積を S とすれば $S \cdot \frac{3}{7} = \frac{1}{2} \cdot 3 \cdot 9$ より $S = \frac{63}{2}$ となる。この考え方は 2 章章末問題【**21**】と同様である。

【**17**】 求める直線を l とすると，l の方向は

$$\boldsymbol{\nabla} f = \begin{pmatrix} 2x \\ 2y \\ -2z \end{pmatrix} \Big|_{x=3,y=0,z=5} = \begin{pmatrix} 6 \\ 0 \\ -10 \end{pmatrix}$$

にも

$$\boldsymbol{\nabla} g = \begin{pmatrix} 2 \\ 2 \\ -1 \end{pmatrix} \Big|_{x=3,y=0,z=5} = \begin{pmatrix} 2 \\ 2 \\ -1 \end{pmatrix}$$

にも垂直である。ゆえにその方向は $\begin{pmatrix} 6 \\ 0 \\ -10 \end{pmatrix} \times \begin{pmatrix} 2 \\ 2 \\ -1 \end{pmatrix} = \begin{pmatrix} 20 \\ -14 \\ 12 \end{pmatrix}$

となるので，求める方程式は t をパラメータとして

$$\boldsymbol{r} = \begin{pmatrix} 3 \\ 0 \\ 5 \end{pmatrix} + t \begin{pmatrix} 10 \\ -7 \\ 6 \end{pmatrix}$$

あるいは以下となる。

$$\begin{pmatrix} x-3 \\ y \\ z-5 \end{pmatrix} \times \begin{pmatrix} 10 \\ -7 \\ 6 \end{pmatrix} = \begin{pmatrix} 6y+7z-35 \\ -6x+10z-32 \\ -7x-10y+21 \end{pmatrix} = \boldsymbol{0}$$

【**18**】 $\begin{pmatrix} dx \\ dy \end{pmatrix} \propto \begin{pmatrix} -y \\ x-a \end{pmatrix}$ すなわち $\frac{dy}{dx} = -\frac{x-a}{y}$ であるから，$(x-a)^2+y^2 = C$（C は定数）となり，流線は $\begin{pmatrix} a \\ 0 \end{pmatrix}$ を中心とする円を描く。

【**19**】 与えられた式から

$$\frac{d}{d\theta}\begin{pmatrix} x \\ y \end{pmatrix} = \begin{pmatrix} b & -1 \\ 1 & b \end{pmatrix}\begin{pmatrix} x \\ y \end{pmatrix}$$

となる。右辺の係数行列の固有値 λ は $(\lambda - b)^2 + 1 = 0$ より $\lambda = b \pm i$ と得られる。固有ベクトルも求めると $\lambda = b + i$ のとき $\frac{1}{\sqrt{2}}\begin{pmatrix} i \\ 1 \end{pmatrix}$，$\lambda = b - i$ のとき $\frac{1}{\sqrt{2}}\begin{pmatrix} 1 \\ i \end{pmatrix}$ である。ゆえに式の両辺に左から $\begin{pmatrix} -i & 1 \\ 1 & -i \end{pmatrix}$ を掛けると

$$\begin{aligned}
&\frac{d}{d\theta}\begin{pmatrix} -i & 1 \\ 1 & -i \end{pmatrix}\begin{pmatrix} x \\ y \end{pmatrix} \\
&\quad = \frac{1}{2}\begin{pmatrix} -i & 1 \\ 1 & -i \end{pmatrix}\begin{pmatrix} b & -1 \\ 1 & b \end{pmatrix}\begin{pmatrix} i & 1 \\ 1 & i \end{pmatrix}\begin{pmatrix} -i & 1 \\ 1 & -i \end{pmatrix}\begin{pmatrix} x \\ y \end{pmatrix} \\
&\quad = \begin{pmatrix} b+i & 0 \\ 0 & b-i \end{pmatrix}\begin{pmatrix} -i & 1 \\ 1 & -i \end{pmatrix}\begin{pmatrix} x \\ y \end{pmatrix}
\end{aligned}$$

となる。したがって $u = -ix + y$，$v = x - iy$ と置けば $u = C_1 e^{(b+i)\theta}$，$v = C_2 e^{(b-i)\theta}$（C_1，C_2 は積分定数）を得る。すなわち

$$x = \frac{1}{2}(iC_1 e^{(b+i)\theta} + C_2 e^{(b-i)\theta}),\ y = \frac{1}{2}(C_1 e^{(b+i)\theta} + iC_2 e^{(b-i)\theta})$$

となり，これと与えられた初期条件から得られる $\frac{1}{2}(iC_1 + C_2) = a$，$\frac{1}{2}(C_1 + iC_2) = 0$ より，以下が求めるべき方程式である。

$$x = \frac{1}{2}(ae^{(b+i)\theta} + ae^{(b-i)\theta}) = ae^{b\theta}\cos\theta$$

$$y = \frac{1}{2}(-iae^{(b+i)\theta} + iae^{(b-i)\theta}) = ae^{b\theta}\sin\theta$$

計算としてはここまでだが，実はこの方程式は【**3**】でも取り上げた対数螺旋を表している。2 次元極座標で考えると $r(\theta) = ae^{b\theta}$ となっていることから，それが確かめられるだろう。なお，この式から，角度が増えるに従って原点からの距離も遠くなっていることがイメージできる。逆に $\theta < 0$ の場合も考えると，原点付近で無限回回転していることがわかる。

【20】　**【19】**と同様に考える。与えられたベクトル場から

$$\frac{d}{d\theta}\begin{pmatrix} x \\ y \\ z \end{pmatrix} = \begin{pmatrix} 2 & -\sqrt{2} & 0 \\ \sqrt{2} & 2 & -\sqrt{2} \\ 0 & \sqrt{2} & 2 \end{pmatrix}\begin{pmatrix} x \\ y \\ z \end{pmatrix}$$

と書け，右辺の係数行列を B，その固有値を λ，単位行列を I とすれば

$$\det(\lambda I - B) = \begin{pmatrix} \lambda-2 & \sqrt{2} & 0 \\ -\sqrt{2} & \lambda-2 & \sqrt{2} \\ 0 & -\sqrt{2} & \lambda-2 \end{pmatrix}$$
$$= (\lambda-2)^3 + 4(\lambda-2) = (\lambda-2)((\lambda-2)^2+4) = 0$$

が成り立たなければならない。ゆえに固有値は $\lambda = 2,\ 2 \pm 2i$ である。$\lambda = 2$ では固有ベクトルが $\dfrac{1}{\sqrt{2}}\begin{pmatrix} 1 \\ 0 \\ 1 \end{pmatrix}$，$\lambda = 2 \pm 2i$ では $\dfrac{1}{2}\begin{pmatrix} 1 \\ \mp i\sqrt{2} \\ -1 \end{pmatrix}$ となるので

$$\frac{x-z}{2} + \frac{iy}{\sqrt{2}} = C_1 e^{(2+2i)\theta}, \quad \frac{x+z}{\sqrt{2}} = C_2 e^{2\theta},$$
$$\frac{x-z}{2} - \frac{iy}{\sqrt{2}} = C_3 e^{(2-2i)\theta}$$

ここで C_1，C_2，C_3 は積分定数である。これらと初期条件から $C_1 = 1$，$C_2 = \sqrt{2}$，$C_3 = 1$ を得るので，以下が求めるべき方程式である。

$$x = e^{2\theta}(1+\cos 2\theta), \quad y = \sqrt{2}e^{2\theta}\sin 2\theta, \quad z = e^{2\theta}(1-\cos 2\theta)$$

なお，$(x-e^{2\theta})^2 + y^2 + (z-e^{2\theta})^2 = 2e^{4\theta}$ が成り立つことに注意しておく。

【21】 f の等高線につねに直交するということは，$\boldsymbol{\nabla} f$ の方向を向いているということである。$\boldsymbol{\nabla} f = \begin{pmatrix} 2x \\ -2y \end{pmatrix} \propto \begin{pmatrix} x \\ -y \end{pmatrix}$ であるから，その軌道の方程式は

$$\frac{dx}{x} = -\frac{dy}{y}$$

となる。この一般解は $xy = C$（C は積分定数）であり，点 $\begin{pmatrix} 3 \\ 2 \end{pmatrix}$ を通るから $C = 6$ である。ゆえに求める軌道の方程式は $xy = 6$ という双曲線となる。

【22】 題意より $\dfrac{d}{dt}\begin{pmatrix} x \\ y \\ z \end{pmatrix} = c\boldsymbol{\nabla} f = c\begin{pmatrix} 2x \\ 2y \\ 8z \end{pmatrix}$（$c$ は定数）である。すなわち C_1，C_2，C_3 を積分定数として $x = C_1 e^{2ct}$，$y = C_2 e^{2ct}$，$z = C_3 e^{8ct}$ となる。$t' = e^{2ct}$ とし，$t' = 1$ のとき，これが点 $\begin{pmatrix} 1 \\ 4 \\ 1 \end{pmatrix}$ を通るとすると，求める方程式は $x = t'$，$y = 4t'$，$z = t'^4$，または t' を消去して $y = 4x$，$z = x^4$ となる。

4章

【1】 $x = \dfrac{\sqrt{1-t^2}}{2t}$, $y = \dfrac{1-t^2}{4t^2}$ とすれば $\dfrac{dx}{dt} = -\dfrac{1}{2t^2\sqrt{1-t^2}}, \dfrac{dy}{dt} = -\dfrac{1}{2t^3}$ が確かめられる。ゆえに次式のように計算できる。

$$ds = \sqrt{\left(\frac{dx}{dt}\right)^2 + \left(\frac{dy}{dt}\right)^2}dt = \frac{1}{2t^3\sqrt{1-t^2}}dt$$

また $x = 0, \dfrac{1}{2}$ のとき，それぞれ $t = 1, \dfrac{1}{\sqrt{2}}$ であるから次式を得る。

$$\int_C xds = \int_1^{1/\sqrt{2}} \frac{\sqrt{1-t^2}}{2t}\frac{1}{2t^3\sqrt{1-t^2}}dt$$
$$= \frac{1}{4}\int_{1/\sqrt{2}}^{1} t^{-4}dt = \frac{2\sqrt{2}-1}{12}$$

【2】 $ds = \sqrt{\left(\dfrac{dx}{dt}\right)^2 + \left(\dfrac{dy}{dt}\right)^2}dt = \sqrt{\sinh^2 t + \cosh^2 t}dt = \sqrt{\cosh 2t}dt$ を用いて

$$I = \int_0^4 \cosh t \sinh t\sqrt{\cosh 2t}dt = \frac{1}{2}\int_0^4 \sinh 2t\sqrt{\cosh 2t}dt$$

である。ここで $t' = \cosh 2t$ と置くと，$t = 0$ のとき $t' = 1$，$t = 4$ のとき $t' = \cosh 8$ であり，$dt' = \sinh 2t \cdot 2dt$ であるから次式が得られる。

$$I = \frac{1}{2}\int_1^{\cosh 8} \sqrt{t'} \cdot \frac{1}{2}dt' = \frac{1}{4}\left[\frac{2}{3}t'^{\frac{3}{2}}\right]_1^{\cosh 8} = \frac{1}{6}((\cosh 8)^{\frac{3}{2}} - 1)$$

【3】 $x = ae^{b\theta}\cos\theta, y = ae^{b\theta}\sin\theta$ とすれば

$$\frac{dx}{d\theta} = a(be^{b\theta}\cos\theta - e^{b\theta}\sin\theta) = bx - y$$
$$\frac{dy}{d\theta} = a(be^{b\theta}\sin\theta + e^{b\theta}\cos\theta) = x + by$$

より $d\boldsymbol{s} = \begin{pmatrix} bx - y \\ x + by \end{pmatrix} d\theta$ を得る。ゆえに

$$\int_C \boldsymbol{A}\cdot d\boldsymbol{s} = \int_0^{\pi/2} (x(bx-y) + y(x+by))\, d\theta = \int_0^{\pi/2} b(x^2+y^2)d\theta$$
$$= b\int_0^{\pi/2} a^2 e^{2b\theta}d\theta = \frac{a^2}{2}(e^{b\pi} - 1)$$

となる。ここで $x^2 + y^2 = a^2e^{2b\theta}$ を用いた。また式中の x, y は $x(\theta), y(\theta)$ という θ の関数として解釈してほしい。

【4】 (1) 微分するだけであり，$\dfrac{\partial r}{\partial \theta} = -2R\cos\theta\sin\theta$ となる。

(2) これも簡単な計算から

$$ds = \sqrt{R^2\cos^4\theta + 4R^2\cos^2\theta\sin^2\theta} = R\cos\theta\sqrt{1+3\sin^2\theta}$$

を得る。$0 \leq \theta \leq \dfrac{\pi}{2}$ ではつねに $\cos\theta > 0$ である。

(3) つぎのように得られる。

$$\begin{aligned}L &= \int_0^{\pi/2} R\cos\theta\sqrt{1+3\sin^2\theta}d\theta = \sqrt{3}R\int_0^1\sqrt{t^2+\frac{1}{3}}dt \\ &= \frac{R}{2}\left[t\sqrt{t^2+\frac{1}{3}}+\frac{1}{3}\ln\left|t+\sqrt{t^{+}\frac{1}{3}}\right|\right]_0^1 = \frac{R}{6}\left(2\sqrt{3}+\ln(2+\sqrt{3})\right)\end{aligned}$$

【5】 $r = ae^{b\theta}$ と書けるから $\dfrac{\partial r}{\partial \theta} = abe^{b\theta}$ である。ゆえに次式を得る。

$$\begin{aligned}L &= \int_0^{2\pi}\sqrt{a^2e^{2b\theta}+a^2b^2e^{2b\theta}}d\theta \\ &= a\sqrt{1+b^2}\int_0^{2\pi}e^{b\theta}d\theta = \frac{a\sqrt{1+b^2}}{b}(e^{2b\pi}-1)\end{aligned}$$

【6】 どちらの場合も $\displaystyle\int_C \boldsymbol{F}\cdot d\boldsymbol{s} = 2\pi$ を得る。(1) では円筒座標表示により容易に

$$\int_C \boldsymbol{F}\cdot d\boldsymbol{s} = \int_0^{2\pi}\frac{1}{R}\hat{\boldsymbol{\phi}}\cdot Rd\phi\hat{\boldsymbol{\phi}} = 2\pi$$

と計算できる。一方，(2) の場合は各辺での積分の値が $\dfrac{\pi}{2}$ になる。例えば点 $\begin{pmatrix}1\\-1\end{pmatrix}$ から $\begin{pmatrix}1\\1\end{pmatrix}$ までの積分を考えると

$$\int_{-1}^1\frac{-y\hat{\boldsymbol{x}}+\hat{\boldsymbol{y}}}{1+y^2}\cdot\hat{\boldsymbol{y}}dy = \int_{-1}^1\frac{dy}{1+y^2} = [\arctan y]_{-1}^1 = \frac{\pi}{2}$$

となる。ここで得られた結果は，無限に長い直線電流の周りに単位磁荷を 1 周させるのに必要な仕事が経路によらないことと関係している。

単純な積分経路の長さでいえば，円形経路よりも正方形経路のほうが長い。しかし $\boldsymbol{F}$ は原点から遠いほど大きさが小さくなるため，$\boldsymbol{F}\cdot d\boldsymbol{s}$ の足し合わせはどちらのほうが大きいか自明ではない。実際，ここでは足し合わせた結果は同じであるといっているのである。

【7】 (1) $ds = \sqrt{r^2 + \left(\dfrac{dr}{d\theta}\right)} d\theta$ であるから

$$ds = \sqrt{r^2 + \left(\frac{dr}{d\theta}\right)^2} d\theta = \sqrt{2a^2 \cos 2\theta + 4\left(\frac{a^2}{r}\right)^2 \sin^2 2\theta d\theta}$$
$$= \sqrt{2a^2 \cos 2\theta + 2a^2 \frac{\sin^2 2\theta}{\cos 2\theta}} d\theta = a\sqrt{\frac{2}{1 - 2\sin^2\theta}} d\theta$$

となる。したがって求める長さ L は以下である。

$$L = \sqrt{2}a \int_0^{\pi/4} \frac{d\theta}{\sqrt{1 - 2\sin^2\theta}} = \sqrt{2}aF\left(\frac{\pi}{4}, \sqrt{2}\right)$$

レムニスケートの長さは，B（ベータ）関数や Γ（ガンマ）関数を用いて記述されることも多い。それらはここで得られた結果を応用すれば得られるので，詳細は省略する。

(2) 微小面積要素を積分するだけである。対称性から第 1 象限中の面積を 4 倍すればよく，以下のように求められる。

$$\int dS = \int r dr d\theta = 4\int_0^{\pi/4} d\theta \int_0^{\sqrt{2}a\sqrt{\cos 2\theta}} r dr$$
$$= 4\int_0^{\pi/4} \left[\frac{r^2}{2}\right]_0^{\sqrt{2}a\sqrt{\cos 2\theta}} d\theta$$
$$= 4\int_0^{\pi/4} a^2 \cos 2\theta d\theta = 4a^2 \left[\frac{\sin 2\theta}{2}\right]_0^{\pi/4} = 2a^2$$

【8】 (1) 例題 4.2 と同様に考える。Σ は 3 点 $\begin{pmatrix} 4 \\ 0 \\ 0 \end{pmatrix}, \begin{pmatrix} 0 \\ 2 \\ 0 \end{pmatrix}, \begin{pmatrix} 0 \\ 0 \\ 4 \end{pmatrix}$ を通る。

ゆえに面上の点は $\boldsymbol{a}_1 = \begin{pmatrix} 4 \\ 0 \\ -4 \end{pmatrix}$ と $\boldsymbol{a}_2 = \begin{pmatrix} 0 \\ 2 \\ -4 \end{pmatrix}$ および $\boldsymbol{c} = \begin{pmatrix} 0 \\ 0 \\ 4 \end{pmatrix}$ を用いて $\boldsymbol{r} = \boldsymbol{c} + u\boldsymbol{a}_1 + v\boldsymbol{a}_2$ と書ける（u, v は非負のパラメータ）。したがって $x = 4u, y = 2v, z = 4(1 - u - v)$ を得る。u は 0 から 1 まで，v は 0 から $1 - u$ まで動くことになる。もちろん v が 0 から 1 まで，u が 0 から $1 - v$ まで動くと考えてもよい。加えて $d\boldsymbol{s}_u = \begin{pmatrix} 4 \\ 0 \\ -4 \end{pmatrix} du$，かつ

$$d\boldsymbol{s}_v = \begin{pmatrix} 0 \\ 2 \\ -4 \end{pmatrix} dv$$ を得て，$d\boldsymbol{S} = d\boldsymbol{s}_u \times d\boldsymbol{s}_v = 8 \begin{pmatrix} 1 \\ 2 \\ 1 \end{pmatrix} dudv$ である。

これらより以下のように求められる。

$$\begin{aligned}
\int_\Sigma x^2 z dS &= 8\sqrt{6}\int_0^1 du \int_0^{1-u} dv 16u^2(1-u-v) \\
&= 128\sqrt{6}\int_0^1 duu^2 \left[(1-u)v - \frac{v^2}{2}\right]_0^{1-u} \\
&= 128\sqrt{6}\int_0^1 duu^2 \frac{(1-u)^2}{2} = 64\sqrt{6}\left[\frac{u^3}{3} - \frac{u^4}{4} + \frac{u^5}{5}\right]_0^1 \\
&= \frac{32\sqrt{6}}{15}
\end{aligned}$$

(2)　(1) でパラメタライズされたものを用いて以下のように求められる。

$$\begin{aligned}
\int_S \boldsymbol{F} \cdot d\boldsymbol{S} &= \int 8(y + 2z + x)dudv \\
&= \int_0^1 du \int_0^{1-u} dv(2v + 8(1-u-v) + 4u) \\
&= 8\int_0^1 du \int_0^{1-u} dv(8 - 4u - 6v) \\
&= 8\int_0^1 du[(8-4u)v - 3v^2]_0^{1-u} \\
&= 8\int_0^1 du(u^2 - 6u + 5) = \frac{56}{3}
\end{aligned}$$

【9】　各頂点を

$$\mathrm{A}\begin{pmatrix} 1 \\ 1 \\ -1 \end{pmatrix},\ \mathrm{B}\begin{pmatrix} -1 \\ 1 \\ -1 \end{pmatrix},\ \mathrm{C}\begin{pmatrix} -1 \\ -1 \\ -1 \end{pmatrix},\ \mathrm{D}\begin{pmatrix} 1 \\ -1 \\ -1 \end{pmatrix},$$

$$\mathrm{E}\begin{pmatrix} 1 \\ 1 \\ 1 \end{pmatrix},\ \mathrm{F}\begin{pmatrix} -1 \\ 1 \\ 1 \end{pmatrix},\ \mathrm{G}\begin{pmatrix} -1 \\ -1 \\ 1 \end{pmatrix},\ \mathrm{H}\begin{pmatrix} 1 \\ -1 \\ 1 \end{pmatrix}$$

とする。まず正方形 AEHD（これは x 軸を法線とする二つの正方形のうちの 1 面である）上での面積分から考える。このとき $d\boldsymbol{S} = dydz\hat{\boldsymbol{x}}$ であるから

$$\int_{\mathrm{AEHD}} \boldsymbol{F} \cdot d\boldsymbol{S} = \int_{-1}^1 (-y)dy \int_{-1}^1 dz = 0$$

となる。同様に正方形 ABEF，BCFG，CDGH 面上での積分もゼロとなることが確かめられる。そして EFGH 上では $d\boldsymbol{S} = dxdy\hat{\boldsymbol{z}}$ を用いて

$$\int_{\mathrm{EFGH}} \boldsymbol{F}\cdot d\boldsymbol{S} = \int_{-1}^{1} zdx \int_{-1}^{1} dy = 4$$

となる。EFGH 上ではつねに $z=1$ であることに注意しよう。最後に ABCD 上では $d\boldsymbol{S} = -dxdy\hat{\boldsymbol{z}}$ から

$$\int_{\mathrm{EFGH}} \boldsymbol{F}\cdot d\boldsymbol{S} = -\int_{-1}^{1} zdx \int_{-1}^{1} dy = 4$$

であることより，$\displaystyle\int_S \boldsymbol{F}\cdot d\boldsymbol{S} = 8$ と求められる。

【10】 3 次元極座標表示を用いると，曲面 S は $x = R\sin\theta\cos\phi, y = R\sin\theta\sin\phi, z = R\cos\theta$ と表される。dS を計算すると微小面積要素 $dS = R^2\sin\theta\, d\theta\, d\phi$ が得られる。ゆえに

$$\int_S z^4 dS = \int_S R^4\cos^4\theta\, R^2\sin\theta d\theta d\phi = R^6\int_0^{\pi/2}\cos^4\theta\sin\theta d\theta \int_0^{\pi/2} d\phi$$
$$= R^6\int_0^1 t^4 dt\cdot\frac{\pi}{2} = \frac{\pi R^6}{10}$$

を得る。なお，途中で変数変換 $t = \cos\theta$ を用いた。球座標の微小面積要素には $\sin\theta$ があるため，g を $\cos\theta$ の任意の関数として

$$\int_{\theta_i}^{\theta_f} g(\cos\theta)\sin\theta d\theta = \int_{\cos\theta_f}^{\cos\theta_i} g(t)dt$$

と計算できることを身につけておくと便利である。なお，積分の上端と下端に注意しよう。$dt = -\sin\theta d\theta$ である。

【11】 $x = \sin u\cos v, y = \sin u\sin v, z = 2\cos u$ とパラメタライズする。すると

$$d\boldsymbol{s}_u = \begin{pmatrix}\dfrac{\partial x}{\partial u}\\ \dfrac{\partial y}{\partial u}\\ \dfrac{\partial z}{\partial u}\end{pmatrix} du = \begin{pmatrix}\cos u\cos v\\ \cos u\sin v\\ -2\sin u\end{pmatrix} du,$$

$$d\boldsymbol{s}_v = \begin{pmatrix}\dfrac{\partial x}{\partial v}\\ \dfrac{\partial y}{\partial v}\\ \dfrac{\partial z}{\partial v}\end{pmatrix} dv = \begin{pmatrix}-\sin u\sin v\\ \sin u\cos v\\ 0\end{pmatrix} dv,$$

$$
d\boldsymbol{s}_u \times d\boldsymbol{s}_v = \begin{pmatrix} 2\sin u\cos v \\ 2\sin u\sin v \\ \cos u \end{pmatrix} \sin u du dv
$$

を得る。ゆえに

$$
\begin{aligned}
\int_S \boldsymbol{F}\cdot d\boldsymbol{S} &= \int_S ((\sin u\cos v\cdot 2\cos u - \sin u\sin v)\cdot 2\sin u\cos v \\
&\quad + (\sin u\sin v\cdot 2\cos u + \sin u\cos v)\cdot 2\sin u\sin v \\
&\quad +8\cos^3 u\cdot\cos u)\sin u du dv \\
&= \int_0^{2\pi} dv \int_0^{\pi} du(4\sin^2 u\cos u + 8\cos^4 u)\sin u \\
&= 2\pi\cdot 4\int_0^{\pi} du((1-\cos^2 u)\cos u + 2\cos^4 u)\sin u \\
&= 16\pi\left[\frac{t^5}{5}\right]_{-1}^{1} = \frac{32\pi}{5}
\end{aligned}
$$

と求められる。なお,【10】で紹介した変数変換を用いた。それに基づけば, $\cos u$ の奇数次の項の積分がゼロであることはすぐにわかる。

【12】 曲面 S は $x=\cosh u\cos v$, $y=\cosh u\sin v$, $z=\sinh u$ かつ $-\ln(1+\sqrt{2})\le u\le\ln(1+\sqrt{2})$, $0\le v\le 2\pi$ とパラメタライズされる $\left(z=\sinh u=\dfrac{e^u-e^{-u}}{2}\right.$ より $\left.-1\le\dfrac{e^u-e^{-u}}{2}\le 1\right.$ に注意せよ)。ここで

$$
d\boldsymbol{s}_u = \begin{pmatrix} \sinh u\cos v \\ \sinh u\sin v \\ \cosh u \end{pmatrix} du,\quad d\boldsymbol{s}_v = \begin{pmatrix} -\cosh u\sin v \\ \cosh u\cos v \\ 0 \end{pmatrix} dv
$$

となるから次式を得る。

$$
d\boldsymbol{s}_u \times d\boldsymbol{s}_v = \begin{pmatrix} -\cosh^2 u\cos v \\ -\cosh^2 u\sin v \\ \sinh u\cosh u \end{pmatrix} du dv
$$

これの負号が外向きであるから（**解図 4.1**), 以下のように計算できる。

$$
\begin{aligned}
\int_S \boldsymbol{F}\cdot d\boldsymbol{S} &= \int (\cosh u\cos v\cdot\cosh^2 u\cos v + \cosh u\sin v\cdot\cosh^2 u\sin v \\
&\quad + \sinh u\cdot(-\sinh u\cosh u)) du dv \\
&= \int_0^{2\pi} dv \int_{-\ln(1+\sqrt{2})}^{\ln(1+\sqrt{2})} \cosh u du = 2\pi\cdot 2 = 4\pi
\end{aligned}
$$

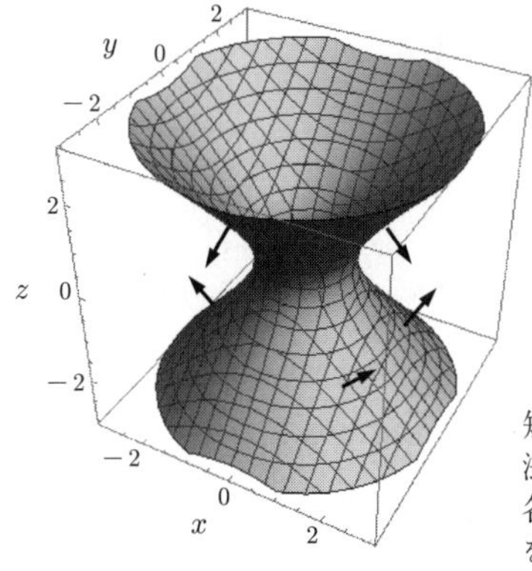

短い矢印は各点における曲面の法線ベクトルを表す。それらは各点において z と逆符号の方向を向いていることがわかる。

解図 4.1　曲面 $z^2 = x^2 + y^2 - 1$

【13】 極座標表示をとると，球面上で $d\boldsymbol{s}_{\theta'} \times d\boldsymbol{s}_{\phi'} = a^2 \begin{pmatrix} \sin^2\theta' \cos\phi' \\ \sin^2\theta' \sin\phi' \\ \sin\theta' \cos\theta' \end{pmatrix} d\theta' d\phi'$ を得る。なお，ここでの θ', ϕ' は球の中心から測っており，深さを表す z と原点が異なるのでプライムを付けている。問題中にあるように浮力は流体から物体に働く力の鉛直成分であるから

$$
\begin{aligned}
\left(-\int_S P(z)\hat{\boldsymbol{n}}dS\right)_z &= \int_S \rho g z a^2 \sin\theta' \cos\theta' d\theta' d\phi' \\
&= 2\pi\rho g a^2 \int_0^{\pi} (-2a + a\cos\theta') \sin\theta' \cos\theta' d\theta' \\
&= 2\pi\rho g a^3 \int_{-1}^{1} t^2 dt = \frac{4\pi a^3}{3}\rho g
\end{aligned}
$$

となるが，これは（球が押しのけた体積）×（流体の密度）の質量にかかる重力分の浮力が上向きにかかっていることを意味する。実は，この事実は球の中心の深さによらない。

【14】 (1) $x = 2u\cos v,\ y = 2u\sin v,\ z = u - 2$ を Σ の式に代入すれば明らかである。z の範囲から $0 \leq u \leq 2$，また z 軸周りに 1 回転していることから $0 \leq v \leq 2\pi$ となることは明らかであろう。

(2) 定義どおり計算して以下となる。

$$d\boldsymbol{s}_u = \begin{pmatrix} -2u\sin v \\ 2u\cos v \\ 0 \end{pmatrix} du, \quad d\boldsymbol{s}_v = \begin{pmatrix} 2\cos v \\ 2\sin v \\ 1 \end{pmatrix} dv,$$

$$d\boldsymbol{s}_u \times d\boldsymbol{s}_v = \begin{pmatrix} 2u\cos v \\ 2u\sin v \\ -4u \end{pmatrix} dudv$$

(3) **【13】**と同様に考えて浮力を求めると

$$\begin{aligned} \left(-\int_\Sigma P(z)\hat{\boldsymbol{n}}dS\right)_z &= \left(-\int_\Sigma P(z)d\boldsymbol{s}_v \times d\boldsymbol{s}_u\right)_z \\ &= \rho g \int (u-2)\cdot(-4u)dudv \\ &= -8\pi\rho g\left[\frac{u^3}{3} - u^2\right]_0^2 = \frac{32}{3}\pi\rho g \end{aligned}$$

となる。一方，S および平面 $z=0$ で囲まれた円錐の体積は（底面の半径が 4, 高さが 2 であることに注意して）$\dfrac{32\pi}{3}$ であるから，体積 V だけの液体の重量にかかる重力は $F_G = \dfrac{32}{3}\pi\rho g$ であり，題意は示された。

【15】 Σ が $x = 2\sinh u\cos v$, $y = 2\sinh u\sin v$, $z = \cosh u - 2$ とパラメタライズされることにまず注意しよう。これを Σ の式に代入すれば，正しくパラメタライズされていることはすぐにわかる。そして $z = \cosh u - 2 < 0$ より $\dfrac{e^u - e^{-u}}{2} < 2$ となり，$u \geq 0$ を満たす範囲で $0 \leq u \leq \ln(2+\sqrt{3})$ を得る。v に関しては**【14】**と同様に 1 回転とればよいので $0 \leq v \leq 2\pi$ である。

そして，やはり定義どおりに計算して以下も得られる。

$$d\boldsymbol{s}_u = \begin{pmatrix} 2\cosh u\cos v \\ 2\cosh u\sin v \\ \sinh u \end{pmatrix} du, \quad \boldsymbol{s}_v = \begin{pmatrix} -2\sinh u\sin v \\ 2\sinh u\cos v \\ 0 \end{pmatrix} dv,$$

$$d\boldsymbol{s}_u \times d\boldsymbol{s}_v = \begin{pmatrix} -2\sinh^2 u\cos v \\ 2\sinh u\sin v \\ 4\cosh u\sinh u \end{pmatrix} dudv$$

したがって**【14】**と同様に浮力を計算すると，以下のように求められる。

$$\left(-\int_\Sigma P(z)\hat{\boldsymbol{n}}dS\right)_z$$

$$= \left(-\int_S P(z) d\boldsymbol{s}_v \times d\boldsymbol{s}_u \right)_z$$

$$= -\rho g \int (z' - 2) \cdot 4 \cosh u \sinh u du dv \qquad (z' = z + 2)$$

$$= -4\rho g \int (\cosh u - 2) \cosh u \sinh u du dv$$

$$= -8\pi\rho g \left[\frac{t^3}{3} - t^2 \right]_1^2 = \frac{16}{3}\pi\rho g \tag{A.9}$$

最後に，$V = 4\pi \int (z'^2 - 1) dz' = 4\pi \left[\frac{z'^3}{3} - z' \right]_1^2 = \frac{16}{3}\pi$ であり，体積 V だけの液体の質量にかかる重力 F_G は

$$F_G = \rho V g = \frac{16}{3}\pi\rho g \tag{A.10}$$

となって，式 (A.9) および (A.10) から題意は示された。

【16】 円筒座標では

$$d\boldsymbol{s}_r = \begin{pmatrix} \cos\phi \\ \sin\phi \\ 0 \end{pmatrix} dr,\ d\boldsymbol{s}_\phi = \begin{pmatrix} -r\sin\phi \\ r\cos\phi \\ 0 \end{pmatrix} d\phi,\ d\boldsymbol{s}_z = \begin{pmatrix} 0 \\ 0 \\ 1 \end{pmatrix} dz$$

であるから

$$dV = d\boldsymbol{s}_r \cdot (d\boldsymbol{s}_\phi \times d\boldsymbol{s}_z) = r dr d\phi dz$$

を得る。これを用いて

$$\int_V x^2 dV = \int_{-l}^{l} dz \int_0^{2\pi} d\phi \int_0^R r dr r^2 \cos^2\phi$$

$$= 2l \int_0^{2\pi} \frac{1 - \cos 2\phi}{2} d\phi \left[\frac{r^4}{4} \right]_0^R = \frac{\pi l R^4}{2}$$

と求められる。$\cos 2\phi$ を 1 周積分したらゼロになることを使えば，ϕ の積分は暗算でもできるだろう。

【17】 例題 4.3 の 1. にあるとおり，3 次元極座標での微小体積要素は

$$dV = dr^2 \sin\theta dr d\theta d\phi$$

という見慣れたものになる。これを用いて計算すると

$$\int_V x^2 dV = \int_V r^2 \sin^2\theta \cos^2\phi \cdot r^2 \sin\theta dr d\theta d\phi$$

$$= \frac{R^5}{5}\pi \int_{-1}^{1} (1-t^2)dt = \frac{4}{15}\pi R^5$$

と求められる。$\int_V y^2 dV$, $\int_V z^2 dV$ も同様に計算すると，ともに $\frac{4}{15}\pi R^5$ となることがわかる。

【18】 数字に遊び心を入れてみたが,**【17】**と同じ考え方でできる。ただ，きちんと考えると意外としっかりした数学的基礎が必要な問題となっている。どれも同じ 2 026 乗と思うかもしれないが，3 次元極座標で計算すると $x^{2\,026}$ と $y^{2\,026}$ の積分は大変である。ところが $z^{2\,026}$ の積分はやりやすい。実際，容易に

$$\int_V z^{2\,026} dV = \int_0^R r^2 dr \int_0^\pi \sin\theta d\theta \int_0^{2\pi} d\phi r^{2\,026} \cos^{2\,026}\theta$$
$$= \frac{R^{2\,029}}{2\,029} \int_{-1}^{1} t^{2\,026} dt \cdot 2\pi = \frac{4\pi R^{2\,029}}{2\,029 \cdot 2\,027}$$

を得る。θ の積分では**【10】**で触れた方法を用いた。それでは x と y はどうなるかだが，実はこれと同じ結果になる。3 次元 x, y, z で特別な方向があるかというと，ないのは当然である。この点は**【17】**と同様である。

【19】 似たような問題と思うかもしれないが，実はこちらは計算しなくても答えがわかってしまう。奇関数を原点について対称な領域で積分しているので，これら三つの積分はすべてゼロである。

【20】 $dV = rdrd\phi dz$ であり以下を得る。

$$\int_V r^2 dV = \int_0^R r^2 rdr \int_0^{2\pi} d\phi \int_{-l}^{l} dz = \frac{R^4}{4} \cdot 2\pi \cdot 2l = \pi R^4 l$$

【21】 そのまま計算して以下のように得られる。

$$\int_V \cosh(x+y+z)dV$$
$$= \int_0^1 dy \int_0^1 dz \left[\sinh(x+y+z)\right]_{x=0}^{x=1}$$
$$= \int_0^1 dz \left[\cosh(1+y+z)\right]_{y=0}^{y=1} - \int_0^1 dz \left[\cosh(y+z)\right]_{y=0}^{y=1}$$
$$= \left[\sinh(2+z)\right]_{z=0}^{z=1} - \left[\sinh(1+z)\right]_{z=0}^{z=1}$$
$$- \left[\sinh(1+z)\right]_{z=0}^{z=1} + \left[\sinh z\right]_{z=0}^{z=1}$$
$$= \sinh 3 - 3\sinh 2 + 3\sinh 1$$

【22】 例題 4.3 の 1. で求めた微小体積要素を用いて，総電荷 Q は

$$Q = \int_V \rho(\boldsymbol{r})dV = \int_V \rho_0 r\theta(\pi-\theta)r^2 \sin\theta dr d\theta d\phi$$
$$= \rho_0 \int_0^R r^3 dr \int_0^\pi \theta(\pi-\theta)\sin\theta d\theta \int_0^{2\pi} d\phi$$
$$= \rho_0 \cdot \frac{R^4}{4} \cdot 4 \cdot 2\pi = 2\pi R^4 \rho_0$$

と求められる。θ の積分では 2 回部分積分する必要がある。

5 章

【1】 $\int_V \boldsymbol{\nabla}\cdot(\phi\boldsymbol{A})dV = \int_V \boldsymbol{\nabla}\phi\cdot\boldsymbol{A}dV + \int_V \phi\boldsymbol{\nabla}\cdot\boldsymbol{A}dV$ およびガウスの発散定理 $\int_V \boldsymbol{\nabla}\cdot(\phi\boldsymbol{A})dV = \int_S \phi\boldsymbol{A}\cdot d\boldsymbol{S}$ よりわかる。

【2】 【1】で $\boldsymbol{A} = \boldsymbol{\nabla}\psi$ と置くだけである。なお，グリーンの定理としては他の書き方も見るかもしれないが，どれも本質的な違いはない。

【3】 $\boldsymbol{\nabla}\cdot(\boldsymbol{\nabla}\times\boldsymbol{A}) = 0$ なので，ガウスの発散定理を用いると $\boldsymbol{F}$ の法線面積分はつねに 0 であることがいえる。

【4】 $\boldsymbol{\nabla}\cdot\boldsymbol{F} = 2xy + 3z + 1$ であるから

$$\int_V \boldsymbol{\nabla}\cdot\boldsymbol{F}dV = \int_{-1}^1 dx \int_{-1}^1 dy \int_{-1}^1 dz(2xy+3z+1)$$
$$= \int_{-1}^1 dx \int_{-1}^1 dy(4xy+2) = \int_{-1}^1 4dx = 8$$

がまず得られる。つぎに面積分であるが，各面ごとに計算すると

$$\int_{-1}^1 dy \int_{-1}^1 dz(y+z^3) = 0, \quad -\int_{-1}^1 dy \int_{-1}^1 dz(y+z^3) = 0,$$
$$\int_{-1}^1 dx \int_{-1}^1 dz\ z(x+1) = 0, \quad \int_{-1}^1 dx \int_{-1}^1 dz\ z(x-1) = 0,$$
$$\int_{-1}^1 dx \int_{-1}^1 dy\ 2 = 8$$

となり，ガウスの発散定理が成り立っていることが確かめられた。

【5】 まず体積積分から計算すると

$$\int_V \boldsymbol{\nabla}\cdot\boldsymbol{F}dV = \int_V (-3)dV = -3\pi\cdot\frac{\pi R^3}{3} = -\pi R^3 \tag{A.11}$$

と求められる。V は底面の半径が R で高さも R の円錐であることに注意せよ。続いて面積分であるが，まず円錐の側面は $x = u\cos v$，$y = u\sin v$，$z = u$ とパラメタライズされることから以下となる。

$$d\boldsymbol{s}_u = \begin{pmatrix} \cos v \\ \sin v \\ 1 \end{pmatrix} du, \quad d\boldsymbol{s}_v = \begin{pmatrix} -u\sin v \\ u\cos v \\ 0 \end{pmatrix} dv,$$

$$d\boldsymbol{s}_u \times d\boldsymbol{s}_v = \begin{pmatrix} -u\cos v \\ -u\sin v \\ u \end{pmatrix} dudv$$

u と v の範囲はそれぞれ $0 \leq u \leq R$ および $0 \leq v \leq 2\pi$ である。ゆえに

$$\begin{aligned}\int_{\text{側面}} \boldsymbol{F}\cdot\hat{\boldsymbol{n}}dS &= \int_0^R du \int_0^{2\pi} dv(-u\cos v(u\sin v - u\cos v) \\ &\qquad - u\sin v(u - u\sin v) + u(u\cos v - u)) \\ &= \int_0^R du \int_0^{2\pi} dvu^2(\cos v - \sin v - \sin v\cos v)\end{aligned}$$

を得るが，この積分が 0 であることはすぐにわかる。

最後に $z = R$ 面上での積分が残っている。ここでのパラメタライズは $x = u\cos v$, $y = u\sin v$, $z = R$ であるから（z の与え方が側面と異なっていることに注意しよう）

$$d\boldsymbol{s}_u = \begin{pmatrix} \cos v \\ \sin v \\ 0 \end{pmatrix} du, \quad \boldsymbol{s}_v = \begin{pmatrix} -u\sin v \\ u\cos v \\ 0 \end{pmatrix} dv,$$

$$d\boldsymbol{s}_u \times d\boldsymbol{s}_v = \begin{pmatrix} 0 \\ 0 \\ u \end{pmatrix} dudv$$

を得る。なお，このように仰々しく計算しなくても $\hat{\boldsymbol{n}}dS = ududv\hat{\boldsymbol{z}}$ であることはすぐに書き下してよいし，むしろそのように即座に書き下せたほうがよい。いずれにせよこの結果を用いて（u と v の範囲は側面のときと同じで，それぞれ $0 \leq u \leq R$ および $0 \leq v \leq 2\pi$ である）

$$\int_{\text{底面}} \boldsymbol{F}\cdot\hat{\boldsymbol{n}}dS = \int_0^R du \int_0^{2\pi} dvu(u\cos v - R) = -\pi R^3 \qquad \text{(A.12)}$$

と計算でき，式 (A.11) と (A.12) からガウスの発散定理が成り立っていることが確かめられた。

【6】 まずは $\int_V \boldsymbol{\nabla}\cdot\boldsymbol{F}dV$ を求めると

$$\int_V \boldsymbol{\nabla}\cdot\boldsymbol{F}dV = \int_V 3dV = 3\int_{-1}^{1}\pi(x^2+y^2)dz = 3\pi\int_{-1}^{1}(z^2+1)dz$$
$$= 8\pi \tag{A.13}$$

である。つぎに面積分についてであるが，側面での積分は 4 章章末問題【12】で求められていて 4π である。あとは上下の平面 $z=\pm1$ 上での積分をしなければならない。$z=1$ の平面上の点をパラメタライズすると $x=u\cos v$，$y=u\sin v$，$z=1$ となるから

$$d\boldsymbol{s}_u = \begin{pmatrix}\cos v\\ \sin v\\ 0\end{pmatrix}du,\quad \boldsymbol{s}_v = \begin{pmatrix}-u\sin v\\ u\cos v\\ 0\end{pmatrix}dv,$$

$$\hat{\boldsymbol{n}}dS = d\boldsymbol{s}_u\times d\boldsymbol{s}_v = \begin{pmatrix}0\\ 0\\ u\end{pmatrix}dudv$$

を得る。なお，パラメータが動く範囲は $0\le u\le\sqrt{2}$ および $0\le v\le 2\pi$ である。v の範囲に関しては問題ないと思われるが，u については注意が必要である。z が一定の面で一葉回転双曲面を切った切り口は円であるが，そのときの半径は $z^2=x^2+y^2-1$ より z^2+1 であり，$z=1$ では $\sqrt{2}$ となる。ゆえに

$$\int_{\text{上平面}}\boldsymbol{F}\cdot\hat{\boldsymbol{n}}dS = \int_0^{\sqrt{2}}udu\int_0^{2\pi}dv = 2\pi$$

を得る。そして下平面 $z=-1$ についても同様でやはり 2π を得るから

$$\int_S \boldsymbol{F}\cdot\hat{\boldsymbol{n}}dS = 4\pi+2\pi+2\pi = 8\pi \tag{A.14}$$

が得られ，式 (A.13) と (A.14) よりガウスの発散定理が成り立っていることが確かめられた。

【7】 まず $\boldsymbol{\nabla}\cdot\boldsymbol{F}=3r^2$ と容易に計算できる。これを体積積分すると

$$\int_V \boldsymbol{\nabla}\cdot\boldsymbol{F}\,dV = 3\int_0^1 r^4\,dr\int_0^{\pi}\sin\theta\,d\theta\int_0^{2\pi}d\phi = \frac{12\pi}{5}$$

となり，ガウスの発散定理より $\displaystyle\int_V \boldsymbol{\nabla}\cdot\boldsymbol{F}dV = \int_S \boldsymbol{F}\cdot d\boldsymbol{S}$ であるからこれが求めるべきものである。

面積分のまま計算してみる。半径 1 の球面上では $\begin{pmatrix}x\\ y\\ z\end{pmatrix} = \begin{pmatrix}\sin\theta\cos\phi\\ \sin\theta\sin\phi\\ \cos\theta\end{pmatrix}$

より

$$
d\boldsymbol{s}_\theta \times d\boldsymbol{s}_\phi = \begin{pmatrix} \sin\theta\cos\phi \\ \sin\theta\sin\phi \\ \cos\theta \end{pmatrix} \sin\theta d\theta d\phi
$$

ゆえに

$$
\begin{aligned}
\boldsymbol{F}\cdot d\boldsymbol{S} &= (\sin^4\theta\cos^4\phi + \sin^4\theta\sin^4\phi + \cos^4\theta)\sin\theta d\theta d\phi \\
&= -\left(2t^4 - 2t^2 + 1 - \frac{1}{2}(1-t^2)^2\sin^2 2\phi\right) dt d\phi \\
&= -\left(2t^4 - 2t^2 + 1 - \frac{1}{2}(1-t^2)^2\frac{1-\cos 4\phi}{2}\right) dt d\phi
\end{aligned}
$$

と書ける。ここで $t=\cos\theta$ である。この結果を t に関しては -1 から 1 まで，ϕ に関しては 0 から 2π まで積分して

$$
\begin{aligned}
\int_S \boldsymbol{F}\cdot d\boldsymbol{S} &= \int_{-1}^{1} dt \int_0^{2\pi} d\phi \left(2t^4 - 2t^2 + 1 - \frac{1}{2}(1-t^2)^2\frac{1-\cos 4\phi}{2}\right) \\
&= \frac{12\pi}{5}
\end{aligned}
$$

が得られる。計算量が多くなっているのがわかるであろう。

【8】 (1)　極座標表示して以下を得る。

$$
\begin{aligned}
\int_V y^2 z^2 dV &= \int_0^R \int_0^\pi \int_0^{2\pi} r^2\sin^2\theta\sin^2\phi r^2\cos^2\theta r^2\sin\theta dr d\theta d\phi \\
&= \frac{R^7}{7}\int_{-1}^{1} t^2(1-t^2)dt \int_0^{2\pi}\frac{1-\cos 2\phi}{2}d\phi \\
&= \frac{R^7}{7}\frac{4}{15}\int_0^\pi \frac{1-\cos 4\theta}{2}d\theta = \frac{2\pi R^7}{105}
\end{aligned}
$$

(2)　ガウスの発散定理および (1) から以下を得る。

$$
\begin{aligned}
\int_S \boldsymbol{F}\cdot d\boldsymbol{S} &= \int_V \boldsymbol{\nabla}\cdot\boldsymbol{F} dV = \int_V 4(x^4+y^4+z^4)dV \\
&= 4\int_V \left((x^2+y^2+z^2)^2 - 2(y^2z^2+z^2x^2+x^2y^2)\right) dV \\
&= 4\left(\int_V r^4 dV - 6\int_V y^2z^2 dV\right) \\
&= 4\left(\frac{4\pi R^7}{7} - \frac{4\pi R^7}{35}\right) = \frac{64\pi R^7}{35}
\end{aligned}
$$

【9】　三角錐 OABC の内部の領域を V と書くと，ガウスの発散定理より

$$\int_{S_{\rm all}} \boldsymbol{F}\cdot d\boldsymbol{S} = \int_V \boldsymbol{\nabla}\cdot\boldsymbol{F}dV$$

となるが，容易に確かめられるように $\boldsymbol{\nabla}\cdot\boldsymbol{F}=0$ であるため求める積分はゼロである。

これで終わりではあるが，$\displaystyle\int_{\rm ABC}\boldsymbol{F}\cdot d\boldsymbol{S}=\frac{56}{3}$ と求められているのだから，ついでに他の面上での面積分の値も計算練習がてら求めておこう。まず三角形 OBC 上では

$$\begin{aligned}-\int y dS_1 &= -\int ydydz = -\int_0^2 ydy\int_0^{4-2y}dz\\ &= -\int_0^2 y(4-2y)dy = -\frac{8}{3}\end{aligned}$$

である。ここで，$\hat{\boldsymbol{n}}=-\hat{\boldsymbol{x}}$ であることに注意しよう。以下も $\hat{\boldsymbol{n}}$ の向きに注意しよう。三角形 OCA 上では

$$\begin{aligned}-\int z dS_2 &= -\int zdxdy = -\int_0^4 zdz\int_0^{4-z}dx\\ &= -\int_0^4 z(4-z)dz = -\frac{32}{3}\end{aligned}$$

最後に三角形 OAB 上では

$$\begin{aligned}-\int x dS_3 &= -\int xdxdy = -\int_0^4 ydy\int_0^{2-\frac{x}{2}}dz\\ &= -\int_0^4 x\left(2-\frac{x}{2}\right)dx = -\frac{16}{3}\end{aligned}$$

が得られ，$\displaystyle\int_{S_{\rm all}}\boldsymbol{F}\cdot d\boldsymbol{S}=\frac{56}{3}-\frac{8}{3}-\frac{32}{3}-\frac{16}{3}=0$ とわかる。

【10】 正八面体の内部の領域を V と書くと

$$\int_S (A\boldsymbol{r})\cdot d\boldsymbol{S} = \int_V \boldsymbol{\nabla}\cdot(A\boldsymbol{r})dV = \int_V {\rm Tr}AdV = \frac{4}{3}{\rm Tr}A$$

と得られる。ここで ${\rm Tr}A \equiv a_{11}+a_{22}+a_{33}$ は A の**対角和**である。

$\boldsymbol{\nabla}\cdot(a\boldsymbol{r})={\rm Tr}A$ であるが，以下を見れば納得できるであろう。

$$\boldsymbol{\nabla}\cdot(A\boldsymbol{r}) = \boldsymbol{\nabla}\cdot\begin{pmatrix} a_{11} & a_{12} & a_{13}\\ a_{21} & a_{22} & a_{23}\\ a_{31} & a_{32} & a_{33}\end{pmatrix}\begin{pmatrix} x\\ y\\ z\end{pmatrix}$$

$$= \boldsymbol{\nabla} \cdot \begin{pmatrix} a_{11}x + a_{12}y + a_{13}z \\ a_{21}x + a_{22}y + a_{23}z \\ a_{31}x + a_{32}y + a_{33}z \end{pmatrix}$$
$$= a_{11} + a_{22} + a_{33}$$

【11】 (1) 極座標を用いて

$$\int_V z^N dV = \int_0^R \int_0^\pi \int_0^{2\pi} r^N \cos^N \theta r^2 \sin\theta dr d\theta d\phi$$
$$= \frac{R^{N+3}}{N+3} \cdot 2\pi \cdot \int_{-1}^1 t^N dt$$
$$= \frac{4\pi R^{N+3}}{(N+1)(N+3)}$$

と計算できる。ここで，t の積分について N が偶数であることを用いた。N が奇数だとこの積分はゼロである。

(2) ガウスの発散定理から以下を得る。

$$I = 2\,029 \int_V (x^{2\,028} + y^{2\,028} + z^{2\,028}) dV$$
$$= 2\,029 \cdot 3 \int_V z^{2\,028} dV = \frac{12\pi R^{2\,031}}{2\,031}$$

ここで (1) の結果および系の対称性を使った。加えて以下も得る。

$$J = \int_V (x^{2\,028} + y^{2\,028} + z^{2\,028}) dV = \frac{12\pi R^{2\,031}}{2\,029 \cdot 2\,031}$$

【12】 与えられた条件とガウスの発散定理を用いて

$$\frac{\partial}{\partial t}\int_V \rho dV = -\int_S \boldsymbol{J} \cdot \hat{\boldsymbol{n}} dS = -\int_V \boldsymbol{\nabla} \cdot \boldsymbol{J} dV = -\int_V \boldsymbol{\nabla} \cdot (-D\boldsymbol{\nabla}\rho) dV$$

が成り立つ。すなわち

$$\int_V \left(\frac{\partial \rho}{\partial t} - D\Delta\rho\right) dV = 0$$

が任意の微小体積 V において成立しなければならず，$\dfrac{\partial \rho}{\partial t} - D\Delta\rho = 0$，すなわち拡散方程式が導かれる。

【13】 C に囲まれた領域を S とすると

$$\oint_C \boldsymbol{\nabla}(\phi\psi) \cdot d\boldsymbol{s} = \oint_C \psi \boldsymbol{\nabla}\phi \cdot d\boldsymbol{s} + \oint_C \psi \boldsymbol{\nabla}\phi \cdot d\boldsymbol{s}$$

およびストークスの定理から

$$\oint_C \nabla(\phi\psi)\cdot d\boldsymbol{s} = \int_S \nabla\times\nabla(\phi\psi)\cdot\hat{\boldsymbol{n}}dS = 0 \tag{A.15}$$

が成り立つことからわかる。式 (A.15) がゼロになる理由は例題 3.4 の 1. を参照せよ。

【14】 $\nabla\times(\nabla f) = \mathbf{0}$ であるから，ストークスの定理より $\boldsymbol{F}$ の閉曲線上の接線積分はつねにゼロとなる。

【15】 (1) ストークスの定理より，S を C によって囲まれる曲面として

$$\oint_C \boldsymbol{r}'\cdot d\boldsymbol{s} = \int_S (\nabla\times\boldsymbol{r}')\cdot\hat{\boldsymbol{n}}dS = \int_S \begin{pmatrix} T_{32}-T_{23} \\ T_{13}-T_{31} \\ T_{21}-T_{12} \end{pmatrix}\cdot\hat{\boldsymbol{n}}dS$$

となるが，T が対称行列ならば最後の積分がゼロなのは明らかである。

(2) 容易に $f = -2x^2 - 3y^2 - z^2 - yz - 2xz - xy + \text{const.}$ を得る（定数分の不定性は残る）。

【16】 まず $\oint_C \boldsymbol{F}\cdot d\boldsymbol{s}$ から考える。C は $x = a\sqrt{2\cos 2\theta}\cos\theta$，$y = a\sqrt{2\cos 2\theta}\sin\theta$，$z = 0$ と表現できることから（$-\dfrac{\pi}{4} \leq \theta \leq \dfrac{\pi}{4}$ であるからつねに $\cos 2\theta \geq 0$）

$$\frac{dx}{d\theta} = \sqrt{2}a\left(-\frac{\sin 2\theta}{\sqrt{\cos 2\theta}}\cos\theta + \sqrt{\cos 2\theta}\cdot(-\sin\theta)\right) = -x\tan 2\theta - y,$$

$$\frac{dy}{d\theta} = \sqrt{2}a\left(-\frac{\sin 2\theta}{\sqrt{\cos 2\theta}}\cos\theta + \sqrt{\cos 2\theta}\cdot\cos\theta\right) = x - y\tan 2\theta,$$

$$\frac{dz}{d\theta} = 0$$

を得て

$$\begin{aligned}
\oint_C \boldsymbol{F}\cdot d\boldsymbol{s} &= \int_{-\pi/4}^{\pi/4} \boldsymbol{F}\cdot\begin{pmatrix} \dfrac{dx}{d\theta} \\ \dfrac{dy}{d\theta} \\ \dfrac{dz}{d\theta} \end{pmatrix} d\theta \\
&= \int_{-\pi/4}^{\pi/4} (-y(-x\tan 2\theta - y) + x(x - y\tan 2\theta))\,d\theta \\
&= \int_{-\pi/4}^{\pi/4} (x^2+y^2)d\theta = \int_{-\pi/4}^{\pi/4} r^2 d\theta \\
&= \int_{-\pi/4}^{\pi/4} 2a^2\cos 2\theta d\theta = 2a^2
\end{aligned}$$

となる。続いて $\int_{\Sigma} \boldsymbol{\nabla} \times \boldsymbol{F} \cdot \hat{\boldsymbol{n}} dS$ を考える。$\boldsymbol{\nabla} \times \boldsymbol{F} = \begin{pmatrix} 2y \\ -2x \\ 2 \end{pmatrix}$ であり，

$\hat{\boldsymbol{n}} = \hat{\boldsymbol{z}}$ であるから

$$\begin{aligned}
\int_{\Sigma} \boldsymbol{\nabla} \times \boldsymbol{F} \cdot \hat{\boldsymbol{n}} dS &= 2\int_{\Sigma} dS = 2\iint_{\Sigma} r dr d\theta \\
&= 2\int_{-\pi/4}^{\pi/4} \int_0^{a\sqrt{2\cos 2\theta}} r dr d\theta \\
&= 2\int_{-\pi/4}^{\pi/4} \left[\frac{r^2}{2}\right]_0^{a\sqrt{2\cos 2\theta}} d\theta = \int_{-\pi/4}^{\pi/4} 2a^2 \cos 2\theta d\theta \\
&= 2a^2
\end{aligned}$$

となり，ストークスの定理が成り立っていることが確認された。

【17】 まず S_1 はパラメータ u と v を用いて $x = u\cos v, y = u\sin v, z = u^2 - 4$ $(0 \leq u \leq 2, 0 \leq v \leq 2\pi)$ とパラメタライズできることに注意しよう。ゆえに

$$d\boldsymbol{s}_u = \begin{pmatrix} \cos v \\ \sin v \\ 2u \end{pmatrix} du, \quad d\boldsymbol{s}_v = \begin{pmatrix} -u\sin v \\ u\cos v \\ 0 \end{pmatrix} dv,$$

$$d\boldsymbol{s}_u \times d\boldsymbol{s}_v = \begin{pmatrix} -2u\cos v \\ -2u\sin v \\ u \end{pmatrix} dudv$$

となる。これで $d\boldsymbol{s}_u \times d\boldsymbol{s}_v$ が C を z 軸正の方向から見て反時計回りに回ったときに右ねじが進む方向を指していることを確認しておこう。一方で

$$\boldsymbol{\nabla} \times \boldsymbol{F} = \begin{pmatrix} -2 \\ y \\ 1 - z \end{pmatrix}$$

であるから

$$\begin{aligned}
&\int_{S_1} \boldsymbol{\nabla} \times \boldsymbol{F} \cdot \hat{\boldsymbol{n}} dS \\
&= \int_0^2 du \int_0^{2\pi} dv (4u^2 \cos v - 2u^3 \sin^2 v + u - (u^2 - 4)u) \\
&= \int_0^2 du (10\pi u - 4\pi u^3) = 2\pi \left[\frac{5u^2}{2} - \frac{u^4}{2}\right]_0^2 = 4\pi
\end{aligned}$$

を得る。つぎに $\oint_C \boldsymbol{F}\cdot d\boldsymbol{s}$ であるが，C が xy 平面上，すなわち平面 $z=0$ 上での半径 2 の円であることから，その上では ϕ をパラメータとして $x=2\cos\phi, y=2\sin\phi, z=0$（$0\le\phi\le 2\pi$）と書けることに注意する。つまり $d\boldsymbol{s}=\begin{pmatrix}-2\sin\phi\\2\cos\phi\\0\end{pmatrix}d\phi$ である。そして $z=0$ では $\boldsymbol{F}=\begin{pmatrix}(2x-1)y\\x^2\\3y\end{pmatrix}$ であるから

$$\oint_C \boldsymbol{F}\cdot d\boldsymbol{s} = \int_0^{2\pi}(-4(4\cos\phi-1)\sin^2\phi+8\cos^3\phi)d\phi$$
$$= \int_0^{2\pi}4\sin^2\phi d\phi = 4\pi \tag{A.16}$$

となり，ストークスの定理が成り立っていることが確認された。なお，式 (A.16) の途中で $\cos^3\phi$ の積分が出てくるが，3 倍角の公式を使えばこれが $\cos\phi$ と $\cos 3\phi$ の線形和で書けることより 0 から 2π まで積分すると消える，というように計算しなくても見抜いてもらえるとよい。

ここではストークスの定理の確認が目的であったが，それを成り立っているものとして受け入れれば，$\int_{S_1}\boldsymbol{\nabla}\times\boldsymbol{F}\cdot\hat{\boldsymbol{n}}dS$ の値は $\boldsymbol{\nabla}\times\boldsymbol{F}$ の結果を見ただけで 4π とすぐに出せる。ストークスの定理が成り立っていれば C を領域の境界とする曲面上ならば同じ積分値を与えるから，曲面として xy 平面上の円を選んでもよいことになる。すると $\hat{\boldsymbol{n}}=\hat{\boldsymbol{z}}$ であるから $\boldsymbol{\nabla}\times\boldsymbol{F}\cdot\hat{\boldsymbol{n}}=1$ と簡単になる（$z=0$ であることに注意しよう）。つまり定数なのでこれの面積分は面積を掛けるだけでよく，半径 2 の円ということで 4π を得る。

【18】 (1) xy 平面に射影すると $\left(x+\frac{9}{2}\right)^2+\left(y+\frac{9}{2}\right)^2=\frac{261}{2}$ を得るので，求める面積は $\frac{261\sqrt{3}\pi}{2}$ である。S の単位法線ベクトルの z 成分は $\frac{1}{\sqrt{3}}$ である。

(2) ストークスの定理から

$$\oint_L \boldsymbol{F}\cdot d\boldsymbol{s} = \int_S \boldsymbol{\nabla}\times\boldsymbol{F}\cdot\hat{\boldsymbol{n}}dS = \int_S \begin{pmatrix}1\\1\\1\end{pmatrix}\cdot\frac{1}{\sqrt{3}}\begin{pmatrix}1\\1\\1\end{pmatrix}dS$$
$$= \sqrt{3}\int_S dS = \sqrt{3}\cdot\frac{261\sqrt{3}\pi}{2} = \frac{783\pi}{2}$$

と求められる。ここで (1) の結果も使った。

【19】 $\boldsymbol{\nabla} \times \boldsymbol{F} = \begin{pmatrix} -1 \\ 4 \\ 4 \end{pmatrix}$ である。ゆえに C によって囲まれた領域 S の法線ベクトル $\hat{\boldsymbol{n}}$ がこれと平行，反平行なとき

$$\oint_C \boldsymbol{F} \cdot d\boldsymbol{s} = \int_S \boldsymbol{\nabla} \times \boldsymbol{F} \cdot \hat{\boldsymbol{n}} dS$$

がそれぞれ最大，最小となることがわかる。$\boldsymbol{\nabla} \times \boldsymbol{F} \cdot \hat{\boldsymbol{n}} = \pm\sqrt{33}$（上符号が平行，下符号が反平行）であるから，求める最大値は $\sqrt{33}\pi R^2$，最小値は $-\sqrt{33}\pi R^2$ となる。

【20】 (1) 平面 Σ_2 は原点を通る平面であるから，求める面積 S_0 は球の中心を通る平面で切った球の断面積そのものであり $S_0 = \pi R^2$ である。

(2) 平面の方程式から $\hat{\boldsymbol{n}}$ が $\begin{pmatrix} 1 \\ 2 \\ a \end{pmatrix}$ に比例することはすぐにわかる。それを正規化して $\hat{\boldsymbol{n}} = \dfrac{1}{\sqrt{5+a^2}} \begin{pmatrix} 1 \\ 2 \\ a \end{pmatrix}$ を得る。

(3) 定義どおり計算して $\boldsymbol{\nabla} \times \boldsymbol{F} = \begin{pmatrix} 1 \\ 2 \\ 2 \end{pmatrix}$ を得る。

(4) ストークスの定理より

$$I = \int_S \boldsymbol{\nabla} \times \boldsymbol{F} \cdot \hat{\boldsymbol{n}} dS = \frac{5+2a}{\sqrt{5+a^2}} \pi R^2$$

を得る。$\boldsymbol{\nabla} \times \boldsymbol{F} \cdot \hat{\boldsymbol{n}}$ が空間によらないので，S_0 を掛けるだけでよい。

(5) $\dfrac{\partial I}{\partial a} = \dfrac{5(2-a)\pi R^2}{(5+a^2)^{3/2}} = 0$ から $a = 2$ としてもよいし，$\hat{\boldsymbol{n}} \parallel \boldsymbol{\nabla} \times \boldsymbol{F}$ から直接 $a = 2$ としてもよい。またそのとき，$I = 3\pi R^2$ を得る。

【21】 (1) 順に $\begin{pmatrix} 1 \\ 0 \\ 0 \end{pmatrix}, \begin{pmatrix} 0 \\ 1 \\ 0 \end{pmatrix}, \begin{pmatrix} -1 \\ 0 \\ 0 \end{pmatrix}, \begin{pmatrix} 0 \\ -1 \\ 0 \end{pmatrix}$ となる。

(2) A→B は直線 $y = -x$ であるから，$dy = -dt$ と書ける。

(3) そもそも $\boldsymbol{A} = \begin{pmatrix} -r\sin\phi \\ r\cos\phi \\ 0 \end{pmatrix} = \begin{pmatrix} -y \\ x \\ 0 \end{pmatrix}$ であるから $\boldsymbol{A} = \begin{pmatrix} -t \\ t \\ 0 \end{pmatrix}$ と書ける。

(4)　(1)〜(3) の結果から $\oint_L \boldsymbol{A}\cdot d\boldsymbol{s} = 4\int_1^0 (-2t)dt = 4$ を得る。

(5)　これも定義どおりに $\boldsymbol{\nabla}\times\boldsymbol{A} = \begin{pmatrix} 0 \\ 0 \\ 2 \end{pmatrix}$ と容易に計算できる。

(6)　(5) の結果から $\int_S \boldsymbol{\nabla}\times\boldsymbol{A}\cdot\hat{\boldsymbol{n}}dS = \int_S 2dS = 2\cdot(\sqrt{2})^2 = 4$ となり，ストークスの定理が成り立っていることが確かめられる。

6章

【1】　ヤコビアンは

$$|J| = \left|\frac{\partial(x,y,z)}{\partial(r,\theta,\phi)}\right| = \begin{vmatrix} \sin\theta\cos\phi & r\cos\theta\cos\phi & -r\sin\theta\sin\phi \\ \sin\theta\sin\phi & r\cos\theta\sin\phi & r\sin\theta\cos\phi \\ \cos\theta & -r\sin\theta & 0 \end{vmatrix}$$
$$= r^2\sin\theta$$

であるから，微小体積要素は $r^2\sin\theta drd\theta d\phi$ と得られる。

【2】　定義どおり計算して

$$\begin{aligned} dx &= \frac{\partial x}{\partial r}dr + \frac{\partial x}{\partial\theta}d\theta + \frac{\partial x}{\partial\phi}d\phi \\ &= \sin\theta\cos\phi dr + r\cos\theta\cos\phi d\theta - r\sin\theta\sin\phi d\phi \\ dy &= \frac{\partial y}{\partial r}dr + \frac{\partial y}{\partial\theta}d\theta + \frac{\partial y}{\partial\phi}d\phi \\ &= \sin\theta\sin\phi dr + r\cos\theta\sin\phi d\theta + r\sin\theta\cos\phi d\phi \\ dz &= \frac{\partial z}{\partial r}dr + \frac{\partial z}{\partial\theta}d\theta + \frac{\partial z}{\partial\phi}d\phi = \cos\theta dr - r\sin\theta d\theta \end{aligned}$$

から $ds^2 = dx^2 + dy^2 + dz^2 = dr^2 + r^2d\theta^2 + r^2\sin^2\theta d\phi^2$ を得る。ゆえに $g = \begin{pmatrix} 1 & 0 & 0 \\ 0 & r^2 & 0 \\ 0 & 0 & r^2\sin^2\theta \end{pmatrix}$ となり，$|g| = r^4\sin^2\theta$ であるから，確かに与えられた式が成り立っている。

【3】　式 (6.13) に $h_1 = 1$，$h_2 = r$，$h_3 = r\sin\theta$ を代入すれば明らかである。

【4】　2 次元極座標では $ds^2 = dr^2 + r^2d\phi^2$ であるから $h_1 = 1$，$h_2 = r$ となる。これを例題 6.3 の結果に代入すればただちに以下を得る。

$$\Delta f = \frac{1}{r}\left(\frac{\partial}{\partial r}\left(r\frac{\partial f}{\partial r}\right) + \frac{\partial}{\partial\phi}\left(\frac{1}{r}\frac{\partial f}{\partial\phi}\right)\right) = \frac{1}{r}\frac{\partial}{\partial r}\left(r\frac{\partial f}{\partial r}\right) + \frac{1}{r^2}\frac{\partial^2 f}{\partial\phi^2}$$

【5】【4】に z 依存性が加わるだけであり，以下のように簡単に得られる。

$$\Delta f = \frac{1}{r}\left(\frac{\partial}{\partial r}\left(r\frac{\partial f}{\partial r}\right) + \frac{\partial}{\partial \phi}\left(\frac{1}{r}\frac{\partial f}{\partial \phi}\right)\right) + \frac{\partial^2 f}{\partial z^2}$$
$$= \frac{1}{r}\frac{\partial}{\partial r}\left(r\frac{\partial f}{\partial r}\right) + \frac{1}{r^2}\frac{\partial^2 f}{\partial \phi^2} + \frac{\partial^2 f}{\partial z^2}$$

【6】与式から $g = \begin{pmatrix} 1 & 0 & 0 & 0 \\ 0 & -1 & 0 & 0 \\ 0 & 0 & -1 & 0 \\ 0 & 0 & 0 & -1 \end{pmatrix}$ と簡単に書ける。

【7】ヤコビ行列は

$$J = \begin{pmatrix} \gamma & -\dfrac{\gamma v}{c^2} & 0 & 0 \\ -v\gamma & \gamma & 0 & 0 \\ 0 & 0 & 1 & 0 \\ 0 & 0 & 0 & 1 \end{pmatrix}$$

と書け，この行列式が 1 になるのは容易に確認できる。

【8】(1) つぎのように求められる。

$$I^2 = \int_{-\infty}^{\infty} dx \int_{-\infty}^{\infty} dy e^{-\alpha(x^2+y^2)} = \int_0^{\infty} dr \int_0^{2\pi} d\phi r e^{-\alpha r^2}$$
$$= \frac{1}{2}\int_0^{\infty} dr' \int_0^{2\pi} d\phi e^{-\alpha r'} = \frac{1}{2}\left[-\frac{1}{\alpha}e^{-\alpha r'}\right]_0^{\infty} \cdot 2\pi = \frac{\pi}{\alpha}$$

第 2 式から第 3 式へは 2 次元極座標への変換を行い，第 3 式から第 4 式へは $r' = r^2$ の変数変換を行った。

(2) この結果から容易に $I = \sqrt{\dfrac{\pi}{\alpha}}$ を得る。問題文中にあるように，この積分は至るところに出てくる。これは公式として覚えてもよいかもしれない。

【9】$u = 5x - y, v = x + 2y$ と変換する。$x = \dfrac{2}{11}u + \dfrac{1}{11}v, y = -\dfrac{1}{11}u + \dfrac{5}{11}v$ となるから $J = \begin{pmatrix} \dfrac{2}{11} & \dfrac{1}{11} \\ -\dfrac{1}{11} & \dfrac{5}{11} \end{pmatrix}$ より $|J| = \dfrac{1}{11}$ であり，以下となる。

$$\int_S (5x - y)(x + 2y)^2 dxdy = \int_0^4 du \int_0^3 dv \frac{1}{11}uv^2 = \frac{72}{11}$$

【10】$u = x + y, v = 2x - y$ と変換する。$x = \dfrac{1}{3}u + \dfrac{1}{3}v, y = \dfrac{2}{3}u - \dfrac{1}{3}v$ となるから $J = \begin{pmatrix} \dfrac{1}{3} & \dfrac{1}{3} \\ \dfrac{2}{3} & -\dfrac{1}{3} \end{pmatrix}$ より $|J| = -\dfrac{1}{3}$ であり，その絶対値は $\dfrac{1}{3}$ である。ゆえに

$$\int_S \sin(x+y)\cos(2x-y)dxdy = \int_0^{\frac{\pi}{4}} du \int_0^{\frac{\pi}{4}} dv \frac{1}{3}\sin u \cos v$$
$$= \frac{\sqrt{2}}{6}\left(1-\frac{\sqrt{2}}{2}\right)$$

と求められる。

【11】 **コーシー・リーマンの関係** $\dfrac{\partial x}{\partial u} = \dfrac{\partial y}{\partial v},\ \dfrac{\partial x}{\partial v} = -\dfrac{\partial y}{\partial u}$ から明らかである。

コーシー・リーマンの関係については，本書のおもな対象から外れるので詳述しないが†，複素解析においては最も基本的な定理である。正則関数は複素平面上どの方向に微分しても同じ値をとる，という条件から導かれる。

【12】 やはりコーシー・リーマンの関係から明らかである。ここで改めて $\begin{pmatrix} u \\ v \end{pmatrix}$ 座標系での計量テンソル g の定義を書いてみると

$$g = \begin{pmatrix} \left(\dfrac{\partial x}{\partial u}\right)^2 + \left(\dfrac{\partial y}{\partial u}\right)^2 & \dfrac{\partial x}{\partial u}\dfrac{\partial x}{\partial v} + \dfrac{\partial y}{\partial u}\dfrac{\partial y}{\partial v} \\ \dfrac{\partial x}{\partial u}\dfrac{\partial x}{\partial v} + \dfrac{\partial y}{\partial u}\dfrac{\partial y}{\partial v} & \left(\dfrac{\partial x}{\partial v}\right)^2 + \left(\dfrac{\partial y}{\partial v}\right)^2 \end{pmatrix}$$

であり，**【11】**と本問から $g = \left(\left(\dfrac{\partial x}{\partial u}\right)^2 + \left(\dfrac{\partial y}{\partial u}\right)^2\right) I$（$I$ は単位テンソル）と書けることがわかる。

【13】 (1)　$\operatorname{arccosh}\dfrac{z}{a} = u + iv$ より

$$\frac{z}{a} = \cosh(u+iv)$$
$$= \frac{e^{u+iv}+e^{-u-iv}}{2} = \frac{e^u(\cos v + i\sin v) + e^{-u}(\cos v - i\sin v)}{2}$$
$$= \cosh u \cos v + i \sinh u \sin v$$

を得ることからわかる。なお

$$\sinh(\alpha+\beta) = \sinh\alpha\cosh\beta + \cosh\alpha\sinh\beta,$$
$$\cosh(\alpha+\beta) = \cosh\alpha\cosh\beta + \sinh\alpha\sinh\beta,$$
$$\sinh(i\alpha) = i\sin\alpha,\ \cosh(i\alpha) = \cos\alpha$$

などの公式を使うと，この計算はより速くできる。

(2)　以下より明らかである。

† 詳しく知りたい人は引用・参考文献 12) などが参考になる。

$$\left(\frac{x}{a\cosh u}\right)^2+\left(\frac{y}{a\sinh u}\right)^2=\cos^2 v+\sin^2 v=1$$
$$\left(\frac{x}{a\cos v}\right)^2-\left(\frac{y}{a\sin v}\right)^2=\cosh^2 u-\sinh^2 u=1$$

(3)

$$\frac{\partial x}{\partial u}=a\sinh u\cos v,\ \frac{\partial x}{\partial v}=-a\cosh u\sin v,$$
$$\frac{\partial y}{\partial u}=a\cosh u\sin v,\ \frac{\partial y}{\partial v}=a\sinh u\cos v$$

から

$$J=\frac{\partial(x,y)}{\partial(u,v)}=a\begin{pmatrix}\sinh u\cos v & -\cosh u\sin v\\ \cosh u\sin v & \sinh u\cos v\end{pmatrix}$$

となり

$$|J|=a^2(\sinh^2 u+\sin^2 v)$$

を得る。また $g={}^tJJ=a^2(\sinh^2 u+\sin^2 v)\begin{pmatrix}1&0\\0&1\end{pmatrix}$ も容易に得られる。なお，$\begin{pmatrix}u\\v\end{pmatrix}$ と $\begin{pmatrix}x\\y\end{pmatrix}$ が正則関数で結びついているから，**【12】**の結果を用いてすぐに書き下してももちろんよい。またこの結果から $h_1=h_2=a\sqrt{\sinh^2 u+\sin^2 v}$ であり，例題 6.3 の結果と合わせてラプラシアンは $\Delta=\dfrac{1}{a^2(\sinh^2 u+\sin^2 v)}\left(\dfrac{\partial^2}{\partial u^2}+\dfrac{\partial^2}{\partial v^2}\right)$ と求められる。

(4) (3) の結果から以下となる。

$$\int_S dS=\int_0^{2\pi}dv\int_0^{u_0}du\ a^2(\sinh^2 u+\sin^2 v)$$
$$=\frac{a^2}{2}\int_0^{2\pi}dv\int_0^{u_0}du\ (\cosh 2u-\cos 2v)$$

$\cos 2v$ の項の積分はゼロになるから，以下が求められる。

$$\int_S dS=\frac{a^2}{2}\left[\frac{\sinh 2u}{2}\right]_0^{u_0}\cdot 2\pi$$
$$=\frac{\pi a^2}{2}\sinh 2u_0=\pi a^2\cosh u_0\sinh u_0$$

これは長径 $2a\cosh u_0$，短径 $2a\sinh u_0$ の楕円の面積を表している。(2) で示したように等 u 線は楕円であるから，$0\le u\le u_0$，かつすべての v にわたる積分は $u=u_0$ で表される楕円内部の面積である。

【14】 (1)

$$\frac{x+iy}{a} = \coth\frac{v-iu}{2}$$
$$= \frac{\cosh\dfrac{v-iu}{2}}{\sinh\dfrac{v-iu}{2}} = \frac{\cos\dfrac{u}{2}\cosh\dfrac{v}{2} - i\sin\dfrac{u}{2}\sinh\dfrac{v}{2}}{-i\sin\dfrac{u}{2}\cosh\dfrac{v}{2} + \cos\dfrac{u}{2}\sinh\dfrac{v}{2}}$$

であり，最右辺の分母分子に $\cos\dfrac{u}{2}\sinh\dfrac{v}{2} + i\sin\dfrac{u}{2}\cosh\dfrac{v}{2}$ を掛けて整理すればわかる。

(2)

$$\frac{\partial x}{\partial u} = -\frac{a\sinh v\sin u}{(\cosh v - \cos u)^2},\ \frac{\partial x}{\partial v} = \frac{a(1-\cosh v\cos u)}{(\cosh v-\cos u)^2},$$
$$\frac{\partial y}{\partial u} = \frac{a(\cosh v\cos u - 1)}{(\cosh v-\cos u)^2},\ \frac{\partial y}{\partial v} = -\frac{a\sinh v\sin u}{(\cosh v-\cos u)^2}$$

から以下のように得られる。

$$J = \frac{a}{(\cosh v-\cos u)^2}\begin{pmatrix} -\sinh v\sin u & 1-\cosh v\cos u \\ \cosh v\cos u - 1 & -\sinh v\sin u \end{pmatrix},$$
$$|J| = \frac{a^2}{(\cosh v-\cos u)^4}(\sinh^2 v\sin^2 u + (\cosh v\cos u - 1)^2)$$
$$= \frac{a^2}{(\cosh v-\cos u)^2}$$

また計量テンソルは

$$g = {}^t JJ$$
$$= \frac{a^2}{(\cosh v-\cos u)^4}\begin{pmatrix} (\cosh v-\cos u)^2 & 0 \\ 0 & (\cosh v-\cos u)^2 \end{pmatrix}$$
$$= \frac{a^2}{(\cosh v-\cos u)^2}\begin{pmatrix} 1 & 0 \\ 0 & 1 \end{pmatrix}$$

となる（これも $\dfrac{\partial x}{\partial u}$ と $\dfrac{\partial y}{\partial u}$ を用いてすぐに書ける）。最後にラプラシアンは，g の結果から $h_1 = h_2 = \dfrac{a}{\cosh v - \cos u}$ となり以下となる。

$$\Delta = \frac{(\cosh v-\cos u)^2}{a^2}\left(\frac{\partial^2}{\partial u^2} + \frac{\partial^2}{\partial v^2}\right)$$

【15】 (1) $u+iv = \log z$ から $z = x+iy = e^{u+iv} = e^u(\cos v + i\sin v)$ を得るので $x = e^u\cos v,\ y = e^u\sin v$ が示される。

(2) $\dfrac{\partial x}{\partial u} = e^u \cos v$, $\dfrac{\partial x}{\partial v} = -e^u \sin v$, $\dfrac{\partial y}{\partial u} = e^u \sin v$, $\dfrac{\partial y}{\partial v} = e^u \cos v$ から

$$J = e^u \begin{pmatrix} \cos v & -\sin v \\ \sin v & \cos v \end{pmatrix}$$

が得られ，$|J| = e^{2u}$ を得る。

(3) J の結果より $g = {}^tJJ = e^{2u} \begin{pmatrix} 1 & 0 \\ 0 & 1 \end{pmatrix}$ と書き下せる。$f(z)$ が（原点以外で）正則関数であるから，$\dfrac{\partial x}{\partial u}$ と $\dfrac{\partial y}{\partial u}$ の結果より直接書いてももちろんよい。またこの結果から $h_1 = h_2 = e^u$ が得られ，ラプラシアンとして $\Delta = \dfrac{1}{e^{2u}} \left(\dfrac{\partial^2}{\partial u^2} + \dfrac{\partial^2}{\partial v^2} \right)$ を得る。

(4) 与えられた領域を S と書けば，(2) の結果から以下のように求められる。

$$\int_S dS = \int_S e^{2u} dudv = \int_{\pi/4}^{\pi/2} dv \int_0^{\ln 2} e^{2u} du = \frac{\pi}{4} \left[\frac{e^{2u}}{2} \right]_0^{\ln 2} = \frac{3\pi}{8}$$

なお，求めたい面積が（半径 2 で中心角 $\dfrac{\pi}{4}$ の扇形の面積）－（半径 1 で中心角 $\dfrac{\pi}{4}$ の扇形の面積）であることがわかれば，ヤコビアンを経由せずにすぐに計算できてしまう。

【16】 (1) $u + iv = \sqrt{2z}$ から $z = x + iy = \dfrac{(u+iv)^2}{2} = \dfrac{u^2 - v^2 + 2iuv}{2}$ を得るので $x = \dfrac{u^2 - v^2}{2}$，$y = uv$ が確認される。

(2) $\dfrac{\partial x}{\partial u} = u$, $\dfrac{\partial x}{\partial v} = -v$, $\dfrac{\partial y}{\partial u} = v$, $\dfrac{\partial y}{\partial v} = u$ から

$$J = \begin{pmatrix} u & -v \\ v & u \end{pmatrix}$$

が得られ，$|J| = u^2 + v^2$ を得る。

(3) J の結果から $g = {}^tJJ = (u^2 + v^2) \begin{pmatrix} 1 & 0 \\ 0 & 1 \end{pmatrix}$ と書き下せる。$f(z)$ が正則関数であることを利用してももちろんよい。この結果から $h_1 = h_2 = \sqrt{u^2 + v^2}$ が得られ，$\Delta = \dfrac{1}{u^2 + v^2} \left(\dfrac{\partial^2}{\partial u^2} + \dfrac{\partial^2}{\partial v^2} \right)$ を得る。

(4) 与えられた領域を S と書けば，(2) の結果から以下となる。

$$\begin{aligned} \int_S dS &= \int_S (u^2 + v^2) dudv \\ &= \int_1^2 dv \int_1^2 du (u^2 + v^2) = \int_1^2 \left[\frac{u^3}{3} + v^2 u \right]_1^2 dv \end{aligned}$$

$$= \int_1^2 \left(\frac{7}{3} + v^2 \right) dv = \left[\frac{7}{3}v + \frac{v^3}{3} \right]_1^2 = \frac{14}{3}$$

【17】 具体的に g を書いてみると

$$g = \begin{pmatrix} \left(\frac{\partial x}{\partial u}\right)^2 + \left(\frac{\partial y}{\partial u}\right)^2 & \frac{\partial x}{\partial u}\frac{\partial x}{\partial v} + \frac{\partial y}{\partial u}\frac{\partial y}{\partial v} \\ \frac{\partial x}{\partial u}\frac{\partial x}{\partial v} + \frac{\partial y}{\partial u}\frac{\partial y}{\partial v} & \left(\frac{\partial x}{\partial v}\right)^2 + \left(\frac{\partial y}{\partial v}\right)^2 \end{pmatrix}$$

となる。ここで $x + iy = h(u + iv)$ で h が正則関数と考えると，コーシー・リーマンの関係から $\frac{\partial x}{\partial u} = \frac{\partial y}{\partial v}$，$\frac{\partial x}{\partial v} = -\frac{\partial y}{\partial u}$ が成り立つ。これにより g の非対角成分はゼロ（すなわち直交曲線座標）であり，対角成分は同じであることがわかる。

【18】 (1) 具体的にヤコビアンを書くと

$$\begin{vmatrix} \sin\theta\sin\phi\sin\psi & r\cos\theta\sin\phi\sin\psi & r\sin\theta\cos\phi\sin\psi & r\sin\theta\sin\phi\cos\psi \\ \sin\theta\sin\phi\cos\psi & r\cos\theta\sin\phi\cos\psi & r\sin\theta\cos\phi\cos\psi & -r\sin\theta\sin\phi\sin\psi \\ \sin\theta\cos\phi & r\cos\theta\cos\phi & -r\sin\theta\sin\phi & 0 \\ \cos\theta & -r\sin\theta & 0 & 0 \end{vmatrix}$$

となる。これを第 4 行または第 4 列に関して展開し，$|J| = r^3 \sin^2\theta \sin\phi$ を得てまったく問題ないのだが，問題文中にあるとおりヤコビ行列中の四つのベクトルがすべて直交することを用いれば，各ベクトルの大きさの積として $|J| = 1 \cdot r \cdot r\sin\theta \cdot r\sin\theta\sin\phi = r^3\sin^2\theta\sin\phi$ を得られる。

(2) ヤコビアンが得られたので，4 次元球の体積は以下となる。

$$\int r^3 \sin^2\theta \sin\phi dr d\theta d\phi d\psi$$
$$= \int_0^R r^3 dr \int_0^\pi \sin^2\theta d\theta \int_0^\pi \sin\phi d\phi \int_0^{2\pi} d\psi = \frac{\pi^2 R^4}{2}$$

【19】 まず $\boldsymbol{\nabla} \cdot \boldsymbol{F} = \frac{\partial x_1}{\partial x_1} + \frac{\partial x_2}{\partial x_2} + \frac{\partial x_3}{\partial x_3} + \frac{\partial x_4}{\partial x_4} = 4$ である。ゆえに

$$\int_V \boldsymbol{\nabla} \cdot \boldsymbol{F} dV = 4 \int_V dV = 2\pi^2 R^4$$

を得る。ここで**【18】**の結果を使った。一方，面積分に関してであるが，$\boldsymbol{F}$ が S 上では S の外向き単位法線ベクトル $\hat{\boldsymbol{n}}$ を用いて $R\hat{\boldsymbol{n}}$ と書けることに注意しよう。すなわち，計算することなく

$$\int_S \boldsymbol{F}\cdot\hat{\boldsymbol{n}}dS = R\int_S dS$$

と書ける。つまり半径 R の4次元球の表面積を求めればよいわけであるが，ここで**【18】**のヤコビアンの結果を用いて

$$R\int_S dS = R\cdot R^3\int_0^{\pi}\sin^2\theta d\theta\int_0^{\pi}\sin\phi d\phi\int_0^{2\pi}d\psi = 2\pi^2R^4$$

が得られ，ガウスの発散定理が確認できた。

【20】 (1) 問題文中にあるように $F(\lambda)$ の図を描くと**解図 6.1** のようになる。図から明らかなように $F(\lambda)=0$ は三つの実数解をもち，(2) で詳述するように，これらが三つの曲面に対応する。

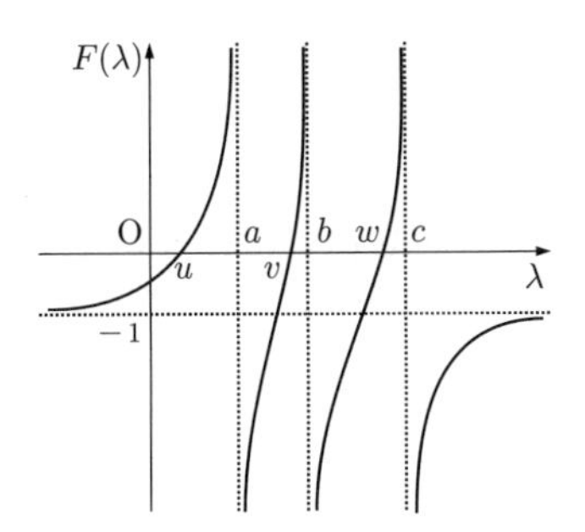

解図 6.1　$F(\lambda)$ の図

(2) 定義から u, v, w は解図 6.1 中に示された3点の λ 座標である。例えば等 u 面がどのような曲面かを考えるには，$\lambda = u$ として

$$F(u) = \frac{x^2}{a-u} + \frac{y^2}{b-u} + \frac{z^2}{c-u} - 1 = 0$$

の表す曲面を考える。この方程式は $a-u>0, b-u>0, c-u>0$ より楕円面を表す。一方，等 v 面は，$\lambda = v$ として

$$F(v) = \frac{x^2}{a-v} + \frac{y^2}{b-v} + \frac{z^2}{c-v} - 1 = 0$$

である。この曲面は $a-v<0, b-v>0, c-v>0$ より一葉双曲面である。同様に考えて $\lambda = w$ は二葉双曲面である。

(3) 求め方としては単純で

$$\frac{x^2}{a-u} + \frac{y^2}{b-u} + \frac{z^2}{c-u} - 1 = 0$$

$$\frac{x^2}{a-v}+\frac{y^2}{b-v}+\frac{z^2}{c-v}-1=0$$
$$\frac{x^2}{a-w}+\frac{y^2}{b-w}+\frac{z^2}{c-w}-1=0$$

を x^2, y^2, z^2 について解けばよい。少々（というかかなり）計算が面倒ではあるが，x^2, y^2, z^2 については一次の連立方程式なので確実に解ける。

(4) 例えば式 (6.16) の第 1 式の両辺を u で微分して

$$2x\frac{\partial x}{\partial u}=-\frac{(a-v)(a-w)}{(b-a)(c-a)}=\frac{x^2}{u-a}$$

より $\dfrac{\partial x}{\partial u}=\dfrac{x}{2(u-a)}$ を得る。そして同様の計算を行い $\left(\dfrac{\partial x}{\partial u}\right)^2+\left(\dfrac{\partial y}{\partial u}\right)^2+\left(\dfrac{\partial z}{\partial u}\right)^2$ を求めれば $h_1=\dfrac{1}{2}\sqrt{\dfrac{(u-v)(u-w)}{(a-u)(b-u)(c-u)}}$ を得る。同様に $h_2=\dfrac{1}{2}\sqrt{\dfrac{(v-w)(v-u)}{(a-v)(b-v)(c-v)}}$, $h_3=\dfrac{1}{2}\sqrt{\dfrac{(w-u)(w-v)}{(a-w)(b-w)(c-w)}}$ となり，これらと式 (6.13) からラプラシアンを書ける。これらも計算は面倒であるが，頑張って計算してみよう。

なお，ここでは $\begin{pmatrix} u \\ v \\ w \end{pmatrix}$ 座標系が直交曲線座標系であることを用いている。

7 章

【1】 $\begin{pmatrix} x \\ y \\ z \end{pmatrix}$ と，例えば $x \to -x$ の変換をとって x' 軸とした座標系 $\begin{pmatrix} x' \\ y \\ z \end{pmatrix}$ を考えると，これらはどのように回転させても重なり合わせることができない。すなわち，式 (7.2) にどのような α, β, γ を代入しても移り変われない。

【2】 式 (7.13) から容易に $X=x\cos\delta\theta+y\sin\delta\theta, Y=-x\sin\delta\theta+y\cos\delta\theta$ を得る。ここで $\delta\theta \ll 1$ として $\delta\theta$ の 1 次の項までとると $X\sim x+y\delta\theta, Y\sim y-x\delta\theta$ となる。すなわち

$$\begin{pmatrix} X \\ Y \end{pmatrix}\sim\begin{pmatrix} x \\ y \end{pmatrix}+\begin{pmatrix} y \\ -x \end{pmatrix}\delta\theta$$

であるが，$\begin{pmatrix} r \\ \phi \end{pmatrix}$ を用いると $x = r\cos\phi, y = r\sin\phi$ から $y = \dfrac{\partial x}{\partial \phi}, -x = \dfrac{\partial y}{\partial \phi}$ となり，式 (7.14) が示された。

【3】 式 (7.2) を用いて計算してもよいが，これくらいならば回転をイメージしたほうが速い。座標系 $\begin{pmatrix} x_2 \\ y_2 \\ z_2 \end{pmatrix}$ では $\begin{pmatrix} 0 \\ 0 \\ 1 \end{pmatrix}$，座標系 $\begin{pmatrix} x_4 \\ y_4 \\ z_4 \end{pmatrix}$ では $\begin{pmatrix} 0 \\ 1 \\ 0 \end{pmatrix}$ となり，両者は一致しない。

【4】 特に計算しなくても，回転させた後の成分表示は $\begin{pmatrix} \sqrt{3} \\ 1 \\ 0 \end{pmatrix}$ と書ける。そして，これは式 (7.1) で $\theta = \dfrac{\pi}{6}$ としても得られないことにも気づくであろう。式 (7.1) と関係づけるのであれば，$\theta = -\dfrac{\pi}{6}$ としてみよう。すると

$$\begin{pmatrix} X \\ Y \\ Z \end{pmatrix} = \begin{pmatrix} \sqrt{3} \\ 1 \\ 0 \end{pmatrix}$$

となる。ベクトルを角度 θ_1 だけ回転させたのならば，座標系のほうを $-\theta_1$ だけ回転させれば同じ成分表示が得られるという当然のことが式からもわかる（**解図 7.1**）。

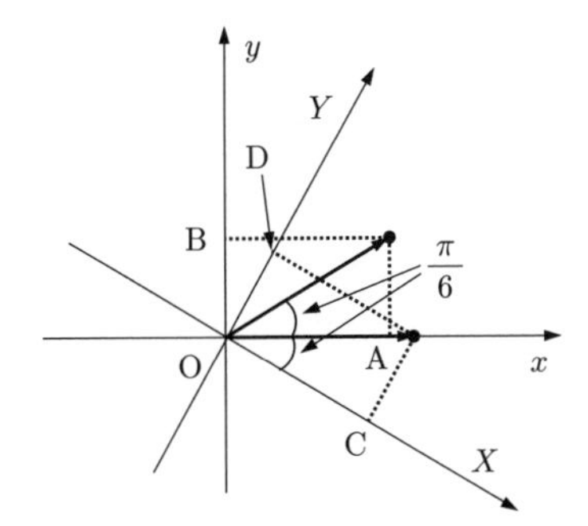

OA = OC，OB = OD はすぐにわかる。

解図 7.1　ベクトルの回転

【5】 式 (7.2) の右辺に現れる三つの行列を左から順に A, B, C とすると，$J = C^{-1}B^{-1}A^{-1}$ である。ゆえに以下となる。

$$|J| = |C^{-1}||B^{-1}||A^{-1}| = \frac{1}{|C|}\frac{1}{|B|}\frac{1}{|A|} = 1$$

【6】 与えられた方程式から

$$5x^2 + 4xy + 2y^2 + 3x + ay + 1$$
$$= (x\ y)\begin{pmatrix} 5 & 2 \\ 2 & 2 \end{pmatrix}\begin{pmatrix} x \\ y \end{pmatrix} + (3\ a)\begin{pmatrix} x \\ y \end{pmatrix} + 1 = 0$$

と書ける。ここで係数行列 $C = \begin{pmatrix} 5 & 2 \\ 2 & 2 \end{pmatrix}$ の固有値は 1 と 6，またそれらに対する規格化された固有ベクトルはそれぞれ

$$\frac{1}{\sqrt{5}}\begin{pmatrix} 1 \\ -2 \end{pmatrix},\quad \frac{1}{\sqrt{5}}\begin{pmatrix} 2 \\ 1 \end{pmatrix}$$

とすぐ求められるので

$$(x\ y)\frac{1}{\sqrt{5}}\begin{pmatrix} 1 & 2 \\ -2 & 1 \end{pmatrix}\frac{1}{\sqrt{5}}\begin{pmatrix} 1 & -2 \\ 2 & 1 \end{pmatrix}\begin{pmatrix} 5 & 2 \\ 2 & 2 \end{pmatrix}$$
$$\cdot\frac{1}{\sqrt{5}}\begin{pmatrix} 1 & 2 \\ -2 & 1 \end{pmatrix}\frac{1}{\sqrt{5}}\begin{pmatrix} 1 & -2 \\ 2 & 1 \end{pmatrix}\begin{pmatrix} x \\ y \end{pmatrix}$$
$$= \left(\frac{x-2y}{\sqrt{5}}\ \frac{2x+y}{\sqrt{5}}\right)\begin{pmatrix} 1 & 0 \\ 0 & 6 \end{pmatrix}\begin{pmatrix} \dfrac{x-2y}{\sqrt{5}} \\ \dfrac{2x+y}{\sqrt{5}} \end{pmatrix} = X^2 + 6Y^2,$$

$$(3\ a)\begin{pmatrix} x \\ y \end{pmatrix} = (3\ a)\frac{1}{\sqrt{5}}\begin{pmatrix} 1 & 2 \\ -2 & 1 \end{pmatrix}\frac{1}{\sqrt{5}}\begin{pmatrix} 1 & -2 \\ 2 & 1 \end{pmatrix}\begin{pmatrix} x \\ y \end{pmatrix}$$
$$= \left(\frac{3-2a}{\sqrt{5}}\ \frac{6+a}{\sqrt{5}}\right)\begin{pmatrix} \dfrac{x-2y}{\sqrt{5}} \\ \dfrac{2x+y}{\sqrt{5}} \end{pmatrix} = \frac{3-2a}{\sqrt{5}}X + \frac{6+a}{\sqrt{5}}Y$$

と変形できる。ここで $X \equiv \dfrac{x-2y}{\sqrt{5}}$，$Y =\equiv \dfrac{2x+y}{\sqrt{5}}$ と置いた。これらから

$$\left(X + \frac{3-2a}{2\sqrt{5}}\right)^2 + 6\left(Y + \frac{6+a}{12\sqrt{5}}\right)^2 = \frac{(3-2a)^2}{20} + \frac{(6+a)^2}{120} - 1$$
$$= \frac{5a^2 - 12a - 6}{24}$$

を得るが，これが楕円の方程式となるのは $5a^2 - 12a - 6 > 0$，すなわち

$a < \dfrac{6-\sqrt{66}}{5}$, $\dfrac{6+\sqrt{66}}{5} < a$ のときである。

1章で述べたように，対称行列である C の二つの固有ベクトルは直交している。そしてここで行った計算は z 軸周りに角度 $\theta = \arccos \dfrac{1}{\sqrt{5}}$ だけ回転させた座標系を導入したことに相当する。

【7】【5】で定義した A, B, C の掛け算からなる行列を T とする。これは A, B, C をどの順番でどのように掛けてもよい。重要なのは，どのように T を構成しても ${}^tT = T^{-1}$ となることである。これに加えて $\boldsymbol{r} \equiv \begin{pmatrix} x \\ y \\ z \end{pmatrix}, \boldsymbol{R} \equiv \begin{pmatrix} X \\ Y \\ Z \end{pmatrix}$ と定義すれば $\boldsymbol{R} = T\boldsymbol{r}$ より $\boldsymbol{r} = T^{-1}\boldsymbol{R}$ と書ける。さて，方程式 $(x-x_0)^2 + (y-y_0)^2 + (z-z_0)^2 = R^2$ において，$\boldsymbol{C} \equiv \begin{pmatrix} x_0 \\ y_0 \\ z_0 \end{pmatrix}, \boldsymbol{C}' \equiv T\boldsymbol{C} = \begin{pmatrix} x_0' \\ y_0' \\ z_0' \end{pmatrix}$ と書けば

$$
\begin{aligned}
&(x-x_0)^2 + (y-y_0)^2 + (z-z_0)^2 \\
&\quad = {}^t(\boldsymbol{r}-\boldsymbol{C})(\boldsymbol{r}-\boldsymbol{C}) = {}^t(\boldsymbol{r}-\boldsymbol{C})T^{-1}T(\boldsymbol{r}-\boldsymbol{C}) \\
&\quad = {}^t(T(\boldsymbol{r}-\boldsymbol{C}))T(\boldsymbol{r}-\boldsymbol{C}) = {}^t(\boldsymbol{R}-\boldsymbol{C}')(\boldsymbol{R}-\boldsymbol{C}') \\
&\quad = (X-x_0')^2 + (Y-y_0')^2 + (Z-z_0')^2
\end{aligned}
$$

となるので，球の方程式であることは変わらない。そして中心の座標は簡単に $T\boldsymbol{C}$ と書ける。

【8】両方程式から x を消去して整理すると $17y^2 - 16yz + 4z^2 - 16y + 7z + 4 = 0$ を得る。これを

$$
(y\ z)\begin{pmatrix} 17 & -8 \\ -8 & 4 \end{pmatrix}\begin{pmatrix} y \\ z \end{pmatrix} + (y\ z)\begin{pmatrix} -16 \\ 7 \end{pmatrix} = 0
$$

と書き，行列 $\begin{pmatrix} 17 & -8 \\ -8 & 4 \end{pmatrix}$ を対角化することを考える。固有値 λ は方程式 $\lambda^2 - 21\lambda + 4 = 0$ を満たすから $\lambda_\pm = \dfrac{21 \pm \sqrt{426}}{2}$ である（複号同順。また $\lambda_\pm > 0$ にも注意せよ）。以下 $\gamma_\pm = \dfrac{17-\lambda_\pm}{8}, \gamma_\pm' = \dfrac{1}{\sqrt{1+{\gamma_\pm}^2}}$（複号同順）とすると

$$(y\ z)\begin{pmatrix}\gamma'_+ & \gamma'_- \\ \gamma'_+\gamma_+ & \gamma'_-\gamma_-\end{pmatrix}\begin{pmatrix}\gamma'_+ & \gamma'_+\gamma_+ \\ \gamma'_- & \gamma'_-\gamma_-\end{pmatrix}\begin{pmatrix}17 & -8 \\ -8 & 4\end{pmatrix}$$
$$\cdot\begin{pmatrix}\gamma'_+ & \gamma'_- \\ \gamma'_+\gamma_+ & \gamma'_-\gamma_-\end{pmatrix}\begin{pmatrix}\gamma'_+ & \gamma'_+\gamma_+ \\ \gamma'_- & \gamma'_-\gamma_-\end{pmatrix}\begin{pmatrix}y \\ z\end{pmatrix}$$
$$+(y\ z)\begin{pmatrix}\gamma'_+ & \gamma'_- \\ \gamma'_+\gamma_+ & \gamma'_-\gamma_-\end{pmatrix}\begin{pmatrix}\gamma'_+ & \gamma'_+\gamma_+ \\ \gamma'_- & \gamma'_-\gamma_-\end{pmatrix}\begin{pmatrix}-16 \\ 7\end{pmatrix}=0$$

から $\begin{pmatrix}Y \\ Z\end{pmatrix}\equiv\begin{pmatrix}\gamma'_+y+\gamma'_+\gamma_+z \\ \gamma'_-y+\gamma'_-\gamma_-z\end{pmatrix}$, $\begin{pmatrix}\alpha \\ \beta\end{pmatrix}\equiv\begin{pmatrix}-16\gamma'_++7\gamma'_+\gamma_+ \\ -16\gamma'_-+7\gamma'_-\gamma_-\end{pmatrix}$ と定義すれば

$$\lambda_+\left(Y+\frac{\alpha}{2\lambda_+}\right)^2+\lambda_-\left(Z+\frac{\beta}{2\lambda_-}\right)^2=\frac{\alpha^2}{4\lambda_+}+\frac{\beta^2}{4\lambda_-}$$

と書け，楕円の方程式が得られる。【**6**】で述べたように，ここでの計算は座標軸の回転に対応する。

【**9**】 (1) z を消去して $x^2+y^2+x-6=0$ を得る。すなわち $\left(x+\frac{1}{2}\right)^2+y^2=\left(\frac{5}{2}\right)^2$ となり，xy 平面上では中心 $\begin{pmatrix}-\frac{1}{2} \\ 0\end{pmatrix}$，半径 $\frac{5}{2}$ の円に見えることがわかる。

(2) 法線ベクトル $\boldsymbol{n}=\begin{pmatrix}1 \\ 0 \\ 1\end{pmatrix}$ をもつ平面上の図形の面積は，それを xy 平面に射影した図形の面積の $\sqrt{2}$ 倍になる。$\boldsymbol{n}$ の大きさを 1 にしたときの z 方向の成分が $\frac{1}{\sqrt{2}}$ だからであり，求める面積は $\pi\left(\frac{5}{2}\right)^2\cdot\sqrt{2}=\frac{25\sqrt{2}}{4}\pi$ となる。

(3) $\begin{pmatrix}X \\ Y \\ Z\end{pmatrix}=\begin{pmatrix}\frac{1}{\sqrt{2}} & 0 & -\frac{1}{\sqrt{2}} \\ 0 & 1 & 0 \\ \frac{1}{\sqrt{2}} & 0 & \frac{1}{\sqrt{2}}\end{pmatrix}\begin{pmatrix}x \\ y \\ z\end{pmatrix}$ であるから

$$X=\frac{x-z}{\sqrt{2}},\ Y=y,\ Z=\frac{x+z}{\sqrt{2}}$$

となる。すなわち $x=\frac{X+Z}{\sqrt{2}},\ y=Y,\ z=\frac{-X+Z}{\sqrt{2}}$ を元の S_1 と S_2 の式に代入すると $Z=3\sqrt{2},\ \ X^2+2Y^2+7\sqrt{2}X+12=0$ を得る。後者

の式から $\dfrac{\left(X+\dfrac{7\sqrt{2}}{2}\right)^2}{\left(\dfrac{5\sqrt{2}}{2}\right)^2}+\dfrac{Y^2}{\left(\dfrac{5}{2}\right)^2}=1$ となり，$\begin{pmatrix} X \\ Y \\ Z \end{pmatrix}$ 座標系で見たとき，L は平面 $Z=3\sqrt{2}$ 上にある長径 $5\sqrt{2}$，短径 5 の楕円であることがわかる。

(4) $\pi\cdot\dfrac{5\sqrt{2}}{2}\cdot\dfrac{5}{2}=\dfrac{25\sqrt{2}}{4}\pi$ と得られ，確かに (2) の結果と同じである。回転させただけなので $|J|=1$，すなわち $dxdy=dXdY$ となることに注意せよ。

(5) 平面 S_2 の単位法線ベクトルが $\dfrac{1}{\sqrt{2}}\begin{pmatrix} 1 \\ 0 \\ 1 \end{pmatrix}$ であるからである。

【10】 まず L を xy 平面に射影した曲線の方程式を考えると，与えられた 2 式から z を消去すればよく $\dfrac{x^2}{\left(\dfrac{2\sqrt{3}}{\sqrt{13}}\right)^2}+\dfrac{\left(y-\dfrac{4\sqrt{3}}{13}\right)^2}{\left(\dfrac{4\sqrt{3}}{13}\right)^2}=1$ を得る。この楕円の面積は

$\pi\cdot\dfrac{2\sqrt{3}}{\sqrt{13}}\cdot\dfrac{4\sqrt{3}}{13}=\dfrac{24\pi}{13\sqrt{13}}$ であり，一方，S_2 の単位法線ベクトル $\dfrac{1}{2}\begin{pmatrix} 0 \\ -\sqrt{3} \\ 1 \end{pmatrix}$ の z 成分は $\dfrac{1}{2}$ であるから，求める面積は $\dfrac{24\pi}{13\sqrt{13}}\cdot 2=\dfrac{48\pi}{13\sqrt{13}}$ となる。

座標系を回転させる方法でもできる。元の座標系を x 軸周りに $\dfrac{\pi}{6}$ だけ回転させた座標系を $\begin{pmatrix} X \\ Y \\ Z \end{pmatrix}$ とすると，$\begin{pmatrix} x \\ y \\ z \end{pmatrix}$ は $\begin{pmatrix} X \\ Y \\ Z \end{pmatrix}$ を $-\dfrac{\pi}{6}$ だけ回転させれば得られるので

$$\begin{pmatrix} x \\ y \\ z \end{pmatrix}=\begin{pmatrix} 1 & 0 & 0 \\ 0 & \dfrac{1}{2} & -\dfrac{\sqrt{3}}{2} \\ 0 & \dfrac{\sqrt{3}}{2} & \dfrac{1}{2} \end{pmatrix}\begin{pmatrix} X \\ Y \\ Z \end{pmatrix}=\begin{pmatrix} X \\ \dfrac{1}{2}(Y-\sqrt{3}Z) \\ \dfrac{1}{2}(\sqrt{3}Y+Z) \end{pmatrix}$$

である。これを与えられた二つの曲面の方程式に代入して整理すると $Z=-\dfrac{1}{2}$,

$$\frac{X^2}{\left(\dfrac{2\sqrt{3}}{\sqrt{13}}\right)^2}+\frac{\left(Y-\dfrac{3\sqrt{3}}{26}\right)^2}{\left(\dfrac{8\sqrt{3}}{13}\right)^2}=1$$ が得られ，L は長径 $\dfrac{16\sqrt{3}}{13}$，短径 $4\dfrac{\sqrt{3}}{\sqrt{13}}$ の楕円であることがわかる。すなわちそれが囲む面積は $\pi\cdot\dfrac{8\sqrt{3}}{13}\cdot 2\dfrac{\sqrt{3}}{\sqrt{13}}=\dfrac{48\pi}{13\sqrt{13}}$ となる。当然だが上の結果と一致する。

【11】 (1) $\boldsymbol{a}=\begin{pmatrix}4\\4\\3\end{pmatrix}$，$t$ をパラメータとして $\boldsymbol{r}=\boldsymbol{a}+t\begin{pmatrix}-1\\22\\7\end{pmatrix}$ と書ける。

$f=\dfrac{x^2+y^2}{4}-z^2+1$ とすれば，求める直線の方向を表すベクトルが $\begin{pmatrix}0\\7\\-22\end{pmatrix}$ にも $\boldsymbol{\nabla}f|_{x=4,y=4,z=3}=(2,2,-6)$ にも垂直であることに注意せよ。

(2) $\boldsymbol{b}=\begin{pmatrix}-4\\4\\3\end{pmatrix}$，$\boldsymbol{c}=\begin{pmatrix}0\\-\dfrac{3}{2}\\\dfrac{5}{4}\end{pmatrix}$，$t',t''$ をパラメータとして $\boldsymbol{r}=\boldsymbol{b}+t'\begin{pmatrix}1\\22\\7\end{pmatrix}$，$\boldsymbol{r}=\boldsymbol{c}+t''\begin{pmatrix}1\\0\\0\end{pmatrix}$ と書ける。$\boldsymbol{\nabla}f|_{x=-4,y=4,z=3}=\begin{pmatrix}-2\\2\\-6\end{pmatrix}$ および $\boldsymbol{\nabla}f|_{x=0,y=-\frac{3}{2},z=\frac{5}{4}}=\begin{pmatrix}0\\-\dfrac{3}{4}\\-\dfrac{5}{2}\end{pmatrix}$ に注意せよ。

(3) 得られた直線の方程式を連立させて以下となる。

$$\mathrm{P}:\begin{pmatrix}0\\92\\31\end{pmatrix},\quad \mathrm{Q}:\begin{pmatrix}-\dfrac{17}{4}\\-\dfrac{3}{2}\\\dfrac{5}{4}\end{pmatrix},\quad \mathrm{R}:\begin{pmatrix}\dfrac{17}{4}\\-\dfrac{3}{2}\\\dfrac{5}{4}\end{pmatrix}$$

(4) 三角形 PQR を xy 平面上に射影した三角形は，3 点

$$\begin{pmatrix} 0 \\ 92 \\ 0 \end{pmatrix}, \begin{pmatrix} \dfrac{17}{4} \\ -\dfrac{3}{2} \\ 0 \end{pmatrix}, \begin{pmatrix} -\dfrac{17}{4} \\ -\dfrac{3}{2} \\ 0 \end{pmatrix}$$

を頂点とする二等辺三角形になる。その面積 S' は

$$S' = \frac{1}{2} \cdot \frac{17}{2} \cdot \frac{187}{2} = \frac{3\,179}{8}$$

である。一方，求める元の三角形の面積を S とすると $S \cdot \dfrac{22}{\sqrt{533}} = \dfrac{3\,179}{8}$ が成り立つから（法線ベクトルに注意），$S = \dfrac{289\sqrt{533}}{16}$ である。

(5) Σ_2 の方程式から，$\begin{pmatrix} x \\ y \\ z \end{pmatrix}$ 系を x 軸周りに α（ただし $\tan\alpha = \dfrac{7}{22}$）だけ回転させた $\begin{pmatrix} X \\ Y \\ Z \end{pmatrix}$ 系を考えてみる。このとき

$$\begin{pmatrix} X \\ Y \\ Z \end{pmatrix} = \begin{pmatrix} 1 & 0 & 0 \\ 0 & \cos\alpha & \sin\alpha \\ 0 & -\sin\alpha & \cos\alpha \end{pmatrix} \begin{pmatrix} x \\ y \\ z \end{pmatrix} = \begin{pmatrix} x \\ y\cos\alpha + z\sin\alpha \\ -y\sin\alpha + z\cos\alpha \end{pmatrix}$$

であり，点 P, Q, R は $\begin{pmatrix} X \\ Y \\ Z \end{pmatrix}$ 系でそれぞれ

$$\begin{pmatrix} 0 \\ \dfrac{2\,241}{\sqrt{533}} \\ \dfrac{38}{\sqrt{533}} \end{pmatrix}, \begin{pmatrix} -\dfrac{17}{4} \\ -\dfrac{97}{4\sqrt{533}} \\ \dfrac{38}{\sqrt{533}} \end{pmatrix}, \begin{pmatrix} \dfrac{17}{4} \\ -\dfrac{97}{4\sqrt{533}} \\ \dfrac{38}{\sqrt{533}} \end{pmatrix}$$

である。これから三角形 PQR は平面 $Z = \dfrac{38}{\sqrt{533}}$（この値が Z_0 である）

上にある二等辺三角形とわかり，$S=\dfrac{1}{2}\cdot\dfrac{17}{2}\cdot\dfrac{9\,061}{4\sqrt{533}}=\dfrac{289\sqrt{533}}{16}$ と得られる。これはもちろん (4) の結果と一致している。

【12】 (1) C' の方程式は $4x^2+y^2=1$ であるから，長径 2，短径 1 の楕円を表す。ゆえに $S'=\dfrac{\pi}{2}$ と容易に得られる。

(2) 題意より $S\cdot\dfrac{1}{2}=S'$ であるから $S=\pi$ と得られる。

(3) 与えられた式を用いて

$$\begin{pmatrix} X \\ Y \\ Z \end{pmatrix}=\begin{pmatrix} \frac{1}{2} & 0 & \frac{\sqrt{3}}{2} \\ 0 & 1 & 0 \\ -\frac{\sqrt{3}}{2} & 0 & \frac{1}{2} \end{pmatrix}\begin{pmatrix} x \\ y \\ z \end{pmatrix}=\begin{pmatrix} \frac{x+\sqrt{3}z}{2} \\ y \\ \frac{-\sqrt{3}x+z}{2} \end{pmatrix}$$

すなわち $x=\dfrac{X-\sqrt{3}Z}{2},\ y=Y,\ z=\dfrac{\sqrt{3}X+Z}{2}$ を得る。これらを C の方程式に代入して $X^2+Y^2=1,\ Z=0$ を得る。

(4) (3) の結果から自明なように，C は半径 1 の円である。ゆえに $S=\pi$ であり，当然 (2) の結果と一致する。

【13】 (1) $\begin{pmatrix} x' \\ y' \\ z' \end{pmatrix}=\begin{pmatrix} \frac{1}{\sqrt{2}} & \frac{1}{\sqrt{2}} & 0 \\ -\frac{1}{\sqrt{2}} & \frac{1}{\sqrt{2}} & 0 \\ 0 & 0 & 1 \end{pmatrix}\begin{pmatrix} x \\ y \\ z \end{pmatrix}$ と書けるから，これを x,y,x について解いて $x=\dfrac{x'-y'}{\sqrt{2}},y=\dfrac{x'+y'}{\sqrt{2}},z'=z$ を得る。これらを C の方程式に代入して整理すると，C' の方程式として $2x'^2+y'^2=1,x'=z'$ を得る。

(2) (1) の結果から，C' は長径 2，短径 $\sqrt{2}$ の楕円であるとわかる。ゆえにその面積 S' は $S'=\dfrac{\pi}{\sqrt{2}}$ と求められる。

(3) 法線ベクトルが $\begin{pmatrix} 1 \\ 1 \\ -\sqrt{2} \end{pmatrix}$ であるから，平面 $x=y$ で切って考えてみる。**解図 7.2** を見れば $\dfrac{\pi}{4}$ とわかる。

(4) $S'=S\cos\dfrac{\pi}{4}$ より $S=\pi$ となる。

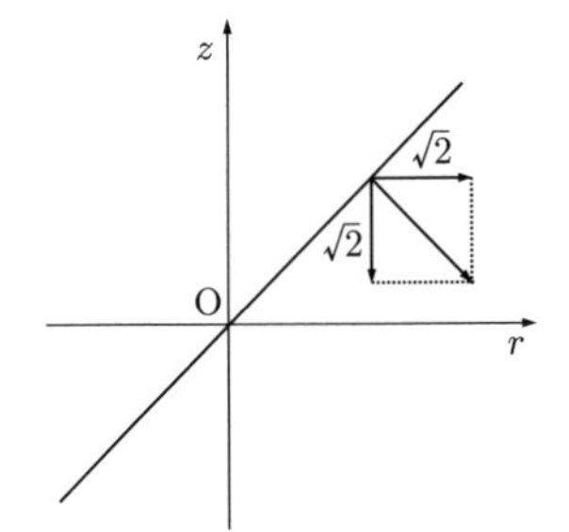

平面 $x=y$ 上で見ているので，横軸は $r\equiv\sqrt{x^2+y^2}\mathrm{sign}(x)=\sqrt{2}|x|\mathrm{sign}(x)=\sqrt{2}x$ である。

解図 7.2　C を含む平面の法線ベクトル

(5) $\begin{pmatrix} X \\ Y \\ Z \end{pmatrix} = \begin{pmatrix} \frac{1}{\sqrt{2}} & 0 & \frac{1}{\sqrt{2}} \\ 0 & 1 & 0 \\ -\frac{1}{\sqrt{2}} & 0 & \frac{1}{\sqrt{2}} \end{pmatrix} \begin{pmatrix} x' \\ y' \\ z' \end{pmatrix}$ であるから，これを x', y', z' について解いた $x' = \dfrac{X-Z}{\sqrt{2}}, y' = Y, z' = \dfrac{X+Z}{\sqrt{2}}$ を C' の方程式に代入して $X^2+Y^2=1, Z=0$ を得る。

(6) (5) の結果は，C が半径 1 の円であることを表しているから $S=\pi$ と容易に求められる。当然ながら (4) の結果と一致している。

【14】 $\boldsymbol{F}$ を R で見たとき $\boldsymbol{F}' = \begin{pmatrix} F'_x \\ F'_y \\ F'_z \end{pmatrix}$ になるとすると

$$F_x = F'_x \cos\omega t - F'_y \sin\omega t, \quad F_y = F'_x \sin\omega t + F'_y \cos\omega t$$

であり，それらの一階微分が

$$\dot{F}_x = \dot{F}'_x \cos\omega t - \dot{F}'_y \sin\omega t - \omega F_y, \ \ \dot{F}_y = \dot{F}'_x \sin\omega t + \dot{F}'_y \cos\omega t + \omega F_x$$

となること，すなわち

$$\begin{pmatrix} \dot{F}_x \\ \dot{F}_y \end{pmatrix} = \begin{pmatrix} \cos\omega t & -\sin\omega t \\ \sin\omega t & \cos\omega t \end{pmatrix} \begin{pmatrix} \dot{F}'_x \\ \dot{F}'_y \end{pmatrix} + \omega \begin{pmatrix} -F_y \\ F_x \end{pmatrix}$$

となることからわかる。F_x や F_y の時間変化は，F'_x や F'_y 自身の時間変化と回転による時間変化の和として書けることになる。

【15】 地球では $\hat{\boldsymbol{n}}$ は地軸と平行で北極向きである。ゆえに北半球で台風が反時計回りになるのは，$\dot{\boldsymbol{r}}'$ の向きによらず進行方向右向きにコリオリ力を受けるためである。なお，完全に東西方向に吹く風には地表から遠ざかる・地表に近づく力

のみが働くが，これらは台風の回転方向には寄与しない。また遠心力も動径方向のみに働く力なのでやはり回転には関係しない。

【16】 コリオリ力を表す項を見ればわかるように，その大きさは角速度に比例し，天体の半径にはよらない。ゆえに例題 7.2 の結果の $\dfrac{24}{10}=\dfrac{12}{5}$ 倍となる。

【17】 ガウスの発散定理より明らかである。添え字が複数付いているので見づらいかもしれないが，例えば $i=1$ の場合で考えれば

$$T_{1j,j}=\frac{\partial T_{11}}{\partial x_1}+\frac{\partial T_{12}}{\partial x_2}+\frac{\partial T_{13}}{\partial x_3}$$

であるので，$\begin{pmatrix} T_{11} \\ T_{12} \\ T_{13} \end{pmatrix}$ をベクトルと見なしたガウスの発散定理を使えるのがわかるであろう（$i=2,3$ でも同様である）。

【18】 第 1，2 の対称性から (i,j) と (k,l) はその組合せのみで区別されることがわかる。すなわち ${}_3H_2=6$ 個の組合せのみでしか区別されない。加えて 6×6 行列 D_{mn} を考えると，最後の対称性から D が対称行列でなければならず，独立な成分は 21（$=1+2+3+4+5+6$）個であることがわかる。

【19】 (1) 両テンソルの表式を用いると，運動方程式の右辺は

$$\begin{aligned}
\sigma_{ij,j} &= \left(\lambda u_{k,k}\delta_{ij}+2\mu\cdot\frac{1}{2}(u_{i,j}+u_{j,i})\right)_{,j} \\
&= \lambda u_{k,ik}+\mu(u_{i,jj}+u_{j,ij}) \\
&= (\lambda+\mu)(\boldsymbol{\nabla}\cdot\boldsymbol{u})_{,i}+\mu\Delta u_i \\
&= (\lambda+\mu)(\boldsymbol{\nabla}\cdot\boldsymbol{u})_{,i}+\mu((\boldsymbol{\nabla}\cdot\boldsymbol{u})_{,i}-(\boldsymbol{\nabla}\times(\boldsymbol{\nabla}\times\boldsymbol{u}))_i) \\
&= (\lambda+2\mu)(\boldsymbol{\nabla}\cdot\boldsymbol{u})_{,i}-\mu(\boldsymbol{\nabla}\times(\boldsymbol{\nabla}\times\boldsymbol{u}))_i
\end{aligned}$$

となる。これが $\rho\ddot{u}_i$ と等しいことから示される。

(2) 式 (7.18) の両辺の発散をとれば，$\boldsymbol{\nabla}\cdot\boldsymbol{\nabla}\times\boldsymbol{A}=0$ を用いて

$$\rho\frac{\partial^2}{\partial t^2}(\boldsymbol{\nabla}\cdot\boldsymbol{u})=(\lambda+2\mu)\Delta(\boldsymbol{\nabla}\cdot\boldsymbol{u})$$

を得る。これは $\boldsymbol{\nabla}\cdot\boldsymbol{u}$ が伝播速度 $\alpha=\sqrt{\dfrac{\lambda+2\mu}{\rho}}$ の波動方程式に従って伝播することを表す。

つぎに式 (7.18) の両辺の回転をとる。与えられた公式の $\boldsymbol{A}$ を $\boldsymbol{\nabla}\times\boldsymbol{u}$ で置き換えたものを用い，かつ任意のスカラー場 f に関して $\boldsymbol{\nabla}\times\boldsymbol{\nabla}f=\boldsymbol{0}$ であることを使うと

$$\rho\frac{\partial^2}{\partial t^2}(\boldsymbol{\nabla}\times\boldsymbol{u}) = \mu\Delta(\boldsymbol{\nabla}\times\boldsymbol{u})$$

を得る。これは $\boldsymbol{\nabla}\times\boldsymbol{u}$ が伝播速度 $\sqrt{\dfrac{\mu}{\rho}}$ の波動方程式に従うことを示す。発散をとることで回転を消したり，回転をとることで勾配を消したりすることに慣れてもらうとよいであろう。

(3) $\dfrac{\alpha}{\beta} = \sqrt{\dfrac{\lambda+2\mu}{\mu}}$ であるから，$\lambda=\mu$ ならば $\dfrac{\alpha}{\beta}=\sqrt{3}$ となる。

(4) P 波に関しては，$\boldsymbol{\nabla}\cdot\boldsymbol{u}$ が体積変化を表すことから明らかである。また S 波の振動方向を y 軸方向とすると

$$\boldsymbol{\nabla}\cdot(\boldsymbol{\nabla}\times\boldsymbol{u}) = 0, \quad (\boldsymbol{\nabla}\times\boldsymbol{u})_x = (\boldsymbol{\nabla}\times\boldsymbol{u})_z = 0$$

から $\dfrac{\partial}{\partial y}(\boldsymbol{\nabla}\times\boldsymbol{u})_y = 0$ となる。すなわち振動方向には成分が変化せず伝播しないことがわかる。

【20】 (1) 電場に z 成分しかないので，T_{ij} の非ゼロの成分は

$$T_{33} = \frac{1}{2}\varepsilon_0 E_3^2 = \frac{\rho_l^2 d^2}{2\pi^2\varepsilon_0(y^2+d^2)^2},$$
$$T_{11} = T_{22} = -\frac{1}{2}\varepsilon_0 E_3^2 = -\frac{\rho_l^2 d^2}{2\pi^2\varepsilon_0(y^2+d^2)^2}$$

のみであり，他はすべてゼロとなる。

(2) $\hat{\boldsymbol{n}} = \hat{\boldsymbol{z}}$ として以下のように計算できる。

$$\begin{aligned}\int T_{3i}n_i dS = \int T_{33}dS &= \int_0^L dx\int_{-\infty}^{\infty}\frac{\rho_l^2 d^2}{2\pi^2\varepsilon_0(y^2+d^2)^2}dy\\ &= \frac{\rho_l^2 d^2 L}{2\pi^2\varepsilon_0}\int_{-\pi/2}^{\pi/2}\frac{1}{d^4}\cos^4\theta\cdot\frac{d}{\cos^2\theta}d\theta\\ &= \frac{\rho_l^2 d^2 L}{2\pi^2\varepsilon_0}\cdot\frac{\pi}{2d^3} = \frac{\rho_l^2 L}{4\pi\varepsilon_0 d}\end{aligned}$$

索　　引

—— 著者略歴 ——

2002年　東京大学理学部地球惑星物理学科卒業
2004年　東京大学大学院理学系研究科地球惑星科学専攻修士課程修了
2007年　東京大学大学院理学系研究科地球惑星科学専攻博士課程修了，博士（理学）
2007年　東京大学地震研究所特任研究員
2010年　東京大学特任助教
2014年　青山学院大学助教
　　　　現在に至る

問題を解くことで学ぶベクトル解析
—楽しみながら解くことを意識して—
Vector Analysis with Exercises—Let's Solve them with Fun—

2023 年 9 月 25 日　初版第 1 刷発行　★

検印省略

著　者　鈴木 岳人（すずき たけひと）
発行者　株式会社　コロナ社
　　　　代表者　牛来真也
印刷所　三美印刷株式会社
製本所　有限会社　愛千製本所

112–0011　東京都文京区千石 4–46–10
発行所　株式会社　コロナ社
CORONA PUBLISHING CO., LTD.
Tokyo Japan
振替 00140–8–14844・電話(03)3941–3131(代)
ホームページ　https://www.coronasha.co.jp

ISBN 978–4–339–06130–7　C3041　Printed in Japan　（齋藤）